聊城大学学术著作出版基金资助

技术恐惧的哲学研究

The Philosophy Study on Technophobia

赵 磊 著

科学出版社

北 京

图书在版编目(CIP)数据

技术恐惧的哲学研究/赵磊著. —北京：科学出版社，2020.3
ISBN 978-7-03-063805-2

Ⅰ. ①技⋯　Ⅱ. ①赵⋯　Ⅲ. ①技术哲学-研究　Ⅳ. ①N02

中国版本图书馆 CIP 数据核字（2019）第 280644 号

责任编辑：邹　聪　刘　溪　张　楠／责任校对：贾伟娟
责任印制：李　彤　／封面设计：有道文化
联系电话：010-64035853
电子邮箱：houjunlin@mail.sciencep.com

科 学 出 版 社 出版
北京东黄城根北街 16 号
邮政编码：100717
http://www.sciencep.com
北京虎彩文化传播有限公司 印刷
科学出版社发行　各地新华书店经销
*
2020 年 3 月第 一 版　开本：720×1000　B5
2021 年 8 月第三次印刷　印张：17
字数：260 000
定价：98.00 元
（如有印装质量问题，我社负责调换）

序

　　技术恐惧是人类社会科学技术发展的一种普遍的伴生现象，也是人与技术协调发展必须面对的一个重要难题。技术恐惧弥久常新，从古希腊的代达罗斯神话、《庄子》中的抱瓮灌畦寓言，到当前人工智能热论、基因编辑话语，都有它的身影。值得注意的是，纵观历史，科学技术的发展和人们科学技术知识水平的提高，只改变了技术恐惧的表现和作用形式，似乎并没有降低人们的技术恐惧水平，更没有消除社会的技术恐惧现象。因此，技术恐惧仍然是当今技术时代的重要技术社会现象，是技术哲学、科学技术与社会、社会学等专业领域需要关注和研究的重大理论及现实问题。尽管技术恐惧这一现象的存在有着悠久的历史，但人们对这一现象的自觉研究仅仅是近几十年的事，且其研究范式、方法等都尚不成熟。因而，技术恐惧作为学术研究上的新课题，对其进行研究有着重要的理论和实际价值。

　　赵磊博士的《技术恐惧的哲学研究》一书是在其博士学位论文的基础上修改而成的。该书对技术恐惧从历史形态辨析到内涵、特点的界定，从主客体、社会语境结构到表现形态的阐释，从形成根源的梳理到对策的提出，都做了较为系统的研究。该书努力自寻方法、自我创新、自成体系，这样自觉的技术恐惧哲学研究，在国内外相关研究领域尚不多见，希望此著作能够引起学界同人的关注，催生更多的相关研究成果。

　　该书逻辑思路清晰，章节编排合理，研究方法得当。首先，通过对国内外技术恐惧研究的梳理总结，形成对技术恐惧的本质性认识，沿着对技术恐惧是什么、为什么、怎么样的哲学追问，确定其内涵结构、组成要素，并建构技术恐惧研究的框架模型；其次，紧紧围绕这一框架模型探究技术恐惧如何产生，以及技术恐惧的主体、客体和社会语境结构如何，有什么样的表现，生成的原因和解决问题的策略，等等。所有探究内容都从研究模型演绎推出，相互关联，有机统一。该书以哲学方法为主，比如，通过对技术恐惧现象的考察，从中抽象出技术恐惧的实质是人与技术的一种负性关系，然后再回到具体现实中，分析人（主体）、技术（客体）以及人与技术发生关系的社会语境，用的正是具体-抽象-具体的哲学研究方法。但论证又不局限于哲学方法，模型方法是该研究的又一重要特色，通过内涵结构模型、生成结构模型的建立，把技术恐惧的构成要素之间的关联性、研究的体系结构直观地表达出来，有利于人们正确和全面理解技术恐惧以及该书研究的框架结构。另外，通过比较研究方法对技术恐惧的不同历史形态进行对比论证，对比技术恐惧与技术压力、技术悲观主义、计算机恐惧等相关概念，对比不同的主体、客体和社会语境，等等，也是该论著研究方法上的重要特点。

　　赵磊博士对人、技术与社会之间的关系关注已久，并有着较浓厚的兴趣。技术恐惧的哲学研究正是其志趣使然。记得他入学不久，在一次围绕他的博士论文选题的谈话中，我说技术恐惧是我一直思考并想加以解决的一个问题，希望他来试试看。令我欣喜的是，他几乎没有犹豫并很快就踏上了研究之征程。赵磊博士的刻苦求学和独立钻研精神给我留下了深刻印象。通过勤学苦思，赵磊博士对技术恐惧问题逐渐形成了独到的理论见解，在本专业的重要学术期刊上公开发表了一些自己的研究成果，产生了一定的影响，也得到了同人的较大认可。其研究和论著虽不完备，但其在该领域的进步和成绩还是令人欣慰的。赵磊博士对技术恐惧的哲学探究采用了一种开放的观点，其要义不在于找到了技术恐惧切实可行的应对方法，彻底解决技术恐惧问题，而是揭示了技术恐惧现象的症结所在；不是要消灭技术恐惧，而是要学会在恐惧中前行。这种开放式的思考不仅在学理上与汉斯·约纳斯（Hans Jonas）的责任伦理精神保持一致，而且也给他人和

作者自己提出了更多的问题与挑战，为以后的努力和继续研究提供了方向
与动力。期望他会有更多的技术恐惧研究成果面世！

夏保华

2019 年 1 月

前　言

　　法国技术哲学家埃吕尔指出，现代技术已经构成人类生存的整体环境，以至于无论经济的、社会的、政治的或思想的研究，都必然涉及技术。技术是对人类社会影响最深、最广的现象，也是给人类带来最多问题的根源之一。各种技术灾难和技术事故从实践上彻底动摇了人类文明的技术根基，破灭了人们的技术神话。技术的隐忧和外患，在 20 世纪中后期，随着以计算机为核心的信息技术的兴起与扩散，又融入了技术革新带来的计算机和信息技术的焦虑、压力、害怕甚至恐慌，这已经成为技术社会人们面对的一大社会问题，学术界称其为"技术恐惧"。它是技术进步和发展给人类带来的各种适应性问题的统称，已成为中外学人关注和研究的重大理论与现实问题。

　　随着近年来技术哲学研究的经验转向和伦理转向，越来越多的研究者把目光投向技术及其引发的社会现实问题。技术恐惧作为伴随人类技术进步和发展而长期存在的一种社会现象，也是现代技术社会发展必须面对的一个现实问题，理应引起技术哲学界的探讨和重视。在技术哲学领域，技术恐惧的研究尚属于一个新兴课题，其研究范式、研究内容、研究方法等都尚不成熟和完善，需要学界从各个方面共同努力和协作将其研究推向深入。国外的技术恐惧研究已有 40 多年的历史，主要以发达国家和实证研究为主，鲜有哲学的研究视角；并且针对信息与计算机技术等具体技术恐惧的研究居多，缺乏从一般层面、从整体上对技术恐惧的系统研究。国内技术恐惧的研究则起步较晚，成果较少且缺乏系统性和全面性。基于此，本书从哲学的视角、从一般意义上对技术恐惧问题进行较为全面和系统的研究，目的在于揭示现代技术恐惧现象的实质、特征、历史渊源、生成和发展规律、结构和表现形态，并提出应对技术恐惧的相关策略，为现代社会正确处理人与技术的关系、科学认识和应对技术恐惧现象提供参考和帮助。

本书主要运用模型方法和哲学思维方法，通过对技术恐惧现象的历史和现实考察，建构技术恐惧的结构和生成模型，明确技术恐惧的内涵结构，并以此为理论基础揭示技术恐惧的生成路径，解析技术恐惧的主体、客体和社会语境结构，指出其表现形态，最后梳理总结技术恐惧的成因，提出应对策略。全书分为导论和七章内容，具体如下。

导论主要介绍选题的背景、选题的价值意义、国内外研究现状，以及研究的方法、思路与创新点等。

第一章，技术恐惧的本质。通过对技术恐惧研究中形成的各种定义进行对比分析，揭示出技术恐惧的内涵；为了全面地呈现技术恐惧，对技术恐惧的历史形态进行辨析，对技术恐惧与计算机恐惧、技术压力、技术焦虑等相关概念进行厘定，指出现代技术恐惧的典型特征。通过对技术恐惧现象的历史发展、构成要素的考察，将社会历史视域的宏大叙事与概念内涵的微观结构、实证研究的数据分析、心理机制相结合，建构技术恐惧的概念模型、结构模型和生成结构模型。

第二章，技术恐惧的生成。以技术恐惧的结构模型为理论基础，主要从技术层次的视角解析了技术恐惧的单项技术层面的生成结构、技术群层面的生成结构和文化层面的生成结构，并指出了技术恐惧的单项技术生成路径、技术群生成路径和文化生成路径。

第三章，技术恐惧的主体结构。通过对人与技术关系的解读，揭示人与技术之间存在的依附和叛离关系导致了人对技术既依赖又担忧、害怕，这是人成为技术恐惧主体的理论依据。人的生物学特征、社会学特征、文化和个性心理特征是技术恐惧主体结构考察的主要因素，人的性别和年龄、职业、角色和受教育状况、民族和信仰、文化传统和生活习俗、性格、爱好和能力等具体因素构成了技术恐惧的主体结构。

第四章，技术恐惧的客体结构。技术的本质、特点、效应和类型构成了技术恐惧的客体结构。就本质来看，技术巫术化、意识形态化和工具理性的理解，影响着人们的技术认知和态度；就特点来看，技术的不确定性和风险性、复杂性和易变性、统治性和危害性等，与技术恐惧有直接的关联性；技术产生的经济、社会、生态、精神等方面的效应，与技术恐惧存在着互动关系；除研究较多锚定的计算机与信息通信技术恐惧外，生物技术恐惧、核技术恐惧、医疗技术恐惧等也是技术恐惧的主要类型。

第五章，技术恐惧的社会语境结构。这一章主要解析技术恐惧形成和发展的社会文化环境与条件，风险社会是研究现代技术恐惧的主要视域，并从文化启蒙、政治建构、经济动因和伦理审视四个方面论证技术恐惧的社会语境结构。文化启蒙在消解永恒性技术恐惧的同时又催生了现代技术恐惧；政治干预、政权的建立和巩固、军事竞争、法律等各项制度构成了技术恐惧的政治环境；经济目标、市场体制、经营模式等构成了技术恐惧的经济动因；对技术恐惧伦理审视的结果是建构适应时代发展的新型伦理。

第六章，技术恐惧的表现形态。技术恐惧有个体层面的表现、社会层面的表现和哲学层面的表现。个体层面主要表现在个体的心理、生理和行为方面；社会层面的技术恐惧主要表现在社会心理、社会运动、社会文化等方面；哲学上的技术恐惧主要反映在技术悲观主义、反技术主义和技术恐惧的乐观主义等方面。

第七章，进路与困惑：技术恐惧的解救悖论。这一章主要通过对技术恐惧根源的简要梳理，指出技术恐惧产生的个体根源、技术根源和社会根源；并从这三方面寻找解决问题的对策，可以归纳为个体和社会心理与行为方面的调适、观念的转变，以及技术设计的人性化、追求效益的综合化和发展道路的生态化等几个方面。但现实存在的诸多问题，如控制技术与技术控制的两难性、确定性的寻求与不确定性的增加之间的矛盾、技术偏好与技术恐惧的共同存在、技术效益与风险的比附关系导致的对技术路径的依赖等，给技术恐惧问题的解决留下了诸多困惑。

赵　磊

2018 年 9 月

目　　录

导　　论

海德格尔说过，新时代既是"去魔"的时代，又是"着魔"的时代。在去除了宗教的魔力之后，又着了技术创造之魔。当人们还沉浸在欢庆科技巨大胜利的喜悦之中的时候，我们从海德格尔的论断中隐约读到了危险和担忧。从"泰坦尼克号"海难，到切尔诺贝利核电站泄漏；从 2001 年美国的"9·11"事件再到 2011 年日本的"3·11"地震，都从实践上彻底动摇了人类文明的技术根基，破灭了人们的技术神话，印证着哲学家的思维轨迹。技术的这种隐忧和外患，在 20 世纪中后期，随着以计算机为核心的信息技术的兴起和扩散，又融入了技术革新带来的计算机焦虑、压力和害怕甚至恐慌，这已经成为技术社会人们面临的一大社会问题，学术界称其为"技术恐惧"。技术恐惧是伴随着人类技术进步而生发的一种心理反应和社会历史现象，也是人类所固有的一种技术社会现象。这种现象随着现代科学技术向社会的渗透和对现代社会的主导，而日益强化和蔓延，成为当今社会的一种普遍现象和文化存在，甚至成为技术社会和技术人的一种生活常态。对这一现象的解析和澄明，不仅有利于人们正确理解和把握技术恐惧、合理调适技术恐惧情绪、积极应对技术恐惧现象，而且对于人们进一步认识和掌握技术、创造融洽的人机关系、实现技术社会的良性发展都有着重要的理论和现实意义。

第一节　技术恐惧问题及其哲学研究的必要性

一、技术恐惧问题的提出

当今社会被称为科技社会，人们在体验和享受技术及其产品给人类社会带来的各种便利和快捷的同时，又对技术运用过程充满的诸多不确定性满怀焦虑，科技社会就是由诸多的不确定性演绎成的风险社会。20 世纪 80 年代，乌尔里希·贝克（Ulrich Beck）首次提出风险社会的概念，随后引发了人们对风险社会的关注和探讨。贝克以西方社会为研究语境，指出现代社会已进入风险社会，随着经济全球化的发展，风险社会逐渐成为全球风险社会。在从阶级社会到风险社会的转变中，不平等的价值体系被不安全的价值体系所取代，社会的驱动力则由"我饿"变成了"我害怕"，焦虑的共同性代替了需求的共同性。所以，在风险社会中，恐惧代替财富成为社会关注的目标。根据贝克对风险社会风险特征的描述和理解，显然科技风险是风险社会的最主要表现形式，"科学的进步驳斥了其最初的安全声明。正是科学的成功播种了对其风险预测的怀疑"①。因此，风险社会的恐惧也主要表现为技术恐惧。技术恐惧是人们对技术社会诸多反应的表现之一，它已成为科技社会的一种生活样态。这一现象已引起发达的欧美国家学者的研究和关注，国内对这一问题也已经开始关注，并取得了一些相关成果。但总的来看，国内对技术恐惧的研究仍处在起步阶段，需要哲学、社会学、心理学、管理学以及科学技术专家共同努力、协同研究，把技术恐惧问题的研究推向深入。

技术恐惧作为人们对技术的一种心理和行为反应，作为一种社会历史现象，无疑是人与技术关系本质的一种表现样态，并且也是伴随着技术长期存在的一类社会问题。尽管技术恐惧的历史渊源已久，但伴随着科技成为社会发展的主体和核心，技术恐惧在当今社会才成为一种较为普遍的现象。因此，直到近几十年，技术恐惧才进入中外学人的研究领域。"技术有着最为漫长的历史和最深刻的人性根源，它同时规定着自由的实现和自

① 乌尔里希·贝克. 2004. 世界风险社会. 吴英姿, 孙淑敏译. 南京: 南京大学出版社: 78.

由的丧失，是人并无可能简单放弃但在今天明显存在着危险和挑战的东西。"①"科学技术的发展在打破了宗教和教会对人的思想的垄断之后，自己也变成了一种教条式的意识形态"，"我们奉为神明的技术教义，反过来成为风险的恶魔，预设的雄伟与背离的神性在经验理性驱使下，似乎人类要万劫不复"。②技术社会的风险特征众目昭彰，技术对人性的促逼史无前例，恐惧总是和不确定性相连，技术的不确定性使得技术恐惧成为技术社会人们普遍存在的心理反应，成为一种社会现象、一种文化存在。技术恐惧作为一种社会现象和文化，理应受到学人的关注和研究，尤其是对其进行哲学的剖析，在理论和现实方面都具有重要的价值。

对技术恐惧的研究不仅能揭示人与技术的关系本质，而且对于深化人们对人与技术内涵的理解、使人们科学地认识和把握风险社会、建构人与技术的和谐关系，以及保证技术社会的有效运行亦都有着重大的意义。技术与人、技术与社会问题是笔者长期以来比较感兴趣的研究领域，对此给予了强烈的关注和付出了较多的努力，并撰写和发表了相关的论文。个人的研究兴趣使得笔者对技术恐惧问题非常感兴趣，并想尽力从哲学的视角全面剖析技术恐惧现象，探索应对技术恐惧的有效策略，为技术社会的健康发展尽绵薄之力。这既是学术旨趣的延展，更是作为研究者对科技社会的一种责任使然。从中外研究的现状比较和当今技术社会发展的状况看，技术恐惧的哲学研究不仅是一个簇新的课题，而且是一个与科技社会发展前景密切相关的课题。因此，这项研究不仅必要而且甚为重要。

二、技术恐惧问题哲学研究的必要性

从风险社会理论提出至今，随着科学技术成果的爆发式增多，颠覆性科技越来越成为现代科技的发展目标和主要形式，人们已经无法预料科技发展的后果，现代社会风险问题日益突出，对转基因技术的争论和担忧还没有平息，人工智能的争议和焦虑已高调登场。现代每一门新兴科技都会伴随着技术恐惧问题，这一问题解决得恰当与否，直接影响着新兴科技对

① 吴国盛. 2001. 哲学中的"技术转向". 哲学研究, (1): 26-27.
② 杨明, 叶启绩. 2011. 当代技术风险的自然主义之殇. 自然辩证法研究, (12): 53-56.

人们生产、生活的融入程度，影响着科技社会的健康发展。因此，以技术恐惧为研究对象，对其进行哲学研究，为应对当今社会科技发展及其引发的技术恐惧问题提供理论指导和现实依据，仍是当前学界需要关注和研究的重要课题。

对技术恐惧的研究在欧美虽然已有 40 多年的历史，但其主要以实证研究为主，并且鲜有哲学的研究视角，涉及技术哲学的更是一鳞半爪，少之又少。国内技术恐惧的研究也是屈指可数，且缺乏系统的、全面的理论研究。所以，对技术恐惧进行全面、系统的哲学思考，无论是从理论的丰富发展和创新上，还是从解决科技社会发展的现实问题上来说都极为必要。

在科技成为主流话语的现代社会，越来越多的研究者把目光投向技术及其引发的社会问题。技术哲学的专业和学科发展渐趋成熟与完善，但技术恐惧作为一种对技术的个体和社会的心理反应、一种技术文化和社会现象，却没有引起技术哲学或科技哲学界应有的重视。因此，技术恐惧的哲学研究有利于充实和丰富技术哲学的研究内容，有利于完善技术哲学或科技哲学的理论和学科建设，甚至对于整个哲学学科的理论发展也不乏重要意义。

技术恐惧现象的产生和发展以及在当今社会的普遍化，与人们对技术本质的认识和理解、对人与技术关系的把握、对人的本质的界定，以及现代社会的发展特征、现代社会对技术的建构等有着必然的联系。因此，对技术恐惧的哲学研究势必会推动技术本质、人与技术的关系、技术的负责任创新等理论发展水平的提升。由于以往对技术恐惧的研究存在重实证、轻理论，缺乏哲学尤其是技术哲学视角的研究等不足，因此技术恐惧的哲学研究能够唤起对技术恐惧的理论研究和重视，并在一定程度上澄清、完善、建构和丰富技术恐惧的相关理论，促进恐惧学理论的发展和完善。同时，由于中国及其他后发国家在技术恐惧方面的研究滞后和缺失，所以对技术恐惧问题的研究有利于开拓人们的研究视域，对于学术理论的发展和繁荣亦有着催生及启发意义。

技术成就了整个现代文明，在当今社会体系建构和发展中的作用更是无可比拟。因此，人们对技术的态度、对人与技术关系的处理方法直接影响着社会的有效运行和健康发展。埃德蒙·柏克曾说："在所有事物中，恐惧能最有效地扰乱我们的理性思考。"①海德格尔也认为，处于恐惧中的人总会手足无措。因而，技术恐惧会影响人们对技术的理性分析，进而影响人们对技术的态度，并左右人们处理与技术的关系。因此，对技术恐惧问题进行哲学研究有助于人们科学合理地认识和把握技术恐惧现象，正确看待技术恐惧，合理地认识和建构技术，恰当地定位技术，恰当地处理人与技术、社会与技术的关系。从而有助于技术、社会与人的持续、协调发展，对于建构社会主义和谐社会意义重大。

第二节　技术恐惧问题的现实考察和理论梳理

技术恐惧已成为当今技术社会的社会现实，甚至成为当今社会的一种常态。因此，技术恐惧也成为国内外学者研究的主要对象之一，但总的来看，国外研究起步较早，偏重实证研究；国内研究相对较少，并偏重哲学研究。通过对国内外技术恐惧研究的梳理，我们可以发现当前研究存在的一些问题，这正是对技术恐惧进行哲学研究的原因和导向。

一、技术恐惧问题的现实考察

技术恐惧是渊源颇久并普遍存在的一种社会现象，这种现象根源于人与技术的对立统一关系。人与技术的统一性表现在原始的生成关系、比附关系和相互提升关系等方面，正是因为技术与人有着这种内在一致性，才使得二者在历史的长河中彼此关照，如影随形。但人与技术的异己、背离等对立关系，又妨碍着双方的沟通和真正地理解彼此，因而，产生了人对技术的误解、排斥、抵制、困惑、焦虑、害怕等技术恐惧现象。尽管在不同的社会历史时期，技术恐惧现象的表现形态各异、程度有强有弱，但在人与技术发展的历史过程中，对技术的推崇和偏爱一直伴随着技术恐惧。技术偏爱与技术恐惧的矛盾直到科技发展成为社会核心的现代社会，才展开、激化并发展到它的巅峰状态。

技术恐惧作为一种社会心理反应、一种文化、一种社会现象是普遍存

① 拉斯·史文德森. 2010. 恐惧的哲学. 范晶晶译. 北京: 北京大学出版社: 33.

在的。这种普遍性主要表现在三个方面:一是地域的广泛性。对技术恐惧的研究,目前主要以欧美发达国家和地区为主,技术相对落后国家对技术恐惧的研究相对滞后甚至缺乏。但这并不代表技术恐惧现象在落后国家就不存在。技术恐惧,顾名思义就是对技术的恐惧,尤其是对技术风险的恐惧。毋庸置疑,任何技术都存在着风险,而且随着技术水平的提高,技术的复杂性和不可控性程度也会提高,其不确定性和风险性也会增大,这些会导致技术恐惧水平的提升。因此,技术恐惧在发达国家和地区表现得会比发展中国家和地区突出。不突出并不代表没有,无论是我国国内,还是国外;无论是东方还是西方国家和地区,都普遍存在着技术恐惧现象。对技术恐惧的研究也正在从发达国家向发展中国家渗透和扩展,这一研究趋势也彰显了技术恐惧地域方面的普遍性。二是时间的持久性。技术恐惧的历史可能与技术的历史一样久远,法国技术哲学家让-伊夫·戈菲(Jean-Yves Goffi)在其《技术哲学》(*La Philosophie de la Technique*)中把技术恐惧区分为永恒性技术恐惧和现代技术恐惧,而永恒性技术恐惧历史悠久,可以追溯到远古人们把技术视为巫术,其充满的神秘感令人惧怕,以及古代人们轻视和排斥技术及其行业的文化传统。这种永恒性技术恐惧正显现了技术恐惧从古至今一直存在。三是恐惧主体的众多性。根据当前有关技术恐惧的实证研究,虽然一些文献研究表明技术恐惧与年龄、性别、职业有关系,但诸多的文献更显示出,无论是老年人还是青年学生,无论男女,都不同程度地存在技术恐惧心理,并且技术恐惧的主体既有个人,又有群体、组织等,技术恐惧分布在与新技术联系比较密切的众多行业里。凡此种种都暗示着技术恐惧存在的普遍性。因为技术恐惧现象历史悠久,又普遍存在,在现代社会表现得较为突出,因而才引起人们从不同的学科领域和不同的视角用不同的方法对技术恐惧进行研究。

二、技术恐惧问题的理论梳理

(一)国外技术恐惧研究概观

西方现代技术恐惧现象可以追溯到 18 世纪英国工业革命时期以憎恨和破坏机器生产为主要内容的卢德运动。19 世纪发展为新卢德主义,其恐惧技术对环境的负面影响及产生的未知风险，提倡简朴生活。20世纪初开始出现有关技术恐惧的研究文献。例如，威廉·菲尔丁·奥格本（William Fielding Ogburn）认为，被物质发明推动的社会变迁是一个技术过程，在各种要素中，干扰接受技术进步的是恐惧。海德格尔1942～1948年的论著也包含技术恐惧思想。爱德华·斯派塞（Edward H. Spicer）把人们抵制技术归结为技术认知问题，指出人们会抵制可能威胁他们基本安全的变化，抵制他们不理解的变革，抵制被强迫的改变。罗伯特·布劳纳（Robert Blauner）则认为，工人如果不能控制他们直接的工作流程，便不能把工作活动当作自我表现的一种方式，而是有种被作为生产组织和工业共同体的目的与功能的感觉，即工人异化，这是导致工人产生技术恐惧的根源。

国外现代技术恐惧以计算机恐惧为典型标志，进而延伸到其他技术领域，直至从整体上反对现代技术体系。国外对计算机技术恐惧的研究出现在20世纪晚期，虽然时间不长，但研究成果较多，研究内容较为全面，研究的领域比较广，涉及心理学、哲学、教育学、社会学、管理学等学科领域。研究有广泛的群众支持，表现在他们通过各种媒体参与讨论和反映遇到的技术恐惧问题。

法国技术哲学家让-伊夫·戈菲认为："代数、货币、机器是现代技术恐惧症优先选中的靶子。"[①]这道出了现代技术恐惧的出场情景，这三者的结合导致资本主义生产方式下工人的异化存在，因而工人集合起来破坏机器，抵制技术革新。这应该是现代技术恐惧早期的一种表现形态。如果说这三者能嫁接到一种技术上，那么它就应该是计算机技术。因此，西方对技术恐惧的研究，集中开始于计算机恐惧。当然这也是现代西方技术恐惧存在的一种事实，如对计算机异化（computer alienation）、计算机焦虑（computer anxiety）、计算机恐惧（computer phobia）、计算机压力（computer stress）等的研究。心理学家蒂莫西·杰伊（Timothy Jay）是第一位提出技术恐惧概念的学者，当时主要以计算机恐惧为标志。后来随着研究的深入，技术恐惧的内涵和外延都在不断扩大，从单纯的对计算机技术的害怕和焦虑，扩大到与计算机相关的技术，再到整个现代技术体系；从心理反应，

① 让-伊夫·戈菲. 2000. 技术哲学. 董茂永译. 北京: 商务印书馆: 10.

到生理和行为的反应，再到技术恐惧这类社会现象和文化存在方式；从恐惧的个体到群体、组织、社会等。技术恐惧作为一个研究课题也引起了西方越来越多的学者关注和参与。众多的研究表明，技术恐惧已经成为一种普遍的社会现象，虽然这方面的研究成果颇多，但要认清这种社会现象，真正处理好技术恐惧问题，仍有更多的工作要做，还需要社会的更多关怀和重视。

（二）国外技术恐惧研究的内容

经过几十年的努力，国外对技术恐惧的研究已经比较全面和系统，就研究内容来看，主要包括：技术恐惧的内涵、类型、心理模式、作用、与一般恐惧的关系、原因及对策研究等。

1. 技术恐惧的内涵

技术恐惧（technophobia），有的研究用 technophobe 或 technophobic 指技术恐惧症患者。《英汉大词典》把技术恐惧释义为"对技术对社会及环境造成不良影响的恐惧"。有时也用 technofear 表示技术恐惧，与此相关的词语还有技术压力（technostress）、技术焦虑（techno-anxiety）和技术怀疑主义（techno-skepticism）等。杰伊最先通过计算机恐惧来解释技术恐惧，他在 1981 年发表的文章《计算机恐惧：该怎么办》（"Computerphobia: What to Do About It"）中将计算机恐惧从三个方面进行了界定：一是拒绝谈论计算机，甚至拒绝去想计算机；二是对计算机感到焦虑和害怕；三是对计算机怀有敌视情绪，或者怀有攻击破坏计算机的想法。[1]之后引发了西方学者对技术恐惧定义的广泛研究和探讨。美国心理学家韦尔（M. M. Weil）和罗森（L. D. Rosen）认为技术恐惧包含下面一个或多个表现：①对目前或将来的计算机活动或与计算机相关的技术感到焦虑；②对计算机总体上持消极的态度；③对目前的计算机活动或与将来新计算机的相互作用普遍采取消极的认知和自我反思批判的态度。[2]还有人用计算机焦虑来反

---

[1] Brosnan M J. 1998. Technophobia: The Psychological Impact of Information Technology. London and New York: Routledge: 12.

[2] Brosnan M J. 1998. Technophobia: The Psychological Impact of Information Technology. London and New York: Routledge: 13.

映技术恐惧，例如，儒伯（A. C. Raub）认为计算机焦虑是计算机带来的威胁刺激造成的人的焦虑状态。计算机焦虑是技术恐惧的一个重要构成部分。毛雷尔（M. M. Maurer）则把计算机焦虑定义为使用计算机所唤醒的非理性恐惧感，以及由此导致的在行为上避免或最少量使用计算机。布鲁斯南（M. J. Brosnan）认为技术恐惧是指由信息技术、计算机引起的严重焦虑，以及被称作由使用计算机的思想（包括实际使用）引起的非理性的害怕预期，从而导致回避、减少计算机利用的结果。[①]技术恐惧有时表现为技术压力，最早给技术压力下定义的人是克莱格（B. Craig），他把技术压力界定为"由于不能用健康的方式处理新的计算机技术而导致的现代适应性疾病"[②]。韦尔和罗森进一步发展了技术压力的概念，他们指出，不能将技术压力看作一种疾病，它是技术对人的态度、想法、行为和心理造成的消极影响。

从诸种技术恐惧的内涵界定来看，技术恐惧是与计算机等新技术的使用相关的担心、害怕、焦虑和不安等情绪。这些情绪又会引发生理的和行为的等方面的反应与显现，是对人个体或群体健康和生存安全的担忧，各种定义在恐惧的程度和表现上有所差别。由于技术恐惧都表现为不同程度的排斥和拒绝技术，因此，还有人把技术恐惧称为技术拒绝。

2. 技术恐惧的类型

概观各种关于技术恐惧的研究，研究的视角和方法、研究层面以及内容侧重点各有不同，因此可以把技术恐惧进行不同的分类。

根据技术恐惧的主体不同，技术恐惧可分为：老年人的技术恐惧和青年学生的技术恐惧；男性技术恐惧和女性技术恐惧；职员技术恐惧和管理者技术恐惧；个体技术恐惧与群体技术恐惧；等等。根据恐惧的技术类别不同，技术恐惧又可分为：计算机技术恐惧、信息与通信技术恐惧、核技术恐惧、生物技术恐惧、医药技术恐惧、化工技术恐惧和其他新技术恐惧等。根据恐惧的对象不同，可把技术恐惧划分为机器恐惧、

---

① Brosnan M J. 1998. Technophobia: The Psychological Impact of Information Technology. London and New York: Routledge: 17.

② Craig B. 1984. Technostress: The Human Cost of the Computer Revolution. Boston: Addison Wesley: 1-3, 242.

计算机恐惧、电话恐惧、汽车恐惧、放射物恐惧、银行卡恐惧、转基因食品恐惧等。根据技术发展的历史划分，技术恐惧可分为永恒性技术恐惧和现代技术恐惧。根据主体的恐惧程度不同划分，可分为感到不舒服的恐惧者、认知方面的计算机恐惧者和情绪焦虑的计算机恐惧者。根据心理对技术的危害反应，技术恐惧可分为工作和生活压力恐惧、身体健康恐惧、生存环境恐惧、人类前途恐惧等。

技术恐惧有心理、生理和行为等方面的不同反应，有两种不同的表现方式即沉溺于技术和拒绝、抵制技术。有研究认为，技术压力的构成要素主要有下列几种：技术超载（techno-overload）、技术渗透（techno-invasion）、技术复杂性（techno-complexity）、技术不安全性（techno-insecurity）和技术不确定性（techno-uncertainly），等等，这也正是技术恐惧的主要因素。

3. 技术恐惧的心理模式

韦尔和罗森研究了成人及青少年对各类技术产品的使用情况与技术心理反应之间的关系。他们认为技术恐惧是对技术的消极心理反应，并提出技术恐惧的构成公式：

$$TP = 0.194 \times J + 0.566 \times T + 0.223 \times XR - 0.129 \times JR$$

TP 是技术恐惧，J 是技术焦虑，T 是对技术的态度，XR 是消极认知，JR 是积极认知。从上述公式可以看出，在组成技术恐惧的四种成分中，技术态度有最重要的影响，其次是消极认知和技术焦虑，对新技术的积极认知对技术恐惧水平起反向作用。[①]

4. 技术恐惧的作用

国外技术恐惧的研究，主要探讨了技术恐惧的负面效应，列举了技术恐惧对个人的心理、生理和行为等方面的不良反应，甚至在这些方面出现的病态症状。还有技术恐惧给社会带来的不良影响。例如，德国出现的不良反应：德国正面临丧失学术自由的威胁；对科研的压制导致人才外流与企业外迁；经济损失；阻碍它去发展某些最有发展前景的高新技术产业。技术恐惧的副作用还表现在会影响青年去接触新技术，有调查表明：许多

---

① 陈红兵. 2001. 国外技术恐惧研究述评. 自然辩证法通讯, (4): 16-21.

年轻女孩不愿意做（鄙视）计算机工作，因为她们发现计算机工作令人讨厌（boring）和孤独（lonely）。[1]当然，技术恐惧也有着一些积极作用，如促进技术进步、减小风险、调适心理等。

5. 技术恐惧与一般恐惧的关系

有些研究还对技术恐惧和一般恐惧做了比较，认为一部分人既是技术恐惧又是一般的恐惧症。一般的恐惧症有 7 个方面的诊断：①由物体或形势引起的超常或莫名其妙的害怕；②曝光某物体常常激起快速的焦虑反应；③承认自己莫名其妙地害怕；④回避或忍受经常的焦虑；⑤回避焦虑或焦虑（无法回避）成为苦恼，或上述心理或行为干扰了个人的生活；⑥不能很好地解释的其他精神方面的混乱；⑦这种情况（指⑥）要持续 6 个月以上。该研究指出，技术恐惧与上述①～⑤的诊断标准相互交叉。

6. 技术恐惧的原因

有研究认为，技术恐惧既有技术本身的原因，也有人本身的原因，还有社会原因。

（1）技术本身的原因：主要指由技术的不确定性、复杂性以及技术的设置缺陷、技术的危害后果等给人带来的恐惧感。新技术本身相对于人的旧有的工作和生活方式、思维方式来说就是一种压力，会迫使一些人被动地适应和做出改变，会导致人们沮丧、焦虑、有受打击的感觉，极端情况还会表现为恐慌，从而引起人们排斥、抵制技术，也就是形成技术恐惧。

（2）人本身的原因：包括心理、认知、性格、性别、经验等方面。这是国外技术恐惧研究的主要内容，很多研究通过实证和理论方法，分析了人的个性、人格、性别、年龄、技术经验、工作性质等方面与技术恐惧的关联性，当然，一些研究结果会有矛盾和冲突，但上述大多要素会影响技术恐惧水平。例如，1989 年对 22 个国家（实际有 18 个国家参加）中小学使用计算机情况的一项调查显示，在英国，教师缺乏信心是计算机在学校得不到有效利用的一个重要因素。[2]教师对在教学中有效地使用计算机的能力缺乏信心也被

---

① Korukonda A R, Finn S. 2003. An investigation of framing and scaling as confounding variables in information outcomes: the case of technophobia. Information Sciences , 155(1-2): 79-88.

② Pelgrum W J, Plomp T. 1991. The Use of Computers in Education Worldwide: Results from The IEA "Computers in Education" Survey in 19 Educational Systems. Oxford: Pergamon Press: 8-12.

理解为一种计算机焦虑。[①]一般而言，技术压力水平会随着年龄的增长而提高，老年人普遍比青年学生的技术恐惧程度要高，尤其是老年女性。自我效能高的人用计算机更多，并从中得到更多乐趣，而经历的计算机焦虑很少。

（3）社会原因：主要指由政治、经济、文化、军事等方面的原因造成的技术恐惧。从社会和技术发展的历史来看，技术与社会一直存在着密切的关系。技术被社会塑造，并进而塑造它嵌入的社会系统。因此社会因素也是形成技术恐惧的重要原因。社会的政治、经济、文化、军事状况对技术恐惧的水平有着制约和助推作用。在完全市场状态下，人采取经济行动是明智的，有人不这样，社会化会强迫他这样。因此，经济或政治取向，会导致技术的非人性化，会对立人与技术的关系，从而引发技术恐惧。国家间相互干涉形成的影响会影响到今天的技术和工程，国家的作用在军事领域尤其显著。支持和阻碍技术发展是欧洲共同体[②]很重要的一个政策，其在技术进步和发展中也起着至关重要的作用。[③]例如，在资本主义制度框架下，技术的资本化以及由此引发的趋利性会导致技术超载，从而加重技术压力。研究表明，老年人使用网络经历的不仅仅是技术恐惧，社会人际关系和生活经历超出了技术本身。[④]创新文化可以降低技术压力的水平。报纸、网络、电影、电视等大众传媒的宣传、报道也是产生和助推产生技术恐惧的重要因素。一些新闻媒体出于引起公众的关注、扩大自己的知名度、获得经济利益等目的，对一些新技术的推广和使用会采取一些失实及诱导性的报道，从而会加重或减小技术的负面效应，进而影响人们对技术做出拒斥或亲近的判断，并加重用户的心理负担。有研究还表明，社会对技术恐惧的关注和解决方法、社会上教育和培训机构的工作开展情况、国家社会保障制度的健全和完善程度与技术恐惧的水平也有着直接的关系。

---

① Russell G, Bradley G. 1997. Teachers' computer anxiety: implications for professional development. Education and Information Technologies, 2(1): 17-30.

② 笔者注：现欧洲联盟前身。

③ Boehme-Neßler V. 2011. Pictorial Law: Modern Law and the Power of Pictures. Berlin: Springer: 3.

④ Sayago S, Blat J. 2011. An ethnographical study of the accessibility barriers in the everyday interactions of older people with the web. Universal Access in the Information Society, 10(4): 359-371.

7. 技术恐惧的对策

无论是对技术恐惧的实证研究还是理论分析，解决技术恐惧的对策都是不可回避的重要内容。各种研究虽然因视角和层面的不同，提出的解决策略效果、价值以及简繁和难易程度不同，但针对技术恐惧都做出了一定的回应，并且形成了一定的共识。

就技术方面而言，主要是致力于技术设计的人性化，实现和谐的人机关系。从技术的研发到使用，更多考虑人的认知、心理和身体等因素，把促进人的发展作为技术发展的前提，力争避免不利于社会和人的健康发展、危及人的安全的技术出现。充分考虑技术使用者的具体特点，使技术更加简单、易懂。例如，专门针对老年人设计的手机、电脑，专门针对小孩、残疾人的技术设计，等等，这使技术更加宜人，使人更加想亲近而不是拒斥人性化的技术。

就个人方面而言，首要的是正确地认识技术和技术恐惧。技术恐惧是一种很正常的心理反应和社会现象，要积极进行心理调适，放松心态。例如，一项关于老年人技术恐惧的研究提到：承认学习过程中技术恐惧的必然存在，使老年人转变观念，认识到计算机、信息技术的所有潜在的好处，积极地介入技术，积极的第一次经历可以降低焦虑水平。[1]调节自己的行为，选择一些其他技术活动，转移注意力，再增加一些其他社会活动，如旅游、社交等，以缓解技术压力。[2]对形形色色的风险充满畏惧的技术恐惧症，实际上是对稳定生活的愿望发展到极致的另一种表现形式。正确地认识和把握技术风险、合理地进行心理预期和规划等也是解决技术恐惧问题的有效策略。

就社会和组织而言，建立健全社会政治和法律制度、制定合理有效的科技政策是解决技术恐惧问题的重要保障。比如，很多研究都提到，限制一些有害人类生存和发展的技术研究，建立完善技术培训机构，对接受新技术有障碍的老人、妇女、残疾人等予以较多的教育和帮助，使其接受技

---

① Hogan M. 2008. Age differences in technophobia: an irish study//Wojtkowski W, Wojtkowski G, Lang M, et al. Information Systems Development: Challenges in Practice, Theory, and Education. Vol. 1. Boston: Springer: 117-130.

② Hickey K D. 1992. Technostress in libraries and media centers: case studies and coping strategies. Tech Trends: Linking Research and Practice to Improving Learning, 37(2): 17-20.

术训练，增强他们使用新技术的信心和能力，能够有效地降低技术恐惧水平。创造创新文化的氛围，能够使人们转变观念、创新思想，易于接近和使用新技术，从而缓解技术压力。团体、企业等组织机构应该关心员工的工作和生活，创造良好的工作环境，营造良好的组织和文化氛围，处理好员工工作、学习和生活的关系，开展各种形式的技术培训，等等，也能够有效地解决技术恐惧问题。

（三）国内技术恐惧研究综述

国内对技术恐惧的研究还处在起步阶段，技术恐惧还没有受到人们太多的关注，因此，专门研究技术恐惧的文献很少。尽管如此，但从各种媒体的些许报道来看，在中国也存在着大量的技术恐惧现象。比如，对网络安全、隐私、金融卡、食品安全等的担心；对现代化的交通设施、核能等的害怕；对高技术带来的伦理冲击和道德失范、对生存环境的污染等方面的焦虑；对未来的忧疑和信心的缺失；等等。如果不引起学者的关注和研究，没有合理的认知和心理、社会等方面的缓解与疏通机制，其也会给中国的技术和社会发展带来不良影响。

1. 国内技术恐惧研究的内容梳理

国内对技术恐惧的研究，总体上还是以跟踪西方的技术恐惧研究为主，但也凝练出了一些自己的学术观点。综观国内的技术恐惧研究文献，研究内容可以概括如下。

（1）从总体上对技术恐惧进行研究，并形成了对技术恐惧的本质、作用、原因，以及策略等方面的理论认识。陈红兵比较全面地介绍了国外技术恐惧的研究内容及其对自己的一些启示。他从社会大众技术心理现象理解技术悲观主义，尝试从心理调适方面解决技术恐惧问题，并试图唤起人们从技术恐惧的研究中更深刻地理解和定位技术。[1]刘科则剖析了技术恐惧形成的中西方文化根源，并从文化的视角探讨了技术恐惧的对策，还对技术恐惧的积极作用进行了发掘和阐释。[2]

---

[1] 陈红兵. 2001. 国外技术恐惧研究述评. 自然辩证法通讯, (4): 16-21.
[2] 刘科. 2011. 技术恐惧文化形成的中西方差异探析. 自然辩证法研究, (1): 23-28.

（2）指出了生物技术领域技术恐惧的表现、影响因素及解决对策。刘科对生物技术领域的技术恐惧研究较为深入，他认为转基因技术、克隆技术已经使人们产生了技术恐惧心理，影响到人们对现代生物技术的认识和理解，指出了转基因技术恐惧主要表现为对安全和风险的担心与害怕，延迟了人们对生物技术的接纳。应该从政策的修治、心理调适和接纳方面采取相应的对策。[1]张玲等通过实证方法指出了转基因食品恐惧的现实，对转基因食品的不接受、反对转基因食品的民间活动以及学界和政府对转基因食品的反对是其典型表现，其中既有社会、技术方面的原因，也有个人心理方面的原因。因此提出了改善技术、社会各方面的努力以及个人心理方面的调适等策略。[2]

（3）对计算机压力、计算机恐惧、计算机焦虑、信息污染、网络恐惧等内容的研究。王刊良等主要通过实证和理论分析方法对企业、组织等领域的计算机压力进行了较为全面的研究，包括计算机压力测量量表的设计、企业员工的技术压力状况、技术压力的形成原因以及应该采取的对策等。[3]如李春光对信息技术领域的技术恐惧现象进行了研究，信息技术领域的技术恐惧现象较为显著地表现为信息污染，指出了信息污染、信息超载对人们的困扰和威胁，并提出了处理信息技术恐惧的相关对策，如网络心理的调适，环境、文化和道德等方面的改善，以及技术的培训等。[4]

（4）其他技术领域以及技术恐惧思想的相关反映和研究。有些研究成果还涉及教师由于采用新技术所产生的不适感和惧怕心理、人们对核技术的危害和不安全使用的担心与焦虑，以及由于数字化的发展，图书馆员感到焦虑，并排斥新技术的现象。还指出了加强技术培训、改变技术认知、进行心理调节等方面的应对策略。另外，国内有关技术心理的研究、对技术悲观主义的研究，以及对卢德运动、环保运动、绿色运动等方面的研究，对技术恐惧也有零星的涉及和反映，这对技术恐惧的研究也有着一定的启发意义。

① 刘科. 2011. 转基因技术恐惧心理的文化成因与调适研究. 科技管理研究, (6): 228-231.
② 张玲, 王洁, 张寄南. 2006. 转基因食品恐惧原因分析及其对策. 自然辩证法通讯, (6): 57-61.
③ 王刊良, 舒琴, 屠强. 2005. 我国企业员工的计算机技术压力研究. 管理评论, (7): 44-51.
④ 李春光. 2005. 网络信息污染与技术恐惧的行为调控. 现代情报, (2): 74-76.

2. 国内技术恐惧研究的理路特征

（1）国内技术恐惧的研究从总体上看以借鉴和研究西方的技术恐惧思想为主，并对其进行了中国式的解读和发挥。反观国内比较有代表性的技术恐惧研究成果，从技术恐惧的内涵、表现、影响因素、作用到解决策略，基本上都借鉴了西方的研究成果，尤其是概念和理论体系方面，国内研究甚是缺乏和不够。当然，在借鉴的同时，也融入了中国的实际特点，如中西方文化方面的不同对技术恐惧的影响、中国技术压力状况的实证研究等。

（2）从研究领域和研究内容来看，虽然总体成果不是太多，但涵盖面较广。国内技术恐惧的研究已经涉及生物技术恐惧、计算机技术恐惧、信息技术恐惧、核技术恐惧等众多技术领域。既有技术哲学方向的技术恐惧研究，也有其他领域的技术恐惧研究，如社会管理、文化传媒以及情报信息等方面的研究。内容包括了技术恐惧的本质、表现、影响因素、作用、对策等方面。与技术恐惧相关和相近的几个概念基本都有涉及，如技术压力、技术焦虑等。

（3）从研究方法来看，既有实证方法又有理论方法，但以理论分析为主。实证方法里面又运用了问卷调查方法、访谈方法、案例方法等，如王刊良等关于技术压力的研究、张玲等对转基因食品恐惧的研究。理论方法又包括对比方法，如刘科关于生物技术恐惧的文化因素分析。理论分析方法是国内技术恐惧研究最为常用的方法，尤其是从哲学视角对技术恐惧的研究。这样就存在着从理论到理论、就理论谈理论的弊端，从而降低了研究的可信度和关注度。

（4）国内技术恐惧的研究起步较晚，研究力量较为薄弱，并属于粗线条研究。国内对技术恐惧的专门研究应该开始于 2001 年陈红兵的《国外技术恐惧研究述评》一文，但没有引起国人太多的关注，直到目前，研究技术恐惧的人员队伍、成果等依然很少。这就决定了国内技术恐惧研究的不全面和不细致深入，走的是一条有些随机的、粗放的研究路线。

三、当前技术恐惧研究存在的问题

综上所述，国内外关于技术恐惧的研究尽管取得了一些成就，但也存在着较为明显的问题，总结几条供学人参考。

（1）对永恒性技术恐惧的研究甚少。永恒性技术恐惧反映了技术恐惧的历史渊源，并且有不同于现代技术恐惧的特质，通过永恒性技术恐惧还能管窥技术与人性、技术与社会、技术与文化在历史长河中的相互关系，对于人们理解古代技术的本质也有着启发意义。因此，也应该有相关的研究予以呈现。但事与愿违，这方面的研究除了让-伊夫·戈菲的只言片语的粗略介绍外，并没有较多的研究被发现，更缺乏永恒性技术恐惧与现代技术恐惧的比较研究。

（2）对技术恐惧的历史文化原因的认识不够。正是少了对永恒性技术恐惧的研究，所以人们对技术恐惧所承载的历史文化认识不足。技术与文化的关系历来受到人们的重视，"如果考察一下文化史，就会发现，当一项新技术出现并开始传播的时候，它既被幻想家所欢迎，又被文化威胁论所恐惧"[①]。有人还考察了中国、日本与西方文化的差异导致了中国和日本技术发展史上的断裂或排斥新技术的现象。现代技术恐惧研究多从人的个性特征以及现代技术本身寻找技术恐惧的根源，而对其背后的历史和文化缺乏足够的认识与理解。这样就使得分析不同国家和地区、不同民族和种族、不同文化模式下的技术恐惧现象困难重重或只能浅尝辄止，甚至回避这方面的研究。

（3）对技术相对落后国家的技术恐惧研究很缺乏。国内外技术恐惧研究，无论是研究者、文献出处，还是研究者所使用的材料、考察的对象等都是以发达国家为主，而技术相对落后国家的研究几乎没有涉及。无论是永恒性技术恐惧的存在，还是现代技术恐惧，作为一种社会现象和文化，在技术相对落后国家也应该有所显现，而绝不是根本不存在。并且技术相对落后国家的技术恐惧会有别于发达国家的技术恐惧，会呈现出自己的本土特色。这方面研究的缺乏对于全面理解技术恐惧，尤其对技术恐惧社会根源和文化根源的认识来说不能说不是一个缺憾。

（4）重实际、重应用的研究较多，哲学视角的理论分析甚少。笔者在前面的研究梳理中也多次提到，西方对技术恐惧的研究，以实证研究、心

[①] Boehme-Neßler V. 2011. Pictorial Law, Modern Law and the Power of Pictures. Berlin: Springer : 1.

理分析居多。这样做开始可能主要是想通过实证方法证明技术恐惧存在的普遍性，后期则重点分析技术恐惧存在的人群及其个性特征，以此找到合适的解决对策。总的来看，研究的目的重在提醒技术恐惧现象的存在，甚至扩大或强化技术恐惧，意在唤起社会对它的重视。实际的目的性较强，主要针对的是技术恐惧的负面作用。而对技术恐惧研究的理论体系架构、本质和有关概念的界定、恐惧的根源等的理论认识不够，缺乏哲学家或从哲学视角对技术恐惧的研究，几乎没有技术哲学领域的技术恐惧研究。这样就成为人们更深入地认识技术恐惧及其背后动因的一个瓶颈。

第三节　技术恐惧哲学研究的内容、方法与思路

一、研究内容和方法

（一）研究内容

首先，技术恐惧作为一种社会历史文化现象，在现代社会更具有普遍性，甚至成为技术社会的一种文化存在方式。这样一种重要的社会现象，在历史上却长期无人问津，在现代也没有引起国人的重视，这就使得我国的技术发展，以及人与技术和谐关系的建立和维持，缺少全面的理论支撑。因此，技术恐惧的哲学研究内容首先涉及技术恐惧现象的系统认识和理论发掘，如技术恐惧的生成与发展、技术恐惧的内涵界定及其与相关概念的关系厘定、技术恐惧的层次结构和价值意义等。

其次，本书的重点内容就是探讨技术恐惧的结构及表现形态，以及技术恐惧的根源与对策等，包括技术恐惧的主体结构、客体结构和社会语境结构，从其结构要素中梳理出其生成的人性根源、技术根源和社会根源。通过这三大根源的剖析，揭示人与技术的关系本质，这才是真正打开技术恐惧之门的钥匙，从而合理地处理技术恐惧现象。

最后，通过对技术本质和特征，以及人与技术特殊纠缠关系的解析，指出应对技术恐惧存在的诸多困难，解决技术恐惧问题充满着困惑，同时也反映了技术恐惧问题存在的必然性，对于技术恐惧现象只能通过疏导的

方法，而不能强行遏制。

（二）主要研究方法

本书所使用的方法主要包括以下几种：一是模型方法。为了更好地理解与认识技术恐惧的本质、生成和构成要素，通过模型化方法，建构了技术恐惧的结构模型，包括技术恐惧的内涵结构模型和生成结构模型。二是认知科学的方法。由于技术恐惧是人们对现代技术在心理和行为方面做出的反应，人对技术的认知和态度是技术恐惧的重要根源，所以通过认知方法分析人们对技术的认知、对人性的认知、对社会本质的认知及其对上述各要素关系本质的认知等，是理解技术恐惧的关键所在。三是哲学方法。本书的视角和领域主要侧重于哲学，尤其是技术哲学，因此采用哲学方法是不可避免的，如哲学思辨方法、因果分析法、矛盾分析法、现象学研究方法等。四是社会学方法。技术与社会之间关系密切，存在着双向塑造关系，技术恐惧影响着社会的发展，并波及技术的社会建构。社会不仅建构技术，也建构技术恐惧。社会学分析、社会学的调查研究方法、社会学的理论等都是本书的分析视角和理论方法。五是历史和逻辑相结合的方法。将技术恐惧发展的历史与技术发展史、技术形成的逻辑层次相结合，建构技术恐惧的生成模型，认识技术恐惧的本质和发展规律。

二、研究思路

本书主要从哲学层面对技术恐惧进行研究，而不同于国外技术恐惧研究常走的实证路线。因而，本书主要对技术恐惧进行理论分析和哲学抽象，通过逻辑和历史的分析来概括、把握技术恐惧的实质。首先，从总体上概括作为社会历史现象的技术恐惧，通过历史的总结和技术恐惧概念的界定，揭示技术恐惧渊源已久，使人们对技术恐惧能从宏观和微观两个方面进行把握。宏观上就是认识到其历史现象和文化本质；微观上则通过技术恐惧的概念界定和结构模型的建构，对技术恐惧的内部结构和生成机制有准确的认识。其次，从技术恐惧的结构模型建构出技术恐惧的生成结构模型，并从单项技术、技术群和社会文化三个层面认识技术恐惧的生成结构。再次，分别从技术恐惧的主体结构、客体结构和社会语境三个构成部分探讨技术恐惧的生成根源和存在状况。最后，探讨技术恐惧问题的解决途径，以及存在的困难。其研究理路是围绕着技术恐惧的结构模型依次探讨技术恐惧是什么、怎样产生、如何构成、有何表现和如何应对。具体研究路线和各章节逻辑关联如图 0-1 所示。

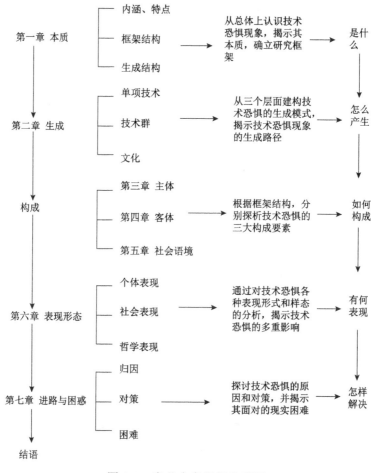

图 0-1 章节内容逻辑关联图

第一章
技术恐惧的本质

技术恐惧作为一种社会历史现象由来已久。在漫长的历史发展过程中，多数时候技术恐惧表现得比较温和。在现代社会，它已成为世界各国和地区、集群和个人都需要面对的一个突出的社会问题。要正确处理这一问题，首先要正确地认识和把握技术恐惧现象，唯此才能对这一社会现象做出准确的定位和恰当的判断，才可能寻找到合理的应对方法。

第一节　技术恐惧的历史发展与形态辨析

技术恐惧虽然在现代表现得比较突出，吸引了众多学者的目光，但这种恐惧现象却有着悠久的历史发展过程，可以追溯到人类社会的形成时期，技术恐惧是与技术相伴而生的人类特有的一种社会历史现象。

一、作为社会历史现象的技术恐惧

考察技术恐惧的历史离不开对技术史和人类恐惧情绪的历史考察。技术是伴随着人类的起源而生成的，技术与人有着相互塑造和催生的历史过程。"极端地说，不是人发明了技术，而是技术发明了人。不会任何技术的'自然'人，过去没有，将来也不会有。"①可见技术对人的重要性并不是因为进入技术社会才形成的，而是从人类的诞生之日起，就已经注定了人对技术的依赖性和不可或缺性。而恐惧是人类与生俱来的一种情绪，当这种恐惧情绪与技术联系起来时，就萌发了技术恐惧。技术成为恐惧的对象也是滥觞于人类社会的形成时期。

对人与技术的天然联系，可以从早期的神话故事中管窥一斑。普罗米修斯盗取天火，给予人类，以弥补人类身体的缺陷，说明了人就是带着技术来到这个世界的。而被人们一致认可的制造和使用工具作为人与动物揖别的标志，则从人类进化史的角度提供了技术与人不可分割的事实依据。技术与人一路相携走到今天，把人类送到技术社会、技术时代。其间技术经历了从原始技术经过始生代、古生代到新生代技术的变迁，人类也从原始、古代、近代步入现代社会，人的技术特征、社会的技术特征不断突出和显现。技术与人相互扶持、互动共生的过程尽管充满了风波和曲折，但事实证明，人与技术并没有因为艰难而对对方失去信心和丢掉对方，二者的关系是日益密切的。过去如此，未来依然会如此。这为我们认识技术恐惧和正确对待技术恐惧提供了历史的佐证。

既然技术与人如影随形，恐惧又是人类最初的一种情绪，技术走进恐惧的视线，成为恐惧的对象就不难想象了，正如人曾经恐惧自己的影子、恐惧梦、恐惧死亡甚至恐惧人类自身。恐惧的原因在于恐惧者存在危险，包括现实的和潜在的危险，从而感到不安。任何事物当人们感觉到它的威胁时，就会产生恐惧情绪。技术也是如此。技术令人感到不安主要有两大方面的原因：一是人们对技术不了解；二是技术确实存在着风险，会给人带来伤害和威胁。尽管在历史发展的不同阶段，技术恐惧的对象会因技术的形式、属性、种类等而不同，但总地来看，不会超出这两大方面。

首先，古代社会，技术恐惧主要表现为对技术的敬畏、轻视和排斥。因为对技术无知，又体验到技术的有效性，所以就对技术横加解释，甚至把技术看作是超自然的或超人的某种神秘的东西，认为技术会亵渎神灵和人性。也有的人把技术巫术化，再加上当时的宗教文化的影响，人们会对

---

① 让-伊夫·戈菲. 2000. 技术哲学. 董茂永译. 北京：商务印书馆：60.

技术表示担忧或敬畏。对技术的无知延伸出来的又一态度是轻视技术和对技术的排斥，这也符合当时的社会文化条件，工匠和劳动阶级处在社会的下层，他们连同他们所从事的行业都为处在社会上层的人们和醉心于思维活动的哲学家所不齿。他们没有看到这些才是社会发展的真正动力。当然，这个阶段也有技术的失败和不当利用带来的危险与伤害，但由于当时技术力量的弱小，加之信息的不畅通，这种危险还没能引起过多的注意，也就是说，还没有形成真正的技术恐惧。

其次，近代社会，技术恐惧主要表现为对机器的破坏和对技术革新的抵制。这主要是因为机器体系的建立，确立的是资本主义工业化大生产，威胁到传统的手工行业以及造成机器体系下的工人生活状况恶化。例如，15 世纪德国机器印刷技术的革新，使得传统的手抄工行业面临生存危机，从而引发了全行业的对印刷技术革新的抵制。技术规模的扩大以及资本主义的利润最大化原则，使得这时的技术体系出现了直接的危害后果，即刘易斯·芒福德（Lewis Mumford）在《技术与文明》（*Technics and Civilization*）中描述的：空气的污染、工人生活状况的恶化、生活的窒息。在这样一种机器体系下，工人的自由是"要么饿死，要么自杀"[①]。机器体系的实现和技术革新不是使工人状况越来越好，而是相反。"只要新生代技术工业未能彻底转变过去的煤炭-钢铁体系，只要它未能使其更人性化的技术深深扎根于社会整体，只要它将最高权力赋予矿主、金融家和军国主义者，混乱和瓦解的可能性就仍在增长。"[②]而资本主义的制度框架决定了技术革新的目的只能是追求利润最大化，因而会使得工人每况愈下。工人并没有认清资本主义制度的本质，而只能把自己的不幸归罪于机器，归罪于技术。因此，举行罢工、抵制技术革新、打碎机器就成为这一时期技术恐惧的主要表现形式。

最后，在现代技术体系下，技术恐惧的表现形式复杂多样，也较为突出。导致技术恐惧的原因既有对技术的不了解，也有技术实际的危害和威胁。现代技术体系是以信息技术为核心和基础，以自动化、信息化、复杂化、综合化和社会化为特征的。信息量大，更新速度快，种类繁多，

---

① 刘易斯·芒福德. 2009. 技术与文明. 陈允明，王克仁，李华山译. 北京: 中国建筑工业出版社: 175.
② 刘易斯·芒福德. 2009. 技术与文明. 陈允明，王克仁，李华山译. 北京: 中国建筑工业出版社: 175.

不确定性程度高。以计算机技术为例，更新换代特别频繁，使得人们还没来得及掌握和认识，就已经淘汰和更新了，而这种技术又与人们的生活息息相关，所以人们跟不上节奏，缺乏相关知识和经验，表现为技术压力增大。这种压力有时就会变成对技术的抵触和排斥。综合复杂技术的高度不确定性，有时会造成实际的危害性，使人面对该项技术时感到不安和恐慌，比如核技术、生物技术等。现代技术还带来了环境的污染、生态的破坏，造成了道德的滑坡，产生了对人的控制和"奴役"等负面效应，因此，技术恐惧还表现为为人类的生命健康焦虑、为人类的前途和发展担忧。

总之，技术恐惧是人类技术发展的一种伴生物，是一种社会历史现象，是人类文化的重要组成部分，并与技术一起陪伴着人类发展和演化。

二、技术恐惧的历史形态辨析

通过对文献的梳理和考察我们发现，在各种研究中，绝大多数直接以技术恐惧为研究对象的文献资料，都针对的是现代技术恐惧，即对现代技术体系下的技术恐惧进行研究。但技术恐惧的思想并不局限于现代技术恐惧，这在一些哲学家的研究中有所反映。比如，杜威的《确定性的寻求》（*The Quest for Certainty*）、乔尔·莫基尔（Joel Mokyr）的《雅典娜的礼物：知识经济的历史起源》（*The Gifts of Athena: Historical Origins of the Knowledge Economy*）、波斯曼的《技术垄断》（*Technopoly*），还有约纳斯、芒福德、芬伯格（A. Feenberg）、埃吕尔等，都有不同程度的涉及。比较直接和明确地研究历史上的技术恐惧的应该是法国技术哲学家让-伊夫·戈菲。在《技术哲学》一书中，他明确区分了永恒性技术恐惧和现代技术恐惧，但其只是描述了永恒性技术恐惧和现代技术恐惧的一些表现，说明了存在这种现象，对于它们的内涵并没做过多的界定。根据他的描述，永恒性技术恐惧指的是现代技术恐惧之前一直存在于社会的一种现象。现代技术恐惧则是直接针对现代技术的特点，人们表现出的心理和行为反应，是技术恐惧在现代社会的集中体现。

（一）永恒性技术恐惧

永恒性技术恐惧是法国技术哲学家让-伊夫·戈菲使用的一个概念，但其并没有对它进行内涵的界定，其研究主要描述的是现代技术出现以前的技术恐惧现象，是由人们对技术的轻视、误解以及对技术危害后果的认识误区所造成的，是人们排斥、敌视和惧怕技术的心理、社会现象。永恒性技术恐惧主要表现为以下几种形式。

1. 误读技术

在人类形成以后相当长的一个时期，人类在与自然打交道的过程中，由于科学知识的贫乏和认识的局限性，把对人的认识推广到自然万物，产生了万物有灵的思想。这一思想传统对人们世界观的确立以及宗教文化都有着深远的影响。当然，万物有灵的思想也影响到早期人们对技术的认识和理解以及古代技术的发展。"只要认为，任何事物，不论其为有生命的或无生命的，其内部都有一个灵魂；只要人们心里将一棵树或一条船看作一个动物，我们就很难将某个我们要求实现的功能分解成一系列机械动作，或者甚至于说是不可能的。"①显然，万物有灵思想害怕技术把万物的灵魂破坏，而不去人为地分割一些事物，并且认为事物整体（灵魂）所不具有的功能，人们也不能去创造。要想实现某些事物的功能，只能复制这些事物，"而不去考虑其抽象的等价物，从而推迟了机器的发明"②。由此逻辑，万物有灵思想延伸到技术人工物，从而赋予了技术某种神秘色彩，技术所具有的某些人力所不能及的功能就具有了令人胆怯的神性。

巫术是万物有灵思想的具体运用，即通过操控与利用某种神秘的力量来满足和达到人的目的、愿望。永恒性技术恐惧症就认为在技术中有某种类似巫术的东西。"'当宗教向玄学方面发展而专注于理想形象的创造时，巫术却以各种方式从其获得生命力的神秘生活中挣脱出来，融入世俗生活并为世俗生活所用；当宗教转向抽象时，巫术却走向了现实。巫术与我们的技术在研究方向上统一起来了，即工业、医学、化学和机械等。巫术从本质上讲是一种操作艺术，巫师们凭借的是他们经过细心琢磨的手段、技

---

① 刘易斯·芒福德. 2009. 技术与文明. 陈允明，王克仁，李华山译. 北京：中国建筑工业出版社：30.
② 刘易斯·芒福德. 2009. 技术与文明. 陈允明，王克仁，李华山译. 北京：中国建筑工业出版社：30.

巧和纯熟的操作。巫术是出自虚无（ex nihilo）的纯创作领地，它用一些话语和手势来制造出技术以劳动创造出的东西。'……于是，技术令人不安了：它以普罗米修斯或浮士德的方式把宇宙的秩序搞乱了；它释放出或有可能释放出一种在我们身上或身外难以估量的力量；一种与某一正统的伦理截然相反的权力意志在技术中膨胀起来了。至此，技术恐惧症已经延伸到了神话的领域，即整个宇宙的范围。"①也就是说，技术之所以能够打乱世界秩序，颠覆人们旧有的思想观念和伦理规范，原因在于技术本身充斥着某种神秘的能量，这一点令人震惊和恐惧。技术人类学的研究还表明，各个行业都有自己的行业神，他们的祭拜礼仪与本行业的技术有内在一致性。这也隐含着技术与神灵的某种天然联系，不得不令人对技术崇拜有加，当然，崇拜背后隐藏的正是压在人们心底的技术恐惧。

2. 轻视技术

永恒性技术恐惧除了表现为人们对技术的误解而引发的惧怕外，还表现为轻视技术的文化传统和社会现实。古代社会，技术和匠人虽然在生产力的发展与社会进步方面发挥着重要的作用，但他们连同他们从事的工作却并不被社会，尤其是上流社会所认可和尊重，社会反而对技术采取鄙视和排斥的态度。"柏拉图和亚里士多德鄙视'低贱的机械技艺'，大概他们认为，提高效率和生产力的努力不可能使头脑更加高贵。效率和生产力是奴隶的问题，而不是哲学家的问题。"②轻视技术成为古代社会的一种主流文化。"技术以极为浓重的色彩表现出生物学人类的动物属性，并由此受到了高雅人士的鄙视：是什么激发人们去挖坑设陷阱，捕捉小动物，像其他创造物一样去照料他们的后代？确实，对于一个人来说，想象一下正在从事思考、创作、爱的事业，要比想象一下正在从事计算、生产、繁衍的活计更令人心情舒畅。技术因其本身所固有的单调、平淡、重复而变得令人疑虑重重——就像动物的生活一样。""技术为那些高雅之士提出了一个难以容忍的结局，这令他们一下子想到了苦役、例行公事和机械论。"③

这种重人文轻技术的思想在中国也甚为普遍。老子和庄子都认为技术

① 让-伊夫·戈菲. 2000. 技术哲学. 董茂永译. 北京：商务印书馆：6-7.
② 尼尔·波斯曼. 2007. 技术垄断：文化向技术投降. 何道宽译. 北京：北京大学出版社：13.
③ 让-伊夫·戈菲. 2000. 技术哲学. 董茂永译. 北京：商务印书馆：4.

使人心怀叵测、争奇斗巧、投机倒把，由此民心不安、社会不稳。例如，"绝圣弃智，民利百倍；绝仁弃义，民复孝慈；绝巧弃利，盗贼无有"（《老子》）。《尚书》中也强调"玩人丧德，玩物丧志"，把技术视为俗物，不利于人们的德行修养。《礼记》中则把技术视为"奇技淫巧"。"虽小道，必有可观者焉；致远恐泥，是以君子不为也"（《论语·子张》）是说技术虽有可取之处，但不足以深究，否则会贻误终生，所以君子不从事技术活动。"故上不禁技巧，则国贫民侈"（《说苑·反质篇》）是说如果国家不限制技术的发展，会导致百姓浪费、国家贫穷，道出了中国上层社会对工匠及其技术的鄙视和不满。

3. 技术危害

无论是永恒性技术恐惧，还是现代技术恐惧，技术危害都是其重要的根源和表现形态。古代表现为工具形态的技术，虽然其复杂性和技术难度低，并且主要以有机技术为主，对人类与自然的危害没有现代技术那么严重，相对来说可控性和可操作性强，但它的技术后果仍充满了不确定性，并且一项技术从研制到推广利用，整个过程充满着失败的风险。因此，"真正的技术有一点是令人难以接受的，它令其使用者接受现实的惩罚"[①]。技术人员的永恒信条是："某项操作的成果证明该项操作。"而有些传统技术的使用与不使用之间的效果并不那么明显，甚至有时适得其反（如古代队形操练的例子）。因此会使得技术人员难堪和被耻笑。那么如果技术再带来灾难性后果，那危害将是双倍的。"笨手笨脚的人受到的最低惩罚是被人奚落，最高惩罚是丧命。"最终甚至形成了技术不被认可和尊重的文化传统。例如中学生与学徒的区别，"'倒霉的家伙，你在那儿要干什么'，这是在车间经常听到的话。'请让我看看你做的东西'，这是学校里用的字眼"[②]。总而言之，没有人喜欢技术。因为谁也不愿意失败，而技术常常面临的是失败的风险。永恒性技术恐惧，阻碍着人们对技术的正确理解，阻碍着技术的传播和发展，但对于破坏自然环境的行为和人的道德修养也起到了一定的制约与规范作用。

---

① 让-伊夫·戈菲. 2000. 技术哲学. 董茂永译. 北京: 商务印书馆: 5.
② 让-伊夫·戈菲. 2000. 技术哲学. 董茂永译. 北京: 商务印书馆: 6.

（二）现代技术恐惧

现代技术恐惧是现代工业经济持续存在的一种社会现象，是在现代技术背景下人们对技术做出的一种心理（或精神）反应。主要表现为计算机技术恐惧、信息技术恐惧、生物技术恐惧、核技术恐惧等，以及技术压力、技术焦虑等形式。开始时，人们设想着技术恐惧可能只是一种暂时的现象，只是存在于错过技术教育的老年人中，后来的研究证实，青年学生甚至儿童也普遍存在着技术恐惧现象。

现代高新技术在社会发展中的地位独特，在生产、生活中的应用普遍，使当今社会成为技术社会，因而在现代话语系统中，技术恐惧不单单是一种心理现象，更是一种社会现象、一种文化。当然，技术恐惧也并不就是一个贬义词，或一种病态现象，更重要的是与现代技术社会相一致的一种必然的结果。这种现象在发达国家或地区表现得尤其突出（如美国、欧洲、日本等），在文化、娱乐、传媒、学术研究等方面都有所反映。国外诸多的实证研究表明，有很多人对新技术感到焦虑并拒绝使用新技术，还有一些人一直在与技术做斗争，尽量避免学会使用新技术，或者对新技术的优点不能充分利用或认识，当存在着对新技术抵制或不能使用的情况时，遇到新技术就会生发焦虑或恐惧心理。

许多消费者被新技术产品的复杂性搞得不知所措，使得消费者对技术产品保持一种自我封闭的姿态，不愿接受技术产品的革新，甚至导致对该类产品厌恶和焦虑，也就是所谓的技术恐惧。据报道，41%的 18 岁以上的美国人不接触网络，有趣的是，有32%的人明确表示不再上网。①在 1995～1998 年对商业所做的调查中，结果显示，超过 50%的人有技术恐惧心理。②有人总结 1999～2003 年的研究成果证明：毫无疑问，技术引起的焦虑构成了一类"真实的现象"，从而用技术恐惧（technophobia）表示这种现象。在德国绿色运动者看来，自然就是善，他们对回归自然运动充满怀旧之情，而对新技术对生活的干预深表疑虑，把科技视同"冷酷"，认为科学家被

---

① Korukonda A R, Finn S. 2003. An investigation of framing and scaling as confounding variables in information outcomes: the case of technophobia. Information Sciences, 155(1-2): 79-88.

② Korukonda A R. 2005. Personality, individual characteristic, and predisposition to technophobia: some answers, questions, and points to ponder about. Information Sciences, 170(2): 309-328.

资本家贿赂，无视科技所造成的灾害。德国经济信息研究所（Institute for Economic Research，IFO）所长汉斯·韦纳·辛认为技术恐惧思想在德国已发展成为主流，并且控制了德国各政党。[①]

（三）永恒性技术恐惧与现代技术恐惧的关系

永恒性技术恐惧与现代技术恐惧同属于技术恐惧现象，都是一种社会历史现象和文化，二者有着密切的关系。为了强调现代技术恐惧的突出程度，法国技术哲学家让-伊夫·戈菲把历史上存在的表现不太严重和明显、有时以潜在形式存在的技术恐惧叫作永恒性技术恐惧，这种恐惧在今天仍有反映，只不过与现代技术相结合，与现代社会特征相结合，而以现代技术恐惧的名称出现而已。技术伴随人类的永久性，人对技术认识的局限性决定了技术恐惧的永恒性，因而，永恒性技术恐惧并不仅仅存在于现代技术以前。我们不能把永恒性技术恐惧与现代技术恐惧理解成截然不同的两种技术恐惧，二者在形成原因、表现和结果上有很多相同之处，二者的区分只是相对的。

由于二者存在的历史发展阶段不同、社会文化背景不同，所以现代技术恐惧与永恒性技术恐惧又有所区别。首先，从形成原因和表现形式上看，永恒性技术恐惧产生主要是因为人们对技术的认知存在问题，包括不能正确地认识技术的本质、地位和作用，因而出现了神秘化技术、蔑视技术和破坏技术等技术恐惧的表现。现代技术恐惧则主要是由技术带来的危害结果和风险造成的。"危险不再是因为无知，而来自于知识。"[②]因此，现代技术恐惧的根源主要不在于技术认知。如果说存在着技术认知方面的原因，也主要是指对某项技术及其应用缺乏相关的知识，从而导致自己在这方面缺乏竞争力，由此感到压力大形成技术恐惧，而不是对一般意义上的技术存在认知问题。因此，现代技术恐惧表现形式为技术压力、技术焦虑、恐慌、担忧人类的前途命运，并显现为抵制、排斥技术。当然，有时现代技术恐惧也来源于对技术知识的了解、知晓，因为无知者无畏，正因为了解了技术、知道其中的不确定性和危害，才导致了惧怕。其次，技术恐惧

---

① 杨景原. 2010. "环保热"被异化 德国人患上"技术恐惧症". 环球财经, (4): 30-31.
② 拉斯·史文德森. 2010. 恐惧的哲学. 范晶晶译. 北京: 北京大学出版社: 62.

的存在层面和主体有所不同。永恒性技术恐惧更多地存在于文化层面，存在着这样一种轻视、神秘化、鄙视技术的文化氛围，很少有具体的恐惧主体的具体反应，特别是直接的技术用户。这种技术恐惧更多地来自技术的外围。诚然，到了资本主义机器大工业时期，技术用户即工人有了具体反应——破坏机器，但反应形式非常单一。而现代技术恐惧则有特定的主体，实证研究表明，其普遍存在于不同的人群：工人、学生、教师、图书馆工作人员等。当然，现代技术恐惧也反映在文化层面，但现代技术恐惧的文化反映形式很多是以前所没有的，比如科幻小说、电影、网络等。相比于永恒性技术恐惧，现代技术恐惧的主体较为广泛，并且以技术用户为主。同时，恐惧对用户产生了直接的危害后果，如在生理、心理等方面的病态反映。最后，从文化环境来看，永恒性技术恐惧的文化环境主要是宗教统治和哲学上宣扬的重理论、轻实践，以及重精神、轻物质。这时的科学技术处在萌芽和相对落后时期，技术虽有潜在的风险，但并没形成现实规模。而现代技术恐惧的文化环境是科学文化盛行，强调实践的重要性，反而认为纯理论的东西是务虚，而不被人所看重。科学技术高度发达，人们追求物质和享乐，享受技术的控制成果。结果是"造就的文化将是没有道德根据的文化，它将瓦解人的精神活动和社会关系，于是人生价值将不复存在"[1]。从这个角度来看，现代技术恐惧正好与永恒性技术恐惧时期的文化相反。

第二节　技术恐惧的内涵界定

在现代话语系统中，技术恐惧并不就是一种疾病，而是人和社会对技术的一种反应与态度，是现代人对科技带给人们的适应性问题的统称，它是人与技术关系的一种现实体现，是与现代技术相与为一的一种社会历史和文化现象。

---

① 尼尔·波斯曼. 2007. 技术垄断：文化向技术投降. 何道宽译. 北京：北京大学出版社：作者自序 2.

一、技术恐惧的内涵

技术恐惧，顾名思义，就是人对技术的恐惧。简单地说，技术恐惧就是由技术的复杂性、风险性、不确定性、危害性、统治性等性质引起的人对技术的负面的心理和行为反应，是人对技术的一种负面态度和消极情绪。尽管技术恐惧有着悠久的历史，但是在技术恐惧存在的相当长的时间里，并没有人对技术恐惧进行内涵界定和概念把握。直到现代社会，技术恐惧现象越来越普遍和突出，表现形式复杂多样，恐惧水平状况不一，如果不进一步限定和提出明确的内涵，将会引起人们对技术恐惧现象的认识混乱，并容易犯扩大化和缩小化的认识错误，也不利于人们正确面对这一现象。因而，技术恐惧引起了人们的注意，并开始对技术恐惧进行概念界定。

技术恐惧（technophobia），有的研究用 technophobe 或 technophobic 指技术恐惧症患者。technophobia 一词大约出现在 20 世纪 60 年代初，是 techno 与 phobia 组合在一起构成的一个词语，前者指技术，后者是恐惧症的意思。技术恐惧这一术语用来描述个人有机会使用新技术却抵制使用，其并不是古典意义上的恐惧，如旷野恐怖症，但在病因和治疗上二者存在着相似性。technophobia 是与 technophilia 相反的一个词语，后者被翻译成技术爱慕者、技术爱好者或技术痴迷者等。有时也用 technofear 表示技术恐惧，与此相关的词语还有技术压力（technostress）、技术焦虑（techno-anxiety）和技术怀疑主义（techno-skepticism）等。有文章就把技术压力（technostress）、网络恐惧（cyberphobia）、计算机厌恶（computer aversion）、计算机焦虑（computer anxiety）看作是技术恐惧（technophobia）的同义词，或者是计算机恐惧的同义词，因为计算机被用来作为锚定产品。[①]

柯林斯英语词典的解释包括两方面的意思：一是害怕技术发展给社会和环境带来的影响；二是害怕使用技术设备，比如计算机。[②]《英汉大

① Sinkovics R R, Stöttinger B, Schlegelmilch B B, et al. 2002. Reluctance to use technology-related products: development of a technophobia scale. Thunderbird International Business Review, 44(4): 477-494.
② Hanks P. 1986. Collins Dictionary of the English Language. London: William Collins Sons & Co. Ltd: 1564.

词典（下卷）》把技术恐惧释义为"对技术对社会及环境造成不良影响的恐惧"[①]。杰伊最先通过计算机恐惧来解释技术恐惧，他把计算机恐惧从行为、情绪和态度三方面进行了界定，即一是拒绝谈论计算机，甚至拒绝去想计算机；二是对计算机感到焦虑和害怕；三是对计算机怀有敌视情绪，或者怀有攻击破坏电脑的想法。[②]之后引发了西方学者对技术恐惧定义的广泛研究和探讨。美国心理学家罗森和韦尔认为技术恐惧包含下面一个或多个表现：①对目前或将来的计算机活动或与计算机相关的技术感到焦虑；②对计算机总体上持消极的态度；③对目前的计算机活动或与将来新计算机的相互作用普遍采取消极的认知和自我反思批判的态度。[③]同时，他们又认为技术恐惧只是代表对技术的一种消极的心理反应，这种反应可以产生不同的形式和强度。但当人们由于对计算机缺乏知识与经验而感到不适和有压力时，就不应该认为是技术恐惧。因为这种不足可以通过额外的训练得以纠正，并且不会构成心理问题。这里我们可以这样理解，在罗森和韦尔看来，短期可以得到治愈的不适或压力，或者还没有形成心理问题的情况就不属于技术恐惧。显然这种看法是值得进一步探讨的。因为形成心理问题的界限、不适的程度等很难把握，也不好做出明确的界限。布鲁斯南认为技术恐惧是指由信息技术、计算机引起的严重焦虑，以及被称作由使用计算机的思想（包括实际使用）引起的非理性的害怕预期，从而导致回避、减少计算机利用的结果。[④]有人通过与恐惧症的对比来界定技术恐惧，"在医学意义上严格来说，恐惧症是遭遇恐惧形势的结果。通常与强烈的焦虑或悲痛有关，症状一般包括出汗、颤抖、脸红、心悸，有时候伴随腹痛。技术恐惧是恐惧症更通俗的一种用法，指夸大的、通常莫名其妙的、不合逻辑的对特定物体、对象或情形的害怕"[⑤]。以上几种对技

① 陆谷孙. 1991. 英汉大词典(下卷). 上海: 上海译文出版社: 3575-3576.

② Jay T. 1981. Computerphobia: what to do about it. Educational Technology, (21): 47.

③ Korukonda A R. 2005. Personality, individual characteristic, and predisposition to technophobia: some answers, questions, and points to ponder about. Information Sciences, 170(2): 309-328.

④ Brosnan M J. 1998. Technophobia: The Psychological Impact of Information Technology. London and New York: Routledge: 17.

⑤ Sinkovics R R, Stöttinger B, Schlegelmilch B B, et al. 2002. Reluctance to use technology-related products: development of a technophobia scale. Thunderbird International Business Review, 44(4): 477-494.

术恐惧的界定，都把技术恐惧落脚到了非理性或不合理的焦虑或害怕。这与人们对一般的恐惧症的把握有关，恐惧症的概念常常包含着不合理的焦虑，但技术恐惧中的诸如对基因技术和原子技术的恐惧可能并不被认为是非理性的与不合理的，而是被认为是对机会和机遇的一种理性判断。因此，把技术恐惧理解为不合理的焦虑的思想遭到了一些人的反对。例如，丹尼尔·狄耐罗（Daniel Dinello）认为，技术恐惧意味着厌恶、不喜欢或怀疑技术，而不是非理性地、不合逻辑地、神经过敏地害怕技术。[①]由此看出，单凭理性还是非理性的性质是不能区别是技术恐惧还是非技术恐惧的。从诸多的研究看来，技术恐惧中既包含着非理性的焦虑和担心，也包含着对技术的合理的害怕，因为技术确实能造成现实的危害。由于技术恐惧都表现为不同程度的排斥和拒绝技术，因此，还有人把技术恐惧称为技术拒绝。这种观点一般把各种技术恐惧都叫作技术拒绝，认为技术拒绝者就是技术恐惧者。

综合以上各种技术恐惧的定义和对技术恐惧内涵的理解，可以把技术恐惧界定为主体的人和客体的技术在一定的社会语境中的相互作用关系引发的人对技术负面的心理与行为反应，表现了人与技术之间的一种负相关关系，这种人与技术的关系可以表现为对技术感到不适、消极接受甚至抵制技术、对技术持否定态度、与技术产生摩擦直至破坏技术等方面的心理和行为模式。"技术恐惧从某种意义上说，可以理解为在一个组织语境中人与机器相互关系的结果。"[②]技术恐惧的心理和行为模式又有各种不同层次和方面的具体表现，比如，个人的、社会的、哲学的表现；心理的、生理的、行为的表现；以及焦虑、怀疑、压力、害怕、病痛、破坏等不同的表现形式。

二、技术恐惧与相关概念的厘定

1. 技术恐惧与计算机技术恐惧

现代技术恐惧是随着计算机技术的发展而产生的，因而我们所看到

---

① Dinello D. 2005. Technophobia: Science Fiction Visions of Posthuman Technology. Austin: University of Texas Press: 8.

② Korukonda A R. 2005. Personality, individual characteristic, and predisposition to technophobia: some answers, questions, and points to ponder about. Information Sciences, 170(2): 309-328.

的大多数的技术恐惧的定义都是以计算机技术恐惧的概念出现的，都侧重于人们对计算机技术的反应和对计算机技术的态度。虽然计算机技术恐惧作为技术恐惧的重要组成部分能够反映出技术恐惧的一些特点和根本属性，但正如共性和个性的关系那样，共性寓于个性之中，并通过个性表现出来。尽管计算机技术恐惧代表了人们对新技术的厌恶和焦虑，但是计算机技术恐惧并不能涵盖技术恐惧的全部内涵，技术恐惧的内涵要比计算机技术恐惧宽泛得多。比如，有些国家和地区在计算机还没有推广的时候，也仍存在技术恐惧，并且没办法调查大量公众对计算机的看法。如果一味地探讨计算机技术恐惧，很容易误导人们把技术恐惧等同于计算机技术恐惧，并且研究的可靠性也会大打折扣。把计算机技术恐惧等同于技术恐惧是有问题的，尤其是在国际语境下，尽管计算机技术恐惧与技术恐惧都设想涉及相同的潜在变量。但由于计算机技术诞生后的几十年内，在许多国家，计算机的使用并没有得到普及，常常被局限在商业领域，而公众却经常接触和使用其他一些技术产品，在这些国家，如果把计算机作为技术恐惧考察的锚定技术产品，显然得出的结论就会失之偏颇。这些国家就不能把恐惧症归因于恐惧态度，而应归因于缺乏经验，因为这些国家的计算机技术恐惧多是因为没有使用过计算机而导致的。正因为如此，有些研究在选择技术恐惧的研究对象时会选择别的技术种类，如核技术恐惧、生物技术恐惧、自动柜员机（Automated Teller Machine，ATM）恐惧、电话恐惧、汽车恐惧、网络恐惧等。但到目前为止，以其他种类的技术或从一般的技术层面来给技术恐惧下定义的情况并不多见。

2. 技术恐惧与技术压力

技术压力也是技术恐惧的重要表现之一，或者说技术压力也是表达技术恐惧的一个重要概念。最早给技术压力下定义的人是克莱格，他把技术压力界定为"由于不能用健康的方式处理新的计算机技术而导致的现代适应性疾病"[①]。韦尔和罗森对技术压力概念进行了拓展，在他们看来，技

---

① Aida R, Azlina A B, Balqis M. 2007. Technostress: a study among academic and non academic staff//Dainoff M J. Ergonomics and Health Aspects of Work with Computers. Lecture Notes in Computer Science. Vol.4566. Berlin: Springer: 118-124.

术压力并不就是一种疾病，它是技术对人的态度、想法、行为和心理造成的消极影响。

技术压力有时也翻译成技术应激，常见于管理学领域和心理学领域的研究，主要探讨技术革新或新技术的采用给组织员工带来的心理负担，这种心理负担会进一步引起员工或技术用户的生理和行为的病态反应，并影响员工对技术的态度。技术压力给员工造成的反应有不适、恐慌，再严重就会形成心理和身体的疾病。显然技术压力与技术恐惧在发生的根源、用户反应以及引发的后果方面都是相同或接近的，二者有着一致性。这也正是为何在有的技术压力的研究中，引入了技术恐惧；而在技术恐惧的研究中，也将技术压力列入其中。既然要用两个概念来表达，那么就会有些细微的差别。从诱发原因上来看，技术压力偏重于技术革新或新技术的使用，偏重于技术的复杂性、不确定性或变化性，偏重于社会对新技术的采用以及由技术带来的生活节奏的加快。这些变化导致员工不能正确地处理和应对与技术的关系，从而产生技术压力。这也是把技术压力叫作技术应激的原因。而技术恐惧更多地是由技术风险性和危害性引发的。从主体来看，技术压力的主体主要是组织员工，当然也包含一些潜在的技术用户，但老年人相对影响较小。而技术恐惧的主体则比较普遍，包括老年人在内。从内容上来看，与技术恐惧所包含的对技术对自然环境的破坏、生态的变化以及对人类前途命运的担忧不同，技术压力更为关注的是员工或用户自己的身心发展和生活质量。从研究方法或学科划分来看，技术压力主要侧重于管理学、心理学和经济学领域，很少引起哲学的关注。而技术恐惧分布的学科较广，是哲学关注的一个重要内容。当然，以上区分只是相对的，毕竟压力可以引发恐惧，恐惧也可以变成压力。

3. 技术恐惧与技术焦虑

还有人用技术焦虑（主要是计算机焦虑）来反映技术恐惧，例如，儒伯认为计算机焦虑是计算机带来的威胁刺激造成的人的焦虑状态。技术焦虑是构成技术恐惧的一个重要因素。毛雷尔则把计算机焦虑定义为使用计算机所唤醒的非理性恐惧感，以及由此导致的在行为上避免或最少量使用计算机。①技术焦虑（techno-anxiety）比之于技术压力，其与技术恐惧的关系更为密切。有人认为焦虑就是害怕。在技术焦虑的研究中，其是作为技术恐惧的一个构成部分出现的，是恐惧的一种表现，也可以说技术焦虑就是一种技术恐惧。焦虑和恐惧都是人的情绪的表达方式，并且这两种情绪引起的心理和生理的反应也颇为相近，因此二者密切相关，其区别非常模糊。技术焦虑与技术恐惧的区别主要表现在焦虑与恐惧的不同上，一般认为，"恐惧有一个具体的对象，而焦虑没有"②。也就是说，当技术对人的威胁和危害比较具体而明确时，反映出来的就是技术恐惧。而如果技术风险不明确，人们只是感到不安，并不确定这种不安指向的具体对象或技术的某种具体属性，那么这时的表现就是技术焦虑。康德也曾经指出："对于危险性事物隐隐的恐惧就是焦虑。"③这里隐隐地表达了恐惧对象的模糊性。"一个处在恐惧状态的人，往往十分明确自己恐惧的对象是什么。而他最大的希望，基本上是恐惧对象的消失，或自己不会受它伤害。但是，处在焦虑状态的人，经常对这些问题一片茫然。"④焦虑与恐惧的区别还在于焦虑是不合理的害怕，而恐惧既可以源自合理性也可以由不合理的害怕构成。因此，直到现在，还存在着技术恐惧是理性的还是非理性的认识分歧。

4. 技术恐惧与技术悲观主义

与技术恐惧在哲学领域比较相近的两个概念是技术悲观主义和技术怀疑主义。技术悲观主义就是对技术持悲观态度，认为技术发展是非人性化的，是人与社会异化的根源，是造成人类各种发展问题的罪魁祸首，应该停止技术发展或者至少不应该任其发展。技术怀疑主义则是对技术不信任，持怀疑态度，应该是一种弱技术悲观主义的思想。技术悲观主义是对技术给人类带来的诸多问题进行反思，是对人的技术行为和技术道路进行反思所形成的哲学思潮，是对技术的一种否定性评价。就技术的风险性和危害

---

① Brosnan M J. 1998. Technophobia: The Psychological Impact of Information Technology. London and New York: Routledge: 15.
② 拉斯·史文德森. 2010. 恐惧的哲学. 范晶晶译. 北京: 北京大学出版社: 31.
③ 拉斯·史文德森. 2010. 恐惧的哲学. 范晶晶译. 北京: 北京大学出版社: 31.
④ 拉斯·史文德森. 2010. 恐惧的哲学. 范晶晶译. 北京: 北京大学出版社: 31.

性而言，技术恐惧和技术悲观主义的着眼点是相同的，反映出来的对技术的态度也是一致的，即对技术持否定态度，排斥和抵制技术。就产生的效应而言，它们也有着共同点，即都对技术的发展有一定的阻碍作用；同时，又对技术的发展产生警醒作用，在一定程度上能使技术更好、更健康地发展。但二者是两个不同的概念，技术恐惧主要存在于现象和文化层面，其对象具体，主体具有普遍性，并且有具体的心理的、生理的、行为的表现；技术悲观主义则主要存在于哲学和观念层面，它的主体主要是一些哲学家和学者。技术悲观主义是对技术理性的批判，是对技术负面效应的哲学抽象和理论化、系统化；而技术恐惧是对技术负面效应的直接反应。技术恐惧虽然也有针对技术整体的，但更多地针对的是具体的某种技术，或技术的某种属性，如果技术种类、形式和属性发生变化，技术恐惧的主体可能就不会再恐惧。而技术悲观主义针对的是技术整体，它的观点具有普遍性和一致性，一般不会因技术的改变而改变。二者形成的原因也不一样，技术悲观主义的出现建立在对技术的本质、价值、作用及前途的哲学批判的基础之上，是一种理性的认识和把握。而技术恐惧是对技术做出的一种心理的和行为的反应，大多时候这种反应是非理性的。技术悲观主义是对技术恐惧现象的哲学升华，技术恐惧则是技术悲观主义的一种现实表现。

第三节　技术恐惧的特点

　　根据技术恐惧的本质和内涵界定，可以把技术恐惧的特点概括为以下几个方面，即理性与非理性交织、心理与行为互动、内因与外源结合、现实与文化并存、正负效应兼具。

一、理性与非理性交织

　　由技术恐惧的定义可以看出，一些研究者侧重于把技术恐惧看成是非理性的或莫名其妙的害怕。例如，"技术恐惧是恐惧症更通俗的一种用法，指夸大的、通常莫名其妙的、不合逻辑的对特定物体、对象或情形的害怕"[①]。毛雷尔也把计算机焦虑看作是使用计算机所唤起的非理性恐惧感。但也有人不同意这种观点，认为技术恐惧是理性的，例如，丹尼尔·狄耐罗就认为技术恐惧并不是非理性地、不合逻辑地、神经过敏地害怕技术。[②]显然，对技术恐惧的界定存在着理性和非理性的争议。其实，技术恐惧中交织着理性和非理性两方面的因素。

一方面，技术革新作为一种正常的社会发展现象，应该是被接受和认可的，但对于某些人来说，技术发展本身就是对他的一种压力，再加上社会环境的影响，其就出现了焦虑和忧患情绪，也就是技术恐惧，这种作为恐惧对象的技术革新或新技术，在研究者看来并没有对恐惧者本人产生实际的危害，或至少没有带来直接的影响，因此这种恐惧就是没有根据的恐惧，也就是不合理的或非理性的恐惧。技术恐惧的非理性还表现在对未来的担忧上，我们也叫作杞人忧天，也就是有些危险和伤害可能来自未来，甚至未来也只是一种猜想，有的人就开始忧虑，并导致自己心理和身体的某种严重不适应。另一方面，技术恐惧又存在着直接的恐惧对象，也就是说，技术危害和风险是直接的、现实的，人们对这种技术带来的灾难性后果和对自身的伤害的担心与害怕就是合理的，是恐惧者根据经验和事实，对技术风险做出的一种合乎逻辑的理性把握和推断，因此，这种对技术的恐惧就是必然的、理性的，也就是技术恐惧包含着理性因素。

技术恐惧理性和非理性的交织特点还表现在，在看似非理性的恐惧中存在着合理的社会文化背景，能够找到恐惧的根源所在，也就是非理性中包含着理性因素。同时，由技术危害和风险导出的合乎逻辑的（理性的）技术恐惧中，也存在着由虚假信息或不完全信息造成的，或者个人偏好影响所导致的非理性的恐惧，它们会使人不合理地放大和强化技术恐惧现象，即理性中也渗透着非理性。

① Sinkovics R R, Stöttinger B, Schlegelmilch B B, et al. 2002. Reluctance to use technology-related products: development of a technophobia scale. Thunderbird International Business Review, 44(4): 477-494.
② Dinello D. 2005. Technophobia: Science Fiction Visions of Posthuman Technology. Austin: University of Texas Press: 8.

二、心理与行为互动

心理与行为互动是指在技术恐惧中，心理反应和行为反应相互影响、相互作用，形成不同的心理和行为表现。这一特点是就技术恐惧的表现和结果而言的。技术恐惧的实质是人对技术的一种消极反应，这种消极反应要通过心理和行为表现出来。表现在心理方面就是压力、烦躁、不安、焦虑等，表现在行为方面就是抵制、拒绝接受新技术，破坏机器，反对技术革新，等等。这种心理的反应和行为的反应会相互刺激、相互暗示，加剧和强化在心理与行为上的进一步表现，或者使心理与行为的反应进一步升级。例如，技术恐惧最初的心理反应是对技术感到某种不适应，稍有不安，表现在行为方面就是不情愿地接受新技术。原来的心理反应和不情愿地接受新技术可能会导致不好的技术体验，会进一步加重心理负担，开始出现焦虑，这种焦虑的心理反应在行为上就会引起抵制和排斥新技术，二者的进一步相互作用，又会带来心理的恐慌和行为的过激反应。比如，破坏机器，通过罢工、运动等形式反对技术革新和新技术的应用。并且会给心理和生理造成实际的创伤，如焦虑、恐慌、失眠、记忆力下降、官能症、病痛等。从心理到行为的反应，本身就显现了技术恐惧水平的提高。一般来讲，心理反应激烈时，或超出心理承受能力时，主体就会通过行为来表达自己的情绪体验。

三、内因与外源结合

从技术恐惧的产生原因来看，技术恐惧是内部因素与外部根源综合作用的结果。内因与外源是技术恐惧产生的两方面的原因，内因是就恐惧的主体而言，外源是就技术恐惧生成的外部环境而言。马克思主义认为，内因是事物变化的根据，外因是事物变化的条件，内因决定外因，外因反作用于内因。在技术恐惧中，这种内外因的相互关系表现得比较充分。

技术恐惧也可以理解成人与技术的一种负相关关系，在这个关系中，人具有主动性，是技术恐惧的主体，技术作为被认识和反应的对象是客体，除此之外，人与技术的关系还发生在一定的社会语境中。因此，技术恐惧的内因就是主体自身引发的技术恐惧，这是主要的方面。因为恐惧作为人与生俱来的一种情绪，有着自我的心理发生机制。"困扰不安，非关外物，实由心生。"[1]引发技术恐惧的内因包括个人的能力和经验、性格特点、思维和认知方式、民族和职业、受教育状况等。技术恐惧的外部根源主要包括两大方面:一是作为技术恐惧对象的技术,二是人与技术存在的社会语境。其技术根源包括技术特性带来的恐惧,如风险性、危害性、不确定性、易变性等都可以引发技术恐惧;技术的设计缺陷和技术的失败经历也可以产生技术恐惧;对技术本质的不同理解也可以诱发技术恐惧。社会语境因素对于技术恐惧的生成也具有助推和催化作用,比如,军事和战争、政治霸权、社会文化传统的影响,以及大众传媒的宣传,等等,都会在一定程度上加重甚至直接使人们形成技术恐惧。

技术恐惧的内因和外部根源是密切联系在一起的,主体的个性特点、偏向和爱好,决定着对技术的态度和反应,就这一点看,内因是主导方面。但是技术的特性和缺陷,以及社会语境,又为恐惧的生成创造了条件。比如,当主体对健康比较敏感时,技术的某些方面会损害健康,再加上社会宣传效应,技术的这种风险就会在主体身上放大、强化,并令主体心理负担加重、焦虑和不安,生成技术恐惧。如果主体虽具有神经敏感的特点,但技术设计得完美,没有风险存在,或至少对于该主体来讲没有风险的经验和相关信息,就不会诱发技术恐惧;或者如果没有社会任务的输入,技术虽有风险,但主体可以选择避开这种技术,那么也可以不产生技术恐惧。内因和外源只有结合在一起,才会形成技术恐惧。

四、现实与文化并存

现实与文化并存是技术恐惧的又一特点。这一特点是就技术恐惧的存在层面而言的,一方面,技术恐惧是一种社会现实,技术恐惧是工业经济形成以来持久存在的一个问题,估计世界上近1/3的工业人口忍受着技术恐惧。毫无疑问,技术引发的焦虑构成了一类真实的现象。[2]大量的实证研究都已证实这一点。另一方面,技术恐惧又是一种文化存在,"如果考察一下文化史就会发现,当一项新技术出现并开始传播的时候,它既被幻想家所欢迎,

① 拉斯·史文德森. 2010. 恐惧的哲学. 范晶晶译. 北京: 北京大学出版社: 25.
② Quinn B A. The evolving psychology of online use: from computephobia to internet addiction. https://ttu-ir.tdl.org/handle/2346/489?show=full[2013-08-12].

又被文化威胁论者所恐惧"①。作为文化存在的技术恐惧历史相当悠久，前面提到的古今中外对技术轻视的现象、重视思维和精神活动、贬低和蔑视技术与劳动实践、重理论轻实践的文化传统就是文化层面的技术恐惧；把技术巫术化和神化，从而对技术感到畏惧和担忧也是技术恐惧文化。发展到现代出现的各种科幻电影和小说、描绘出的技术灾难和人类毁灭的场景，表达了人们对技术和人类前途命运担忧的主题，同样是作为文化的技术恐惧。

现实的技术恐惧与文化的技术恐惧又存在着密切关系，它们相互作用、相互影响。文化是社会现实的一种升华和提炼，是对社会现实的一种抽象表达和概括，因此没有技术恐惧的现实，就没有文化存在的技术恐惧。文化存在的技术恐惧又会对现实的技术恐惧产生重要影响，既定的文化作为一种传统或世界观，必然会对人们的认识和思维方式产生影响，并影响人们对技术的看法和态度，也就是会影响技术恐惧。同时，作为现代文化存在的技术恐惧，会强化和放大技术的风险与危害，并固化其文化中的人的思想观念，从而催生和加剧技术恐惧的社会现实。

五、正负效应兼具

技术恐惧虽然被人们界定为一种病态反应、一种消极反应或人与技术的一种负相关关系等，但技术恐惧并不是完全没有积极作用的，而是正负效应兼具，共同作用于人与社会的发展。

从现代技术恐惧的研究缘起来看，技术恐惧首先是作为一种社会问题、一种负面现象而被研究的。因此，其副作用或负效应就可想而知了。技术恐惧的负效应主要表现在三个方面，即对人、对技术和对社会的负面影响。有人把技术恐惧看成是一种疾病，例如，"由于不能用健康的方式处理新的计算机技术而导致的现代适应性疾病"②；或者被人认为是不合理的、莫名其妙的焦虑和担忧。不管是疾病也好，焦虑和恐惧也好，其都有不同程度的对

---

① Boehme-Neßler V. 2011. Caught between technophilia and technophobia: culture, technology and the law//Boehme-Neßler V. Pictorial Law: Modern Law and the Power of Pictures. Berlin: Springer: 1-18.
② Aida R, Azlina A B, Balqis M. 2007. Techno stress: a study among academic and non academic staff//Dainoff M J. Ergonomics and Health Aspects of Work with Computers. Lecture Notes in Computer Science. Vol.4566. Berlin: Springer: 118-124.

人的心理和身体的伤害，如焦虑、恐慌、失眠、心悸、病痛、官能症等，严重了还会直接导致精神异常和身体的严重疾病。对技术的负面作用主要表现为，因为排斥、抵制、拒绝接受新技术或产品而影响技术的传播和进步。对社会的负面影响主要是因阻碍技术进步而延缓社会发展，技术恐惧引发的抵制及破坏技术的运动还会造成社会的混乱和不安定，技术恐惧反对技术、崇尚自然的价值理念，也会给技术、经济和社会进步带来一定的不良影响。

"恐惧既有破坏性也有建设性——既能毁灭你，也能为你开启一个更好的世界。"[1]技术恐惧亦是如此，在产生消极影响的同时，又有着重要的积极作用。克尔凯郭尔认为恐惧可以使人避免永远的沉沦，是朝向拯救的一种手段。技术恐惧现象的存在，会为技术创新提供一个反向的动力，推动技术改变和革新，推动技术的完善，改变技术的设计缺陷，使技术更加人性化。在此种意义上而言，技术恐惧也是一种形式的技术革新，有助于技术进步。社会运动形式的技术恐惧，对技术的反对和对自然的崇尚，对于环境保护有着积极的意义，对于缓解当前的环境危机有一定的积极作用。同时还能使科技政策和体制、社会发展制度更加科学合理。

第四节　技术恐惧的框架结构

通过对技术恐惧概念的总结分析和界定，我们可以发现技术恐惧的内部结构及其要素的相互关联，并在此基础上建构技术恐惧的结构模型，使人们对技术恐惧的本质含义有更为直观的理解和把握，更为准确地认识和应对技术恐惧现象。同时，技术恐惧的结构模型也为研究技术恐惧提供了一个基本的研究框架和理论范式。

一、技术恐惧的内涵构成

从诸种技术恐惧的内涵界定来看，技术恐惧是与计算机等新技术的使用相关的担心、害怕、焦虑和不安等情绪，以及这些情绪进一步引发的生理和

---

[1] 拉斯·史文德森. 2010. 恐惧的哲学. 范晶晶译. 北京：北京大学出版社：93.

行为等方面的反应与显现，是对个体的人或群体健康和生存安全的担忧。综观各种技术恐惧的概念，我们可以发现虽然其具体表述不同、恐惧的程度和表现形式有所差异，但都涉及技术恐惧的主体、客体和存在的社会语境。因此，通过对各种定义进行概括和解析，可以发现技术恐惧的内涵结构。技术恐惧首先是一种恐惧，是主体对外物的不可控性、不确定性或对新生事物缺乏了解而产生的强烈的心理和生理反应。恐惧与主体的心理、性格、认知等特点有关。埃皮克蒂塔（Epictetus）认为：“使人扰乱和惊骇的，不是物，而是人对物的意见和幻想。”[1]这道出了恐惧形成的主体根源。同时，技术恐惧又不局限于恐惧本身，并不仅仅指的是害怕。它与引起人们不安的刺激物，即技术有关。技术的发展和存在特质会影响人们对技术的态度及其心理反应，而技术态度和心理反应既是技术恐惧形成的原因，又是技术恐惧的突出表现。这是技术恐惧生成的客体动因或技术根源。除了技术恐惧的主体和客体之外，技术恐惧都是存在于一定的社会语境的，“情绪不全然是直接的生理反应，也是社会文化的产物……我们对什么感到恐惧，强度如何，取决于我们的世界观以及如何看待危险并保护自己。对于情绪的体验和认识，从来都脱离不了相应的社会语境”[2]。由于现代社会的技术特征和科技的社会化，技术恐惧更是离不开它存在的社会语境。人要成为技术用户或技术人，成为技术恐惧的主体，以及其技术恐惧的表现和程度如何，取决于社会语境所赋予的任务和社会语境本身。因而技术恐惧的实质就是主体的人与客体的技术在一定的社会语境中的一种负相关关系及其表露。因此，通过对其概念的进一步梳理和分析，可以明确其内涵构成（图1-1）。

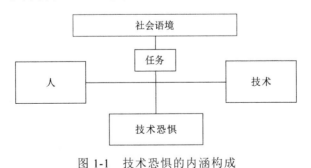

图1-1　技术恐惧的内涵构成

① 恩斯特·卡西尔. 1985. 人论. 甘阳译. 上海: 上海译文出版社: 34.
② 拉斯·史文德森. 2010. 恐惧的哲学. 范晶晶译. 北京: 北京大学出版社: 20.

二、技术恐惧的结构模型

技术恐惧作为人与技术在一定社会语境中的负相关关系，对其内涵结构进一步拓展和细化，就可以得到技术恐惧较为全面的结构模型。通过建构技术恐惧的结构模型可以更为全面地理解和把握技术恐惧的真实内涵及其生成过程。

对于技术恐惧，可以分解为这样几个问题，即谁（who）在恐惧？恐惧什么（what）？为何（why）恐惧？恐惧的形式和程度如何以及怎样（how）解决？围绕这几个问题，可以建构出技术恐惧的结构模型（图 1-2）。

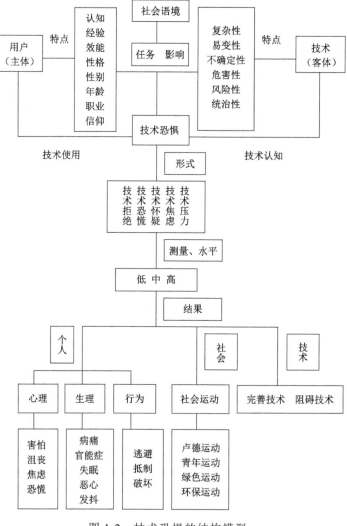

图 1-2 技术恐惧的结构模型

　　谁在恐惧也就是技术恐惧的主体是谁。国外技术恐惧的研究一般把用户
（user）看作是技术恐惧的主体，韦尔和罗森研究技术恐惧时就把用户对技
术的态度和反应分为三类，即早期采用者、犹豫不定者和反对者。[①]劳德
（B. H. Loyd）和格雷沙德（C. Gressard）也把电脑用户分为害怕和焦虑者、
喜欢者和自信者三类。[②]显然，这里的用户包括现实使用技术的实际用户，
也包括预期使用技术的潜在用户。当然也并非所有的用户都是技术恐惧
的主体，谁能够成为技术恐惧的主体，就个人方面而言，与用户的认知
能力、经验、性格特点、性别、年龄、职业、信仰等因素有关。加德纳
（W. L. Gardiner）就建议从性别、宗教信仰、社会地位、居住地、年龄等
方面检验技术恐惧。[③]

　　恐惧什么是讲技术恐惧的对象是什么。恐惧的对象，即技术恐惧的客
体是技术，尤其是以计算机为代表的现代高新技术。也有人认为技术恐惧
的对象不是技术，而是使用技术的人。"'技术恐惧'的实质，是对错误
运用技术的人的恐惧，而不是对技术本身的恐惧。"[④]这一观点源于技术
中性论，即认为技术只是作为中性的工具或机器存在，其本身并不负载价
值，不会产生危险和危害后果，技术产生什么样的后果完全取决于使用技
术的人，因此，技术本身并不会引起人们的恐惧，引起人们恐惧的是技术
的使用或使用技术的人。在此无意对技术中性论做过多评判，只是想指明，
技术本身也是负载价值的，固然技术的使用目的会影响技术的结果，但有
些技术本身就会产生风险或危害后果，而不论技术的使用者如何。况且，
在现代话语系统中,技术恐惧者恐惧的并不仅仅是技术的危险和有害后果，
技术本身的快速发展，使得用户感到应接不暇、无能为力、无所适从、勉
为其难、焦虑疲惫，担心技术失控以及担忧技术控制人类等都是技术恐惧
的现实表现。因此，在此种意义上讲，技术恐惧的客体是技术，而非技术

① Korukonda A R. 2005. Personality, individual characteristic, and predisposition to technophobia: some answers, questions, and points to ponder about. Information Sciences, 170(2): 309-328.

② Leonard N H, Leonard T L. Group cognitive style and computerphobia in functional business simulations. https://journals.tdl.org/absel/index.php/absel/article/view/1292[2019-10-09].

③ Frideres J S, Goldenberg S, Disanto J, et al. 1983. Technophobia: incidence and potential causal factors. Social Indicators Research, 13(4): 381-393.

④ 张扬, 萧扬. 2001. 克隆人算是什么人. 山东农业, (4): 19.

的使用者。恐惧什么，如果简单地回答是技术显然是不够的，还应有具体的恐惧内容和形式。从上述分析可以看出，技术恐惧的内容与技术带来的效果并不一致，也就是说，技术的危险和有害后果并不必然引起技术恐惧，技术恐惧的内容也不必然是技术的危险和有害后果。技术恐惧的内容应该是能够引起人们不安和焦虑的技术（包括技术物）所体现出来的某些属性，主要有以下几方面：复杂性、易变性、不确定性、危害性、风险性、统治性等。用户对技术表现出来的上述属性形成技术认知和技术体验，当技术认知和技术体验与用户个体特点出现矛盾，或形成否定性评价关系时，再加上社会文化因素的助推和影响，就形成了技术恐惧。具体表现为技术恐惧、技术压力、技术焦虑、技术怀疑、技术恐慌和技术拒绝等几种形式。

为何恐惧是要寻找技术恐惧的原因或根源，除了上述个人和技术或主体和客体方面的影响因素之外，技术恐惧还有其形成的社会根源，也就是社会语境方面的因素。社会的政治、经济、文化、军事等都会对人和技术产生重要的影响。同时，如上所述，主体是在一定的社会语境中接受和完成任务、与技术发生关系的，社会语境必然会对人与技术的关系施加各种影响，如社会竞争、生活和生存压力、失业的影响、媒体的宣传和助推、军事技术等都会形成和加剧技术恐惧。因此技术恐惧的形成原因概而言之包括相互关联的三个方面：个人因素、社会因素和技术因素。

技术恐惧的形式和程度如何、怎样处理技术恐惧问题所涉及的是技术恐惧的状况和水平，以及处理技术恐惧问题的策略。技术恐惧的程度或水平可以通过技术恐惧带来的结果进行观察和评估，这里面就涉及技术恐惧的评估和测量问题。一般把技术恐惧的水平划分三大类，即高水平、中等水平和低水平。当然也有划分得更细的，把技术恐惧根据一定的指数分成几个等级。技术恐惧的出现会带来三个方面的结果。首先是对个人的结果，技术恐惧会导致个人出现生理、心理和行为等方面的症状，在心理方面会引起害怕、沮丧、焦虑甚至恐慌，而在生理方面会出现病痛，如头疼、关节疼、肌肉疼等以及官能症，即人体某些器官机能减退，如四肢无力、反应迟钝、记忆力下降、失眠、恶心、呼吸急促、心跳加快、战栗发抖等症状。在行为方面则主要表现为逃避、抵制和破坏技术及其产品。其次，技术恐惧的社会后果主要表现为其会引起一些社会运动，如破坏机器的卢德运动、反对技术革新的青年运动、绿色运动和环保运动等。此外，技术恐惧的社会后果在社会心理和文化等方面也会有所反映。最后，技术恐惧给技术带来的结果主要表现在相互关联的两个方面：一方面，个人和社会的抵制、反对和破坏，会给技术的发展造成障碍，阻碍技术进步；另一方面，正是技术恐惧，才会使得技术的设计更加合理，技术本身更加完善，又会带来技术的不断变化和革新。而解决技术恐惧的途径也应该是对症下药，结合技术恐惧三方面的根源和结果，从人、社会和技术三方面寻找处理技术恐惧的对策。

三、技术恐惧的生成模型

技术恐惧的结构模型是技术恐惧的主体、客体和社会语境三大系统在相互影响、相互作用下形成的有机框架体系，反映了技术恐惧各构成要素之间的相互关联和结构关系。技术恐惧的结构模型不仅为人们认识技术恐惧的内部构成提供了便捷路径，而且为认识技术恐惧的形成过程提供了逻辑支撑。正是技术恐惧的各构成要素之间的相互作用关系，聚合成技术恐惧形成和发展的原动力，才催生了人对技术所特有的心理和行为反应，促成了技术恐惧现象，这也就是技术恐惧的生成模型。因此技术恐惧的结构模型为建构技术恐惧的生成模型提供了较为直观的框架基础，同时，生成模型的建构又进一步检验着结构模型，并加强了技术恐惧各构成要素之间的联系，赋予了结构模型以动态效果。

1. 技术恐惧的生成模式

根据上述对技术恐惧的结构模式的解析可以发现，技术恐惧是人与技术在一定的社会语境下相互作用的结果。在人与技术相互作用的推动下，形成了技术认知，并生成恐惧意象，在特定社会语境的参与下便构成了技术恐惧现象。其生成模式可以表示为：用户技术认知和技术经验→原发性技术恐惧意象→技术使用→具体恐惧的对象→技术恐惧意象的外化→技术恐惧的事实→技术态度和反应→技术认知和技术经验（使用）。首先，用户通过一定的方式，比如学习、社会影响、文化积淀，以及实际的使用等，形成对技术的认识和体验，即技术认知和技术经验。其次，这些技术认知和体验，在头脑中存储、反应形成恐惧意象，即原发性技术恐惧意象。比如，"就数学恐惧症来说，就是特定的社会经历的结果"[①]。当用户在一定的社会语境中，需要接受任务或工作，并要实际使用或想去使用具体技术时，恐惧意象就被具体的恐惧对象（上述技术及其所表现出来的属性）所激发，而外化成具体的恐惧事实，即技术恐惧的具体症状，也就是形成了技术恐惧。技术恐惧的程度和表现形式制约着用户的技术态度，技术恐惧与技术态度的结合又会再次影响用户的技术认知和技术使用。当然，由于用户个性特征的不同和社会语境的差异，技术恐惧的程度和表现形式会有所不同，并影响用户对技术的态度。"大量的研究发现，接受技术革新，不但因适应者（用户）的个性而不同，而且与怎样传递给潜在适应者技术革新的信息有关。"[②]也就是说，对技术的态度和反应既是技术恐惧产生的原因，又是技术恐惧的结果，有时技术态度和反应本身就是技术恐惧。因此技术恐惧生成的各个阶段都具有可逆性，这一可逆性也可以看作技术恐惧的信息反馈和矫正过程。

上述技术恐惧的生成模式主要表现为个体层面技术恐惧的形成过程，个体层面的技术恐惧相互作用、相互影响，会形成马太效应和极化认知效应，加上社会语境的影响，如文化传媒的助推、政治、经济、军事等要素的实际影响和利益驱动等，使得个体对技术的恐惧情绪在群体或集团中激荡，生成集群层面的技术恐惧，并最终可能会导致整个社会对技术的恐惧，从而使得技术恐惧成为一种社会存在，成为一种文化。

2. 技术恐惧的生成结构模型

把技术恐惧的生成模式与技术恐惧的结构模型相结合，就可以得到一个动态的技术恐惧生成结构模型（图1-3）。它是在技术恐惧的结构模型中表达出了技术恐惧的生成过程。或者说，是对技术恐惧的生成过程进行的结构化表达。

[①] Frideres J S, Goldenberg S, Disanto J, et al. 1983. Technophobia: incidence and potential causal factors. Social Indicators Research, 13(4): 381-393.

[②] Frideres J S, Goldenberg S, Disanto J, et al. 1983. Technophobia: incidence and potential causal factors. Social Indicators Research, 13(4): 381-393.

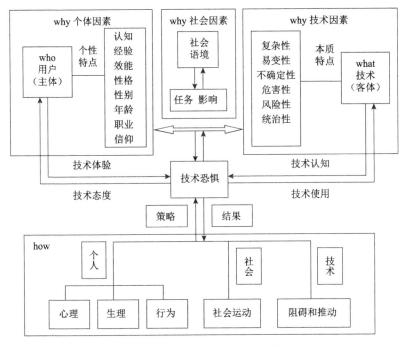

图 1-3 技术恐惧的生成结构模型

　　技术恐惧的生成结构模型以结构模型为框架，突出了技术恐惧各构成要素之间的运动变化及其生成过程。首先，作为技术恐惧主体的人和作为客体的技术在一定的社会语境（接受任务等）下发生相互关系，由主体形成的技术经验和技术认知引发技术恐惧，并产生个人、社会和技术三方面的恐惧结果。其次，技术恐惧反过来又会影响主体的技术态度和技术认知，同时会把这一影响施加于社会语境，进一步影响任务的完成，并形成集群和社会层面的技术恐惧现象。人、技术与社会既是技术恐惧的根源，又是技术恐惧影响的主要结果，因此，对症下药，又要从这三大方面探寻技术恐惧的处理策略。

　　通过对技术恐惧结构模型的建构可以看出，技术恐惧的实质是人与技术在一定的社会语境中的相互作用引发的人对技术的心理和行为反应，这种反应和相互作用关系主要表现为否定与消极的特质。但是虽然主要表现为否定与消极的特质，我们不能理解成技术恐惧就只有副作用。其实，技术恐惧在技术社会发展中是有着一定的积极作用的。技术恐惧结构模型的建构，可以使人们更为直观和有条理地认识技术恐惧，以及准确、合理地把握技术恐惧各构成要素和环节之间的相互关系，从而能够更系统、全面地理解技术恐惧的内涵。对于技术恐惧的进一步研究也具有指导意义，应该在技术恐惧的哪一阶段、哪一方面和哪一环节进行研究呢？或者说某一研究主要针对地是技术恐惧的哪一部分，通过技术恐惧的结构模型就可以一目了然。当然，本书建构起来的技术恐惧结构模型并不能包罗万象，涵盖技术恐惧的所有方面，而只是为科学、全面、系统地建构技术恐惧的结构模型抛砖引玉。

本 章 小 结

作为社会历史现象的技术恐惧有永恒性技术恐惧与现代技术恐惧的形态划分，现代技术恐惧是永恒性技术恐惧在现代社会语境下的新的表现形态，但其实质都是指人对技术负面的心理和行为反应，是人与技术之间的一种负相关关系，可以表现为人对技术的轻视、排斥、不适应、抵制、反对、破坏等形式。技术恐惧又与计算机恐惧、技术焦虑、技术压力以及技术悲观主义存在着内在的一致性和不同程度的差别。技术恐惧有着理性与非理性交织、心理与行为互动、内因与外源结合、现实与文化并存、正负效应兼具等特点。

本章重点在于从总体上认识技术恐惧是什么，并为全书奠定基础。为此，除了对技术恐惧的历史发展概况和概念、特点进行必要的阐释与界定之外，还对其内部结构进行了解剖，并建构了技术恐惧的结构模型和技术恐惧的生成模型，明确了技术恐惧研究的基本框架，确定了技术恐惧研究的基本范式。这样就实现了历史叙事与概念解析、模型建构的结合，以及系统与要素的结合、逻辑与历史的结合。

第二章
技术恐惧的生成

在技术哲学理论范式下考察技术恐惧，主要围绕技术的发展脉络，探索技术恐惧现象。因而，在考察技术恐惧的生成和发展过程时，必然离不开技术的形成与发展过程。其间也必然会渗透着主体的变化，这也体现了技术与人的发展的一致性和相干性。以技术发展为脉络探寻技术恐惧的生成过程，其运思路径就是技术恐惧存在于不同的技术层面，这不同的技术层面又有一个从低到高、从简单到复杂、从具体到抽象的行进过程，技术恐惧也有一个沿技术行进路线生成和发展的过程。

第一节　技术层次与技术恐惧的生成模式

技术恐惧的结构模型主要从静态的角度，对技术恐惧的内涵结构、构成要素及其相互关联性进行了诠释和梳理，同时也引出了技术恐惧的生成根源以及研究技术恐惧的着力点和研究理路。技术恐惧的生成结构模型则主要是通过技术恐惧主体的心理形成和反应机制，驱动和表达技术恐惧结构模型中主体和客体的相互作用，使静态的结构模型动态化。就客体一端的技术而言，其层次结构的发展变化，同样会引发人对技术的心理和行为反应，即触动人与技术的相互作用。因此，技术层次的发展变化就成为探索技术恐惧生成模式的一个主要途径。

　　根据技术恐惧的结构模型，技术恐惧是作为主体的人与作为客体的技术在一定的社会语境中的一种负相关关系，是人对技术的一种负面的心理和行为反应。这种心理和行为反应随着人与技术的发展而演绎成一种社会现象和文化存在。如果以人和技术的发展脉络为基线寻找技术恐惧的生成路径，会发现围绕主体，技术恐惧有一个从个体到群体再到社会层面的发展过程。而作为客体的技术一端，也有从单项的发明创造到技术群，再到作为社会文化的技术这样的进步过程和层级划分，沿着这样的发展轨迹或层次分化，技术恐惧也有一个形成、渗透、扩张和积淀的过程。当然，在这一过程中，技术恐惧的主体和客体是彼此相互关联与相互作用的（图2-1）。

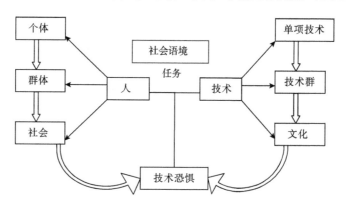

图 2-1　技术恐惧的主、客体互动图

一、单项技术层面的技术恐惧生成模式

　　无论是从时间还是空间的维度，技术都有一个从单项技术到技术群，再到形成一种文化的发展过程。在这一过程中，技术经历了从物质形态到非物质形态、从具体到抽象、从简单到复杂的提升和转变（图2-2）。"技术史应该永远与确切连在一起。"[①]技术的发展最初的表现和理解形式是物，如石器、青铜、铁器、工具、机器等，最初都是以具体的发明创造物为标志的，"从最具体、最物质和最可触知的含义上，技术受机械的支配"[②]。因此，无论是古代原始技术、传统技术还是现代技术，物都是技术固有的本质和理解

---

① 布鲁诺·雅科米. 2000. 技术史. 蔓菁译. 北京: 北京大学出版社: 3.
② 布鲁诺·雅科米. 2000. 技术史. 蔓菁译. 北京: 北京大学出版社: 2.

层面之一。这时以确切的具体的实物表现出来的技术主要是单项技术。乔尔·莫基尔也称之为单体技术（singleton techniques），之所以称为单体技术是因为它们只有单一的应用范围。[1]单项技术物既是技术生成的历史和逻辑起点，也是技术史研究的历史和逻辑起点。直至今天，人造物、人工自然物等仍被认为是技术主要的本质表现。一方面，这是技术发明的标志；另一方面，也是人们最初理解和认识的技术。尽管从历史和逻辑上来讲，每项技术发明都是在确定的时间和空间中的某个具体事物的出现,但要找到这个确切实属不易。因为一项技术发明的出现往往并不是孤立的环节，而是多种因素相互作用的结果，与人们的生活状况、资源环境、文化传统、地理条件等多种因素有关。"每项技术在既有的文明基础上发展，不断积累发明创造。"[2]"单项技术能否实现，即技术发明或技术革新能否成功，更重要地取决于是否符合自然规律，而技术的社会普及应用及整体发展规模和速度，却受社会规律的强烈制约。"[3]因此在实际的技术发展过程中，经常存在着物质形态的阶段性，物质形态和非物质形态的不完全同步性等状况，究竟哪一个阶段可以看作是某项技术的完成和标志,颇具争议。但不管怎么样，具体到某个技术领域，或从总体上看，单项技术应该是技术发展和存在的初级阶段或最低层次。技术恐惧首先也是发生在这个阶段和层次。

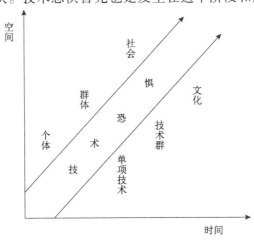

图 2-2　技术的存在和发展层级

① 乔尔·莫基尔. 2011. 雅典娜的礼物: 知识经济的历史起源. 段异兵, 唐乐译. 北京: 科学出版社: 20.

② 布鲁诺·雅科米. 2000. 技术史. 蔓若译. 北京: 北京大学出版社: 5.

③ 姜振寰, 孟庆伟, 谢咏梅, 等. 2001. 科学技术哲学. 哈尔滨: 哈尔滨工业大学出版社: 132.

　　技术恐惧首先反映在单项技术物上，或者说单项技术是生发技术恐惧的历史和逻辑起点，无论是针对技术发展的整体状况，还是就某一个技术领域而言，都是如此。一般认为，人与动物恐惧的区别就是，动物的"恐惧是非认知性的，而人类的恐惧是认知性的"[①]。动物只是对其面临或经验到的危险事物才会感到恐惧，而人由于具有理性思考能力，因此，他不仅对于经验到的危险感到恐惧，而且对于没有经验过的事物同样会感到恐惧。也就是说，人恐惧的对象既有现实的，也有潜在的，甚至是杞人忧天。但"恐惧总是指向某一具体的对象。没有了它，我们所说的就不是恐惧，而仅是急剧的心跳、加快的呼吸和战栗"[②]。有人也把是否指向具体对象作为恐惧与焦虑的区别，尽管康德认为"对于危险性事物隐隐的恐惧就是焦虑"[③]，试图模糊恐惧与焦虑之间的界限，但"隐隐的"一词还是暗示了二者的区别。但不管怎么样，恐惧有一定的指向性，尤其是在最初，这种指向是明确而具体的，当技术人工物成为恐惧指向的对象时，就会形成技术恐惧。由是技术恐惧开始便锁定了现实而具体的单项技术物。恐惧之所以会指向技术物品，这与刚才提到的人们的认知密不可分。把技术巫术化，或者对技术的认识和界定不准确，对技术感到神秘莫测恐怕是技术恐惧产生的初始原因。"人类最原始、最强烈的情绪就是恐惧，而最原始、最强烈的恐惧就是对于未知的恐惧。"[④]直到现在，技术使用者对技术的无知或不甚知之，导致对技术的误解，从而不敢或不愿接近技术，仍是技术恐惧产生的重要原因。当然，作为个体的人对技术产生恐惧感，除了技术本身的原因，还与个人的个性特点有着密切的关系，比如个人的年龄、性别、性格、认知水平、宗教信仰、所处的文化传统、职业状况等。在单项技术发展阶段，个体的技术恐惧形成模式可以用图 2-3 表示。

　　在一定的社会语境下，由于某种原因出现了一项新的创造发明，即单项技术。这项技术的问世势必会引起主体人的关注和评价，这是人与技术相互作用的开始。一方面，人具有积极主动性，出于生存和发展的需要，

① 拉斯·史文德森. 2010. 恐惧的哲学. 范晶晶译. 北京：北京大学出版社：23.
② 拉斯·史文德森. 2010. 恐惧的哲学. 范晶晶译. 北京：北京大学出版社：30.
③ 拉斯·史文德森. 2010. 恐惧的哲学. 范晶晶译. 北京：北京大学出版社：31.
④ 拉斯·史文德森. 2010. 恐惧的哲学. 范晶晶译. 北京：北京大学出版社：32.

以及对新事物的好奇和求知，会去寻找和接近新技术；另一方面，技术的
核心价值在于其实用性，一项技术形成以后也必然要寻找市场，寻找用武
之地，所以二者发生关系是历史的必然。当然，这一相互作用过程有时是
人与技术的直接作用，有时是人与技术的间接作用，比如，听说或通过资
料获得。但不管是直接作用还是间接作用，上面谈到的个体由于性格特点
不同，所以对技术的认知和把握程度会有所不同，通过这一简单的相互作
用过程，就会形成极具个性特色的技术认知和技术经验。这种技术认知和
技术经验在头脑中有时就会形成恐惧意象，即原发性技术恐惧意象。当然，
这里要说明的是并不是所有的技术都会产生技术恐惧意象，也不是所有的
个体都会形成技术恐惧意象。究竟哪些技术、哪些人会形成技术恐惧意象，
这还要取决于技术和人的特点，以及其所处的社会语境。当这种原发性技
术恐惧意象遇到该项技术使用，即感知到具体的技术恐惧对象时，被唤起
并外化为人的心理、生理和行为反应，即形成了技术恐惧的事实。这种技
术恐惧形成以后，又会进一步影响个体乃至群体的技术认知和技术态度，
并继而会影响技术的使用、推广和进步。当然，这里谈到的影响，并不就
是简单的负面影响。

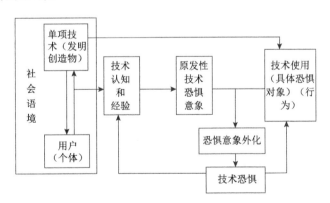

图 2-3　单项技术层面的技术恐惧生成模型

二、技术群层面的技术恐惧生成模式

在现代语境下，当谈到技术时，往往指的是技术整体或技术体系，也
就是在技术群层面存在的技术。它是单项技术的集合。"技术（technique）

包含了组织的和心理社会方面的各种具体技术（techniques）。"①技术是不断进步的，单项的发明创造形成后，随着理论知识的积累，技术在推广、使用中出现的问题反馈，再加上社会需要以及其他因素的驱动，会得到不断的改进和完善，并引发技术革新。"一项技术发展到一定阶段后，会呈现出即使再进行改革也不可能满足新的社会需求的地步，这时人们只能运用新的技术原理研究新的技术手段，用新的技术手段取代旧的技术手段，使技术进入革命性发展阶段。"②对单项技术的改进和完善，有时会引发一系列的发明创新，并形成一个有机联系的技术体系，这就形成了技术群。例如，18 世纪中期，英国海外市场的开发导致市场需求量增大，原来的纺织技术已经不能满足生产需求，引起了纺纱机的不断改进和革新，从飞梭到珍妮纺纱机，再到卷轴纺纱机以及水力织布机等不断改进。纺织机的革新对动力提出了严峻的挑战，从而又引发了动力系统的革命，出现了蒸汽机作为动力。蒸汽机技术又不断得到推广和扩散，广泛用于冶金、采矿、生产制造、交通运输等行业，并最终导致了整个技术体系和产业的革命，也被称为第一次工业革命。在这次产业革命中就形成了围绕纺织机和蒸汽机的一个或多个技术群。因此，"当对各历史时期不同技术的地位和作用进行分析时，总会发现有一类技术处于核心地位，它的存在与发展，制约了整个技术发展的趋向与性质，对这类技术可以称之为主导技术，主导技术与围绕主导技术发展所形成的一类相关技术则称之为主导技术群……在某一历史时期，除了起主导作用的技术群外，还包括上一历史时期主导技术群的后续发展以及下一历史时期起主导作用的技术群（新兴技术）的萌芽、发展。这些技术互相影响、互相作用和制约，而形成一个统一的整体（技术体系），在这个整体中各类技术的发展处于一种动态平衡之中，代表了该时期技术发展的水平、趋势和性质"③。

随着单项技术的推广、改进、扩散、革新，形成技术群，技术所影响的个体也在不断增加，技术的用户也从个体、少数人发展到集群乃至社会，"恐惧也是有传染性的。一个人对某物感到了恐惧，这种恐惧立刻会感染到

① 吴国盛. 2008. 技术哲学经典读本. 上海: 上海交通大学出版社: 120.
② 姜振寰, 孟庆伟, 谢咏梅, 等. 2001. 科学技术哲学. 哈尔滨: 哈尔滨工业大学出版社: 130.
③ 姜振寰, 孟庆伟, 谢咏梅, 等. 2001. 科学技术哲学. 哈尔滨: 哈尔滨工业大学出版社: 134-135.

周围的其他人，紧接着大面积扩散开来"[①]。技术恐惧也不例外，随着技术的传播，技术恐惧也在不断扩散。这时技术恐惧的客体由单项技术变成技术群，主体也经历了从个体到群体的变化。在技术从单项技术发展成技术群的过程中，同样有一个从个体的原发性技术恐惧意象，通过与技术群的相互作用，生成为现实的技术恐惧的过程。这种现实的技术恐惧在个体之间通过震荡、传播、感染、强化等途径，就会升华为群体和社会技术恐惧，并引起集群和社会的心理反应与行为活动。这种集群和社会技术恐惧反过来又会对技术使用、革新和进步产生更大的影响(图 2-4)。显然这里作为主体一方的个体与群体，与作为客体一方的单项技术和技术群并不是简单的对应关系，虽然从时间和空间上来看，双方有着相似的扩散和发展过程，但这一过程的各构成要素是交互作用的，而不是平行对应的。

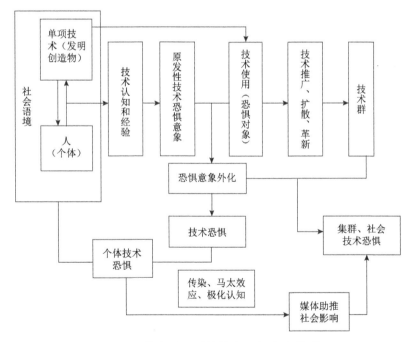

图 2-4　技术群层面的技术恐惧生成模型

---

① 拉斯·史文德森. 2010. 恐惧的哲学. 范晶晶译. 北京：北京大学出版社：6-7.

三、文化层面的技术恐惧生成模式

对技术的认识和理解除了工具理性、器物层面之外，还有非物质形态的技术。这也是技术的不同表现形式，既可以表现为物质形态，也可以表现为非物质形态。在此为了与前面的技术层次做一区分，我们把这种超越于物质层面之上的技术理解为一种文化，作为文化存在的技术彰显了技术的文化本质。布鲁诺·雅科米（Bruno Jacomy）的技术史就是"文化的"，"这技术史展现一种纽带，即从先驱们钻凿的燧石起，直至最近的工具——现今社会交在我们手中的工具，经常是非物质的——使技术和社会实践相结合，本领和艺术相结合，发明和生活方式相结合，等等的纽带"①。这显现出技术不仅是一种器物，更是一种社会文化，向人们诉说着社会生活的历史变化，展示着不同的社会发展状况、社会关系和社会价值体系等。所以海德格尔认为"技术乃是一种解蔽方式。如果我们注意到这一点，那就会有一个完全不同的适合于技术之本质的领域向我们开启出来。那就是解蔽的领域，亦即真-理（wahr-heit）之领域"②。"技术活动总是与意识形态上的假设，如一定的世界观和相应的技术知识状况相联系。"③技术的发展不仅受世界观和知识发展状况的影响与制约，而且技术的发展还影响甚至决定着世界观的形成和知识的状况。西方启蒙运动后形成的机械论自然观和分析的实证研究方法就是奠基于当时的技术发展。工业社会、现代化、信息化、生态文明等富有时代特征的社会形象，更是赋予了社会强烈的技术色彩。与其说技术是一种工具、手段，不如说技术是一种社会文化，是一种"座架"，把社会的一切甚至包括人在内，促逼为自己的"持存物"。从此种意义上来看，技术就是社会和文化本身，或者说技术与社会和文化具有同构性。

随着技术的社会化、文化化，技术由单项技术、技术群，抽象成一种社会和文化存在。技术恐惧也由对具体的技术物到技术群的恐惧，提升成对技术文化的恐惧并沉淀成一种技术恐惧文化。作为文化的技术恐惧，多

---

① 布鲁诺·雅科米. 2000. 技术史. 蔓菁译. 北京: 北京大学出版社: 2.

② 吴国盛. 2008. 技术哲学经典读本. 上海: 上海交通大学出版社: 305.

③ F. 拉普. 1986. 技术哲学导论. 刘武, 康荣平, 吴明泰, 等译. 沈阳: 辽宁科学技术出版社: 22.

与对技术的认识和理解有关，与人们生存的自然和社会环境有关。它往往超出了具体的技术手段和技术物本身，而针对的是作为一种文化存在的技术，也就是海德格尔所说的解蔽方式或座架，更侧重于对技术存在情境的恐惧。这个层面的技术恐惧的生成模式如图2-5所示。

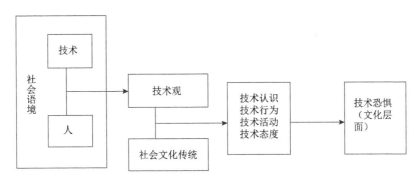

图 2-5 文化层面的技术恐惧生成模式

在一定的社会语境下，人们形成对技术的总体把握和认识，即形成一定的技术观，这种技术观指导着人们对技术、技术行业以及与技术有关的活动的认知和态度。技术观与一定的社会文化传统相结合就会形成特定社会的技术认知、技术态度和行为模式。当人们形成一种对技术的消极的、负面的认知、态度和行为模式时，就会沉积成为文化层面的技术恐惧。法国技术哲学家让-伊夫·戈菲把技术恐惧区分为永恒性技术恐惧和现代技术恐惧，古代人们把技术视为巫术、对其神秘感和神圣性感到惧怕，以及轻视技术及其行业的文化传统就是永恒性技术恐惧的古典表现。"在古代社会，因为泛灵论和有机论的影响，人们相信，自然具有一种内在的神秘力量，而技术作为人类对自然施加的一种有悖于其自身本性的'非自然'的活动，一方面可以给生产生活带来便利和功效，另一方面却导致人们心灵和精神上的一种违背了自然的神秘意志的'恐慌'，因而古代人类对技术存有戒心，并把对技术的使用维持在一定的限度之内。"[①] "于是，技术令人不安了：它以普罗米修斯或浮士德的方式把宇宙的秩序搞乱了；它释放出或有可能释放出一种在我们身上或身外难以估量的力量；一种与某

---

① 郑晓松. 2004. 技术的文化本质. 科学技术与辩证法, (6): 63-66.

一正统的伦理截然相反的权力意志在技术中膨胀起来了。至此，技术恐惧症已经延伸到了神话的领域，即整个宇宙的范围。"[1]轻视技术是文化层面的技术恐惧的又一表现，被人们视为工具而存在的技术，至古希腊就被哲学所轻视和不齿。贝尔纳·斯蒂格勒认为："哲学自古至今把技术遗弃在思维对象之外。技术即是无思。"[2]无独有偶，作为中国古代先哲的老子和庄子亦有此洞见。"民多利器，国家滋昏；人多伎巧，奇物滋起"（《老子》）；"绝圣弃知，大盗乃止……掊斗折衡，而民不争"（《庄子》）；"有机械者必有机事，有机事者必有机心。机心存于胸中，则纯白不备；纯白不备，即神生不定；神生不定者，道之所不载也"（《庄子》）。鄙视技术、视技术为奇技淫巧，不利于社会道德发展的思想跃然纸上。这种文化层面的技术恐惧一旦形成，就会成为社会进一步发展的文化基础，会对技术社会的发展产生重要影响。在现代技术恐惧中，虽然表现形式有所变化，但文化层面的技术恐惧依然如故。最典型的应该表现在众多的灾难和科幻影视文学作品中。技术的潘多拉魔盒依然用它的神奇、超自然的魔力，迷惑着社会公众，使许多人对其惊奇、感到惊悚和恐慌。可见，文化层面的技术恐惧不仅普遍存在，而且纵贯古今，但其表现形式与技术恐惧生成的社会文化背景有着密切的关系。

从单项技术到技术群，再到文化形态的技术，这是技术演化和发展的历史与逻辑过程，这三者并不是一个直线的行进过程，而是一个螺旋式的上升过程。单项技术的革新、扩散形成技术群，单项技术与技术群又被人们抽象为一种文化存在。那么既有的技术群和技术文化又成为单项技术诞生的沃土，进一步滋生着新的单项技术。新的单项技术又催生着新的技术群，并丰富着技术文化。在技术经过单项技术、技术群、文化三者之间循环递进的过程中，每一个阶段都充斥着技术恐惧，技术恐惧的对象和内容在三者之间不断发生转移，并以不同的形式反映着这三个层面的技术恐惧（图 2-6）。同时，伴随着技术的发展变化，技术恐惧的主体——人也在个体、群体和社会之间不断"游走"，并与技术恐惧的客体——技术交互作用，共同演绎着技术恐惧的不同形态。

---

① 让-伊夫·戈菲. 2000. 技术哲学. 董茂永译. 北京: 商务印书馆: 7.
② 贝尔纳·斯蒂格勒. 2000. 技术与时间: 爱比米修斯的过失. 裴程译. 南京: 译林出版社: 1.

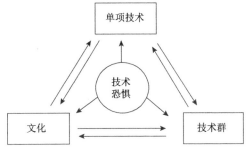

图 2-6 技术层面的相互作用关系

第二节 技术恐惧生成的单项技术路径

技术恐惧与技术的历史一样漫长而久远，都可以追溯到人类社会的形成阶段。按照马克思主义的观点，制造和使用工具被看作是人与动物的区别，也就是人形成的标志。这一点得到越来越多的人的接受和认可。不仅如此，在人类形成和发展的漫长历史过程中，一直伴生着工具的变化和革新。从最初的石器、青铜器、铁器等比较原始的工具，到机器、自动化设备等现代化的工具，人类的发展史也可以说就是一部制造工具的历史。马克思在考察技术的本质时，强调不能脱离开人和社会存在来界定冰冷的工具与机器，或者用抽象的手段和方法，而是更应该看到技术所蕴含的人性和人文价值以及所包含的社会关系。这也暗示了技术与人和社会发展的内在一致性，强调了技术的人性内涵和人的技术本性的统一性。而在人与技术相与为一的演化发展过程中，又一直伴生着技术恐惧现象，虽历经形式变化，但绵延不断。

一、单项技术及其历史生成

单项技术是技术产生的一个初级阶段，是发明创造出现以后，尚未形成统一的技术体系之前的具体的、孤立的技术单元。可以表现为单独的、具体的工具、机器或者某项技能、技巧、方法等。芒福德在《技术与文明》中说："当我们用'机器'这个词时，那是指具体的机器，如印刷机或动力织机。当我们用'机器体系'这个词时，那是作为一种缩写，指整个技术综合体，或技术体系。"①这里他说的"机器"就是单项技术，而机器体系或技术体系就是后面要提到的技术群。埃吕尔也曾提到："个别具体技术的发展是一种'自相矛盾'的现象。"②这里的个别具体技术也是指单项技术。显然，这里的单项技术只是具体到某项或某个领域的技术，是这项技术发展的一个早期阶段，但它并不必然排在任何技术群的前面。单项技术也并不仅仅指整个技术史的早期阶段，更不是技术的史前时期。单项技术的发展贯穿于整个技术发展史，不论古代还是现代技术体系中，都存在着单项技术。从原始人群使用的石器，到机械器具，再到现在发达的自动、智能设备等虽然其精致、复杂程度相去甚远，但它们都有着维特根斯坦所谓的"家族相似性"，都有单项技术的存在层次。

从某种意义上说，技术与人起源于同一个过程。人猿揖别的标志被看作是制造和使用工具，也可以说，是技术成就了人，就这一点来看，技术性应该是最原始的人性。同时技术的生成又是人不断进化的结果，尤其是人手的形成。有关技术与人的关系的论述很多，尤其是二者的生成关系，人与技术的相辅相成、相互催生应该是共同的认识。技术哲学的奠基者卡普的器官投影说揭示了技术中的人性内涵，深刻指出了人与技术的内在一致性。"关于工具与器官之间所呈现出来的那种本质的关系，以及一种将要被揭示和强调的关系是——与其将其说成是一种有意识的发明，不如说成是一种无意识的发现——人类正是在工具中不断地制造着自己。由于作用和力量日渐增长的器官是控制性的因素，所以一种工具的合适的形态只能起源于那个器官。由此大量的精神创造物从人类的手、胳膊和牙齿产生出来。弯曲的手指变成了一只钩子，而凹陷的手掌变成了一只碗；人们从箭、矛、桨、铲、耙、犁等工具中，可以观察到胳膊、手和手指的各种动作，很显然这些动作是适用于打猎、捕鱼、园艺和耕种的工具。"③不仅从最原始的生成意义上，人与技术交融渗透，相与为一，而且在漫长的演

① 刘易斯·芒福德. 2009. 技术与文明. 陈允明，王克仁，李华山译. 北京：中国建筑工业出版社：13.
② 吴国盛. 2008. 技术哲学经典读本. 上海：上海交通大学出版社：120.
③ 卡尔·米切姆. 2008. 通过技术思考：工程与哲学之间的道路. 陈凡，朱春燕译. 沈阳：东北大学出版社：32.

化、发展过程中，人与技术一直相互关照、志趣相投、互生共长。虽然关于技术发展的动力说法不一，但人与社会的需要应该是技术发展的主要动力之一，人的物质和精神的需求不断呼唤与推动新技术的产生，新技术又不断刺激和唤起人更多的需求。在技术的进步中，人性不断得到强化和丰富，在人的发展中，技术实现着不断革新和扩散。技术的人性化和人与社会的技术化相得益彰。

在这种人与技术的彼此推动、共同发展中，人与社会凭借技术使智力和智能都得到了充分的发挥，使实践和活动范围不断扩大，从内地到沿海，从赤道到两极，从地球到太空，都布满了人的活动轨迹，人在不断挑战和越过一个个极限。技术也在按照人的需求和设定，不断从原始、传统走向现代；从单项技术走向不断综合、交叉，形成技术群、技术体系；科学性、复杂性、智能性不断向纵深发展。随着人与社会的高度技术化和技术的高度社会化，文化的技术本质或技术的文化形态也日渐彰显，难怪波士曼等把人类的文化分为工具使用文化、技术统治文化和技术垄断文化三个阶段及三种类型。当然，除了人与技术相互比附、协同行进的一面之外，还一直夹杂着人与技术的摩擦及不和谐声音，技术恐惧就是其表现之一。也许，这种摩擦及不和谐在影响人与技术正常行进的同时，一直从另一条道路，促使技术更加完善，促使人的需求更加合理，促使人与技术更加和谐地发展。

二、单项技术路径的技术恐惧生成

单项技术发明是技术生成的现实和逻辑起点，技术恐惧也源于单项技术。也就是说，在单项技术发展的历史和逻辑阶段，人们的技术恐惧心理和行为就已经萌发，并随着技术的进步，不断发展变化。

从单项技术层面看，技术恐惧的生成是技术恐惧的主体（人或者用户）与技术恐惧的客体（单项技术）在一定的社会语境下相互作用的结果。这里必然涉及技术恐惧的主体结构、技术恐惧的客体结构、技术恐惧的社会语境以及技术恐惧的效果（图 2-7）。

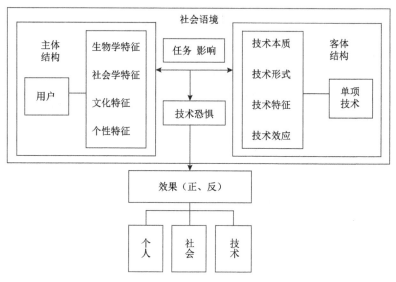

图 2-7　技术恐惧生成的单项技术路径

在一定的社会语境下，某项技术发明的问世必然会引起技术用户的心理和行为反应，这种心理和行为反应是表现为技术喜好、偏爱，还是表现为技术恐惧，一般与技术和用户的特点以及社会环境有关。每个个体都会有不同于他人的外生变量，具体到技术主体方面，用户的生物学特征、社会学特征、文化特征以及性格特征等都会不同程度地影响用户与技术的关系。比如，用户个体的认知能力、使用经验、学习效能、教育水平、性别、年龄、个性、心理、职业及信仰等。当以上方面与技术形成负相关关系时，就可能会出现抵制和排斥技术、对技术感到害怕和不适应的技术恐惧现象。比如，一个人性格比较保守，面对作为新事物的技术他就不容易接受。所以历史上有宁肯用驴子拉磨，也不使用机器磨的故事流传。用户的学习效能差、受教育水平低也会阻碍用户去学习和使用新技术。俗语说的"四十不学艺"，亦道出了年龄对新技术的不利影响。当然，主体的这些特点又因人而异，年龄对一些人来说是学习新技术的障碍，但对另一些人来说可能就不是，因而不能一概而论。就单项技术而言，其本质、形式、属性、效应以及人们对其的理解和认识都会对人们对技术的态度产生影响，技术所体现出来的一些属性如复杂性、易变性、不确定性、风险性、社会危害性及其统治性等方面就是造成技术恐惧的技术根源之一。这与主体的性格特征是相互对应、彼此影响的。复杂难懂又不断更新变化的技术，会使用户应接不暇，如果用户的学习效能亦差，势必会隔阂技术与人的关系。研究表明，人们对计算机的恐惧很大程度上源于其复杂易变。技术的风险性、不确定性、危害性等都会加重用户的心理负担，加重技术恐惧的水平。就社会语境来讲，单项技术层面的技术恐惧主要是由于社会任务的输入和历史文化的影响。在资本主义制度框架下，利润最大化演变成机器对工人的促逼；现代社会竞争压力导致新技术层出不穷，用户感到疲惫不堪；政治军事目的推动下的有害技术威胁着人类的生存和发展；舆论、传媒等方面的宣传和传播等都是社会语境对技术恐惧的生成催化。技术恐惧会带来一系列的技术恐惧效果，既有正面的也有反面的，主要反映在对个人、社会及技术本身的影响。其积极影响主要表现为一种矫正作用，通过技术恐惧的反馈机制，促进社会、人与技术更加和谐、更健康地发展。消极和负面效应是其效果的主要方面，会给个人的身心健康、社会的和谐发展带来不良影响，并阻碍技术的进一步发展。还会形成马太效应和极化认知效应，加剧或生成新的技术恐惧。

第三节 技术恐惧生成的技术群路径

技术不仅以单项技术的形式生成和呈现，技术群也是技术存在的一个层面，技术发展水平越高，越是以技术群的形式呈现。从单项技术到技术群的提升，既体现了技术进步过程中量的积累，也体现了质的飞跃。因而从技术群层面探讨技术恐惧的生成路径，能够更为直观地体现技术与人和社会的互动过程，更全面地把握技术恐惧的生成过程。

一、从单项技术到技术群

从单项技术到技术群是技术进步合乎逻辑和历史的必然过程，"因为技术不是单一的，而是由一系列机械、物理、化学等一般性的知识控制的技术群体"[①]。关于技术群的理解和认识，虽然有学者提及和使用，例如，

---

① 贝尔纳·斯蒂格勒. 2000. 技术与时间：爱比米修斯的过失. 裴程译. 南京：译林出版社：63.

姜振寰等在《科学技术哲学》一书中用到单项技术和技术群，伊德的技术现象学中也提到了单个技术与技术系统等，但对技术群的论述并不完整和全面。鉴于本书主要研究的是技术恐惧，技术群又是认识技术恐惧的一个层面，因而对其需稍作解释。从总体上来看，技术群应该有广义和狭义两种区分，广义的技术群可以看作是技术体系，狭义的技术群则是指一组技术的组合应用。从内涵来看，技术群既指称多种技术通过相互联系、相互作用形成的技术组合或技术群体，也指对某种技术的开发、创新，在此基础上形成的一项新的技术或技术体系。当然，前者各项子技术是并列关系。例如，按照能源和使用的典型材料，芒福德将不同技术时期的技术体系分为水能-木材体系、煤炭-钢铁体系和电力-合金体系，这里的水能技术与木材技术就是并列的，煤炭和钢铁技术、电力与合金技术都是并列关系的技术群。再如瓦工、木工、电工等组合成的现代建筑技术群。后者中的技术组合则有主导与辅助、核心与非核心之分，例如，以集成电路技术或计算机技术为核心，包含组合通信、遥感、材料等技术而形成的现代信息技术群。从此种意义上理解，技术群可以是多种技术，也可以是某一种技术。正如系统和要素的关系一样，单项技术与技术群之间也并没有绝对严格的界限，只是理解的技术层面不同。

通过以上解释可以看出，不论何种意义上的技术群都是单项技术进步、渗透、融合和传播、蔓延的发展过程。芬伯格在他的《技术批判理论》（ *Transforming Technology: A Critical Theory Revisited* ）中分析了技术存在的三个层面，即技术元素、单项技术、技术系统表明了技术发展就存在着从技术元素到单项技术，再到技术系统的行进过程，也是理解技术的三个维度。正如美国技术哲学家芒福德在技术史的分期中，把始生代技术看作是古生代和新生代技术的必要准备一样，单项技术是技术群发展的必要准备，单项技术的传播交流与融合汇聚为技术群的发展创造条件。在《技术与文明》中，芒福德通过人类文明形式的融合发展论证了技术体系的发展过程。他说："历史上每次文化大分化都是文化融合过程的结果……新的文明形式不是原封不动地吸纳另一种文化的全套形式和规章制度，而是吸纳可以转移、可以移植的某些片段：它也利用发明、思想和模式，但方式不同……新的发明越是没有成为人们的习惯而被广泛接受的时候，它就越是能够广泛吸取其他文明的养分。"①在这一点上，文艺复兴以后英国在欧洲的后来居上，成为世界上最发达的工业国家，与受古罗马文明影响小、便于接受新理念和新技术有莫大的关系。文明形式的传播和融合过程同样可以适用于作为文化存在的技术发展过程。"从其他文明中搜集散落的机械技术的碎片以及各种发明，并加以创造性地融合，全新的机器文明体系才得以实现。"②正是由于相同的和不同的文明形式下的单项技术的渗透、融合，才成就了更高的技术形式或新的技术群。欧洲的造船技术如果没有中国指南针的吸收和融入，就不可能成就或不可能这么顺利地发展出欧洲的航海技术。同样，"作为机器体系发展核心的重要发明和发现，都不是源于某种浮士德式的神秘的内在驱动力。它们就像由风播撒的种子一样，是从其他文明吹散到这里的"③。

在此想要说明的是，从单项技术发展成技术群乃至技术体系，并不纯粹是一个技术融合和传播的过程，它还需要一定的社会历史条件。虽然从总的技术发展史看，从单项技术到技术群是一个必然的历史过程，但某项单项技术的出现并不必然地要发展出相应的技术群，或者不能在特定的时间段发展成技术群。"机器体系不可能从大的社会环境中剥离开来，因为只有在这个环境中机器体系才有意义，才有价值。每个文明时代都会在某种程度上否定过去的技术，同时也蕴含着未来重要技术的萌芽。但是每个时代的成长核心还是在其体系的内部。"④这正是技术与社会互动共生、相互塑造关系的重要表现，一方面，社会发展及其需要牵引和推动着技术进步；另一方面，技术进步又是社会发展的首要动力和典型表现。但技术发展并不是走的直线，从一项技术到另一项技术，或者突然冒出一项新的发明，在此基础上再发展出另一项技术。或者说各项技术的发展路线也并不是平行的（图 2-8），而是发散的路线，从总的历史发展看更像是一个倒金字塔模型（图 2-9）。这里面就显现了从单项技术到技术群的行进路线。技术进步的倒金字塔模型也可以通过知识树加以表示，埋在树下的树

① 刘易斯·芒福德. 2009. 技术与文明. 陈允明，王克仁，李华山译. 北京：中国建筑工业出版社：99-100.

② 刘易斯·芒福德. 2009. 技术与文明. 陈允明，王克仁，李华山译. 北京：中国建筑工业出版社：100.

③ 刘易斯·芒福德. 2009. 技术与文明. 陈允明，王克仁，李华山译. 北京：中国建筑工业出版社：100.

④ 刘易斯·芒福德. 2009. 技术与文明. 陈允明，王克仁，李华山译. 北京：中国建筑工业出版社：102.

根是史前或原始技术，树干则是始生代技术，经过漫长的、原始的知识累积过程，长出了始生代技术体系，为古生代和新生代技术的枝繁叶茂做好了准备工作，枝丫横生的树头则是古生代技术，代表了以机器为标志的工业技术体系的成熟。新生代技术体系则是充满勃勃生机和活力的树叶，数量巨大、丰富多样并从各个方向向极限延伸。例如，从原始技术的木棒，到木材与水力、风力结合的木船，再到航船所需要的运河、灯塔、港口、码头的组合，再延伸到航海、轮船、军舰、集装箱、运输系统、卫星导航、全球定位等现代技术群。

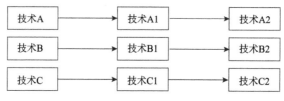

图 2-8　技术发展的平行路线

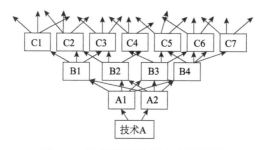

图 2-9　技术发展的倒金字塔模型

从技术的倒金字塔模型或技术进化之树可以看出，每个技术阶段都有其存在的社会文化环境以及技术表现形式。原始技术主要存在于原始社会和农业社会，由于人的思维简单、社会分工简单、经济以自给自足的自然经济为主，因此这时的技术也主要表现为独立、个性特征明显、单兵作战的手工工具，是相对操作简单、功能单一的单项技术。启蒙运动对理性的呼唤和倡导、社会分工的日趋复杂、资本主义生产方式的萌芽，以及科学知识的增长，为技术协作与进步创造了条件，社会日益需要更强大的技术支撑，正是在这样一种背景下，形成了始生代技术体系，同时也为大机器生产的工业技术体系，即古生代技术体系的建立做好了准备。始生代技术时期是从以单项技术为主的原始技术向以技术群为主的古生代技术的过渡时期。所以始生代时期的技术群，还带有简单叠加、机械组合和自然构成等特征。比如，作为始生代技术时期的首要标志的用马作为动力，就建立在两种工具的组合上，即铁制马掌和现代马具；船只的制造和运行则是靠风力、水力和木材的组合。在技术进化之树上，究竟树干的哪个地方该长出树枝，或树枝如何延伸则与社会需要及其历史文化条件相关。也就是说，哪项单项技术可以发展出技术群既有技术自身发展的内在逻辑，同时也离不开特定的社会历史条件。其中一个比较经典的例子就是社会生产要求守时和严格管理的需求对机械钟表的催生。机械钟表又为以后精密仪器的制作提供了样板。随着资本主义生产方式的推广和普及，越来越多的手工作坊发展成工厂，新兴的资产阶级要求在更多的地方建立工厂，需要生产更多的产品。但很多地方并没有技术所需要的动力，即强劲的风力和常年的流水，这正是始生代技术所存在的局限性。因而新的社会形势需要更灵活机动的动力技术，需要推广和普及工业生产。始生代技术虽然存在局限性，但"人的各种感知能力被大大拓展，对外界刺激更敏锐的反应是始生代技术文化最主要的成果之一"①。正是在这样的社会和文化储备条件下，爆发了第一次工业革命，同时也是一次技术革命。由纺织行业革命引发的连锁反应，把整个技术体系推进到一个新的阶段，即古生代技术体系。古生代技术体系的一个新的技术领域就是从蒸汽机的使用拓展出来的铁路，产品的行程安排、生产各部门的调度及其之间的相互联系都是在铁路系统中实现的。并且这些都需要长距离的信号和遥控，这又为电力行业和电报的发展提供了社会需求，同时电力也满足了工业发展所需要的更灵活的动力需求，因此古生代技术体系一直延续到 20 世纪初。技术进步和工业技术体系的建立，也塑造着新的社会和文化形态。"古生代技术工业的第一个标志就是空气污染。"②同时，机器体系还恶化了工人生活，窒息了生命，引起了人们价值理念的变革。人们凭借技术手段虽然较大地摆脱了自然的控制，但却陷入了机器造就的社会控制中，由此衍生出来过分强调权势的理念，

---

① 刘易斯·芒福德. 2009. 技术与文明. 陈允明, 王克仁, 李华山译. 北京: 中国建筑工业出版社: 137.
② 刘易斯·芒福德. 2009. 技术与文明. 陈允明, 王克仁, 李华山译. 北京: 中国建筑工业出版社: 155.

结果导致了世界大战。因此机器体系也遭到了人的抵抗和自然的报复。"虽然新生代技术阶段是一个明确的实体、明确的社会形态，但人们很难把它定义为一个时代，部分是因为它尚未发展出自己独特的组织和形式，部分是因为我们现在仍然身处其中，无法看清它的各种根本关系，部分是因为它尚未以任何新的发展速度来宣告对旧体系的取代。"①古生代技术体系的观念和机器体系仍存有发展空间。但新生代技术体系的特征也初露端倪，比如，主要奠基于现代科学的进步，物理学、数学和生物学给现代技术进步提供重要的科学依据，技术体系更加庞大，科学与技术紧密结合，形成了一体化的科学技术群。也有了以计算机为核心，包括信息技术、航空航天、生物工程、新材料、新能源、激光等技术分支在内的标志性技术体系。从社会背景来看，出现了不同于古生代技术体系的发展理念，倡导环保和持续发展，倡导建立生态文明。

通过以上对技术进步过程的梳理和分析，可以看出技术行进的方向更多地是具有指数效应地从单项技术到技术群模式，而不是从单项技术到单项技术。而且存在样态在各阶段也不相同，从工具到机器，从机器再到工程，从概念可以看出，技术的复杂程度和规模有了质的提升，并且集群化不是单项技术的简单组合，而是已经成为技术的一种存在方式。当然，从单项技术到技术群的变化也并不是简单的数量上的增多，其与社会、与人的相互关系以及对社会的影响都呈现出了本质的不同。这也正是为什么要有这样一个视角，从技术群来理解技术恐惧的必要性。技术群与单项技术对社会影响的不同，也会波及技术恐惧层面。

二、技术群路径的技术恐惧生成

技术恐惧生成的技术群结构模式是技术恐惧的生成结构模型在技术群层面上的进一步应用和反映。上述从单项技术到技术群的行进路线的分析表明，技术从单项技术积聚发展出技术群，其数量和质量都发生了相应的变化，进而会影响人与技术的关系、人与环境的关系，包括自然环境和社会文化环境。所以"技术变革不是数量上增减损益的变革，而是整体的生

---

① 刘易斯·芒福德. 2009. 技术与文明. 陈允明, 王克仁, 李华山译. 北京: 中国建筑工业出版社: 193.

态变革"①。每一次技术革新，都会产生蝴蝶效应，对人们的生活方式、生产方式、思想观念、生存环境都会产生连锁反应。同样，这些连锁反应又会影响人们的技术行为、技术心理、技术态度等。

技术群层面技术恐惧生成的结构模式，是以技术群形式存在的技术与人之间在一定的社会语境中的相互作用的过程（图2-10）。在此结构模式中，首先，如前所述，用户对单项技术产生恐惧意向，并在一定的环境下外化为技术恐惧。因为这与用户对单项技术的认知、接触和应用有关，与用户的个性特征以及单项技术的本质、属性密切相关。这种技术恐惧在技术群模式下会进一步升华，显然是因为技术群放大了单项技术所存在的复杂性、风险性和危害性，这使得人们在技术群层面的技术恐惧水平比单项技术层面的技术恐惧水平要高。除此之外，从单项技术到技术群的变化，使得技术恐惧的主体、恐惧对象、社会语境和结果都相应地发生了变化，也就是说，技术群还拓扑出单项技术条件下不具备的技术恐惧效应。

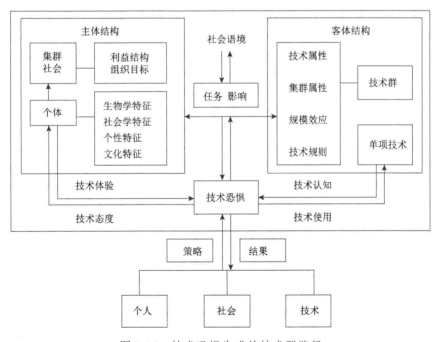

图 2-10　技术恐惧生成的技术群路径

① 尼尔·波斯曼. 2007. 技术垄断: 文化向技术投降. 何道宽译. 北京: 北京大学出版社: 9.

　　这首先要从位于客体一端的技术群结构来认识和分析。技术群除了具备单项技术所具有的产生技术恐惧的一些诸如复杂性、风险性、不确定性、危害性等技术属性外，还形成了极具技术群特点的一些属性，如统一性、标准化、垄断性、合作性等。这些属性会在一定程度上激发和加剧人们的技术恐惧水平。相对于手工工具及简单的机器所具有的变化和灵活性而言，技术群却富有统一性和标准化，统一性和标准化增大了技术结果的可预言性，比如，按照一定的模式生产，就可以保证产品的质量。一方面，这在一定程度上降低了技术风险和不确定性；但另一方面，机械的劳动又使工人生活变得枯燥平淡，并且技术群呈现的标准化、程式化的生产线会使工人去技能化，也就是说，在统一的标准模式下，工人不需要太多的技能，技术的集群化还会降低对普通劳动的需求，这在一定程度上增大了工人失业的风险，同时，技术群带来的产业结构调整还会带来工人的结构性失业。再加上资本对利润最大化的追求，使得工人变成机器体系的一部分，失去了自由，并且由于从事的劳动简单而收入低下，正是这样，从机器体系诞生那天起就一直存在着对机器的抵制和破坏，比较典型的就是卢德运动。而技术群需要的合作和集体性，也使得人们失去了个性，"机器体系给人类强加了集体努力的必要性，并拓广了集体努力的范围。人类逃脱了自然界的控制，人类也在同样程度上必须接受社会的控制"①。

　　技术群作为单项技术的积聚和发展，还会形成规模效应，即会放大人们恐惧的对象，也就是说，单项技术中技术的风险和危害如果还不足以引起人们的恐惧的话，那么当形成技术群以后，这种风险和危害就会立刻成为人们恐惧的对象。不仅如此，这种规模效应还会放大技术恐惧的主体，从技术用户扩展到一般公众。例如，以计算机为核心的信息技术群，会使得人们不懂计算机技术就感到就无法立足于社会，但学习计算机又感到困难，因而便会产生焦虑和恐慌情绪。虽然技术群模式下技术恐惧的主体还是由人的几方面的个性特征构成的，但主体的规模和社会压力显然增大了。同时，技术群在影响个人的同时，还会改变恐惧的主体结构，会直接作用于组织、群体乃至社会，形成集体恐惧、组织恐惧和社会恐惧。一定的组

---

① 刘易斯·芒福德. 2009. 技术与文明. 陈允明，王克仁，李华山译. 北京: 中国建筑工业出版社: 249.

织或集体由于其利益结构一致、组织目标同一，因而会对大规模的技术革新形成统一的反应。集体行动的研究成果表明，集体或组织做出相同的心理和行为反应，主要与利益构成和组织目标有直接关系，以技术群形式表现出来的技术，由于其存在规模效应，当对组织目标和群体利益形成威胁时，就会形成对技术的抵触和担心，形成集体技术恐惧。伴随技术群而形成的一套技术规则和生产体系也会对集团决策产生影响。"不同的利益团体将会游说监管者和政客，让他们赞同或压制一项新发明。"①这显然正是出于集体自己的组织目标和共同利益的需要。就社会语境方面来看，恐惧生成的根源还主要在于任务的输入和社会政治、经济、文化的影响，显然就刚才谈到的一般公众而言，潜在的、社会影响方面的原因是主要的恐惧根源。技术群和技术体系的建立，使得社会具有了技术化的特征，甚至出现了社会技术的一体化，在这样的社会人们面临的技术压力是任何时代都不具有的。同样，技术群在改变技术恐惧的主体、对象和社会语境的同时，造成的结果也更加显著。

第四节　技术恐惧生成的文化路径

从社会文化层面探讨技术恐惧的生成路径，就是将技术理解为一种社会文化，或者说从技术作为一种文化存在的视角，解读技术恐惧，寻找其生成和发展的路径。

一、作为文化存在的技术

如前所述，技术除了通常所理解的物质形态之外，还有非物质的存在形式，无论是物质还是非物质的技术，都可以被理解成一种文化存在。从词源上来看，英文中的技术 technology 一词源于希腊语的 techne，而 techne 的原意是工艺、技艺、技巧，甚至有人认为是艺术，也就是说，在古希腊语境中，技术除了生产、操作等活动的含义外，艺术的创造也是被涵盖在内的。直到现在，在技术考古的研究中，考察原始和古代技术时，也并不

---

① 乔尔·莫基尔. 2011. 雅典娜的礼物：知识经济的历史起源. 段异兵，唐乐译. 北京：科学出版社：238.

仅仅局限于一些工具、器皿，还包括一些洞穴的岩石壁画、工艺绘画等。现代话语中的 technology 虽然将技术中的艺术成分分离出去了，但是其含义仍甚是广泛。米切姆曾把技术分为四种类型：物体、知识、活动和意志。显然，单纯的物质实践活动和操作性的技能、技巧等很难覆盖技术的全部内涵。尤其是在当今的技术社会，科学技术连续体形成，技术与社会一体化，科技已成为社会的一种建制。因而，无论是从古代还是今天的技术内涵来看，技术都可以是一种文化存在并且也一直存在着一个文化层面。将技术理解成一种文化存在，或者从文化视角来界定技术也一直是哲学家思考的重要问题。

把技术理解为一种文化，并不是说存在着作为文化的技术和作为工具、物质、机器或活动等的技术之分，二者不是不同的事物，而是同一事物不同的理解层面。文化可能是对技术更高层次的抽象。在此加以区分，是因为无论是从逻辑上来讲还是从历史发展的事实来看，技术和技术恐惧都存在着文化的理解及文化层面的反映。马克思曾指出："工艺学会揭示出人对自然的能动关系，人的生活的直接生产过程，以及人的社会生活条件和由此产生的精神观念的直接生产过程。"[1]他所指的工艺学也就是技术，道出了技术的丰富内涵和社会文化本质。芒福德也说："如要对机器有清晰的认识，我们不仅要考虑其实际方面的根源，还要研究其心理方面的根源；同样，也必须考察机器对美学和道德的影响。"[2]正因为如此，他对技术史进行了分期，分为始生代技术、古生代技术和新生代技术三个时期，把始生代技术时期看作是古生代和新生代时期的基础与准备。而他的始生代指的大体是文艺复兴时期的技术发展情况，那么在此之前，漫长的历史时期的技术发展算什么呢？他并没有对此做严格的界定。或许应该看作技术发展的史前史，或者指他所说的文化准备阶段，显然这里面包括了原始技术及手工工具的发展，诸如他列举到的石器、取火技术、狩猎技术、农业技术、手工工具等。之所以有这样一种认识，是因为这一阶段还处在人类知识发展的混沌时期，虽然有了原始的技术形式，但这时的技术主要是自然带出的，还没有严格的程式和规则，而是在人的形成和与自然打交道

① 转引自：列宁. 1995. 列宁选集（第二卷）. 中共中央马克思恩格斯列宁斯大林著作编译局译. 北京：人民出版社：423.
② 刘易斯·芒福德. 2009. 技术与文明. 陈允明, 王克仁, 李华山译. 北京：中国建筑工业出版社：导言 1.

的过程中随机应用的，并带出了相应的发明。"如果先有某个发现，例如火的运用，陨石铁的利用，贝壳等尖锐物体的使用，那么紧跟着就会有相应的发明。"① 这些技术，还是对人性的丰富和人的力量的强化，是人不断地把自然的东西改造成为"我"的，给自然打上了人的烙印。这时的技术就是人性，就是人力，就是人的生活，就是文化。正如巴里·巴恩斯（Barry Barnes）所指出的："科学并非首先是提供特殊的技能，而是要成为一种生活方式的文化和思想基础。"②

由此，技术与文化、技术恐惧与文化就结下了不解之缘。普罗米修斯盗取天火赋予人类，以弥补人类先天的不足，古人从神话的角度阐释了技术天然的属人性，也指出了人与其他生物的不同，以及人要生存和发展必须要拥有技术手段。"巫术是技术的萌芽状态。拿冶金学的史前情况来说，那时，只有洞悉金属奥秘的铁匠才是核心人物，铁匠的实践对其后的发展起了决定性的作用。炼铁的过程伴随着巫术活动。宗教仪式往往是人的矛盾心理的象征。这反映了一种认识，即铁的生产和处理等于人的活动转向一个新的危险的方向。这是对神圣的自然秩序的亵渎，不过同时又意味着文化发展的更高阶段。"③ 巫术通过拟人说和泛灵论的词句，表达对自然过程的秩序的了解。但这是人类有意识、有计划地改革世界的第一步，为技术的生成和发展奠定了文化基础。对巫术的启蒙过程，产生了科学技术的伟大成果，消解了自然的神秘性和神圣性，给人类发展带来了前所未有的动力和辉煌成就，后来冶金、化学技术等都从巫术中汲取了营养，受到了启发。宗教对秩序井然的独立世界的信仰，成为科学工作探索下去的信心和动力。"魔法使人的思维转向了外部世界，它指出需要改造外部世界：由此要造出工具来，使人们的观察力变得尖锐……魔法是架在众人的异想天开与技术之间的桥梁：可以通过超能力的梦想到达成功的机械。"④ 作为现代技术发展根基的文艺复兴运动，不仅解放了思想、改变了观念，为工业技术体系的发展开辟了道路，而且直接通过诗歌、小说、绘画、雕刻、

---

① 刘易斯·芒福德. 2009. 技术与文明. 陈允明，王克仁，李华山译. 北京：中国建筑工业出版社：59.
② 巴里·巴恩斯. 2001. 局外人看科学. 鲁旭东译. 上海：东方出版社：22.
③ F. 拉普. 1986. 技术哲学导论. 刘武，康荣平，吴明泰，等译. 沈阳：辽宁科学技术出版社：62.
④ 刘易斯·芒福德. 2009. 技术与文明. 陈允明，王克仁，李华山译. 北京：中国建筑工业出版社：37.

音乐、哲学等各种文化形式表达技术思想，激发了人的灵感和创造力，宣传和促进了技术发明。培根对快速船只、自动战车和飞行器的描述，达·芬奇列举的发明清单类似于现代工业社会的纲要，这时期技术的想象力远远超过了工匠和工程师的实际能力。正是有了这样的想象力和思维能力，才打开了真正意义上的技术大门，迎来了技术的大发展和大繁荣。"自然界在被思维肢解之后，还要以新的方式重新组合起来。在化学中有材料的合成，在工程中有机械的组合。由于人们不愿意将存在的自然环境看成是不变的、终极的，于是促进了艺术和技术的发展。"①

现代技术更是与文化融为一体，网络技术本身就是一种文化，多媒体、电影、电视等传媒技术也是当前的主流文化形式。很多的现代技术也融入了人文和文化元素，技术的人性化、设计的艺术化、传播和交流的文化化越来越成为技术发展的方向。机器人、汽车、自动生产线等现代技术发展表明，现代技术在注重追求属性和功能结构优化的同时，把审美、伦理、文化等也作为重要的研发理念。"具体的物质产品及将它们制造出来并付诸使用的过程构成现代技术的核心"②，它已经渗透到社会生活的方方面面，"每一种技术都有一套制度，这些制度的组织结构反映了该技术促进的世界观，其生存竞争反映出来的世界观的竞争就更不用说了"③。企业管理、社会管理、制度建设、思想观念等现代社会的每一个组分都已经技术化，技术成为现代社会的标志。夏保华教授通过考察技术创造过程中从"发明"到"创新"概念的变化，也指出"技术创新不是某种神力所为，而是社会文化积累的结果"。不论是技术创造神话观还是技术创造英雄观，都不能否定技术创造的文化累积过程，"从社会文化实践视角看，技术创新，包含了物质文化的创新、相关制度文化的创新和理念文化的创新，究其实质是社会文化实践的创新"④。因此技术本身就是一个文化创造过程。也正因为技术成为社会的座架，社会的一切都建立于这个座架之上，才形成了总体的技术对社会和人的促逼，形成了技术压力和风险，并生发出技术恐惧。

---

① 刘易斯·芒福德. 2009. 技术与文明. 陈允明, 王克仁, 李华山译. 北京: 中国建筑工业出版社: 52.
② F. 拉普. 1986. 技术哲学导论. 刘武, 康荣平, 吴明泰, 等译. 沈阳: 辽宁科学技术出版社: 序 3.
③ 尼尔·波斯曼. 2007. 技术垄断: 文化向技术投降. 何道宽译. 北京: 北京大学出版社: 10.
④ 夏保华. 2006. 技术创新的社会文化实践本质与方向. 科学学研究, (2): 299-304.

二、文化路径的技术恐惧生成

人类从诞生之日起就一直要应对各种风险，来自自然的、来自他人的、来自社会的，等等。有风险就会有恐惧，恐惧饥饿，恐惧战争，恐惧伤害，恐惧死亡，恐惧未知。恐惧是人类面对风险的正常反应，哪怕是潜在的风险。当人们的珍视之（人）物的生命、财产、利益等遭遇风险时，恐惧就应运而生。因此人类的发展史也可以看作是一部抵御风险、寻求自身安全的历史。"人寻求安全有两种途径，一种途径是在开始时试图同他四周决定着他的命运的各种力量进行和解。这种和解的方式有祈祷、献祭、礼仪和巫祀等……另一种途径就是发明许多艺术，通过它们来利用自然的力量；人就从威胁着他的那些条件和力量本身中构成了一座堡垒。"[1]前一种途径借助的是某种神秘手段，后来发展成宗教信仰，是靠内心信念，在感情和观念上改变自我的方法；后一种途径就是技术途径，是通过行动强化自身、改变世界的方法。由此可以看出，技术本来是人们选择的解决危险的手段，但结果却变成了恐惧的对象。其最初的原因就是文化不接受它。"人们感觉到这种行动的方法使人倨傲不驯，甚至蔑视神力，认为这是危险的。"[2]在当时宗教盛行的文化环境下，再加上人们认识的局限性，技术就被认为是某种非常的东西，这种东西不论是超自然的还是超人的，都被认为是非人性的，是与人们的思想观念相左的，因此，虽然作为寻求安全的一种途径，人们努力想发展技术，"但同时他们却深深地不相信艺术是对付人生严重危险的一种方法"[3]。所以，靠内心信念和情感改变自我的方法在当时受到了人们的赞扬。哲学家重视理论、重视精神，尝试改变人们的观念；宗教则从情感和信仰上转变人的思想与情操。而作为物质生产活动的技术实践，却被人轻视和鄙夷，"利用艺术产生实际客观变化的地位是低下的而与艺术相联系的活动也是卑贱的。人们由于轻视物质这个观念而连带地轻视艺术"[4]。

"劳动从来就是繁重的、辛苦的，自古以来都受到诅咒的。劳动是人在

---

① 约翰·杜威. 2004. 确定性的寻求：关于知行关系的研究. 傅统先译. 上海：上海人民出版社：1.
② 约翰·杜威. 2004. 确定性的寻求：关于知行关系的研究. 傅统先译. 上海：上海人民出版社：1.
③ 约翰·杜威. 2004. 确定性的寻求：关于知行关系的研究. 傅统先译. 上海：上海人民出版社：2.
④ 约翰·杜威. 2004. 确定性的寻求：关于知行关系的研究. 傅统先译. 上海：上海人民出版社：2.

需要的压迫之下被迫去做的，而理智活动则是和闲暇联系在一起的。由于实践活动是不愉快的，人们便尽量把劳动放在奴隶和农奴身上。社会鄙视这个阶级，因而也鄙视这个阶级所做的工作。"①人们把鄙视物质劳动的思想加以演绎、夸大，进而由对物质劳动的鄙视推广到鄙视一切与实践相联系的事物，这时的技术自然也没能逃脱厄运。对技术的鄙视、轻视、排斥就成为技术恐惧的文化表现。这一表现在中外古代文化中都是存在的。人们之所以崇尚理智活动、崇尚精神、轻视和排斥实践活动，这与人们确定性的寻求、逃避风险以及理智活动的特点有关系。"实践活动有一个内在而不能排除的显著特征，那就是与它俱在的不确定性。"②技术活动正是如此，"科技之所以被描述为具有极大的风险，是因为我们从来都搞不清它的真正后果"③。技术究竟走向何方、会带来什么结果往往令人匪夷所思，也正是技术的这种不确定性，增加了人们对技术风险的担忧和害怕。而理智活动在这方面却表现出了完全不同的特征，"通过思维人们却似乎可以逃避不确定性的危险"④。这大概是因为，实践的对象是不固定的，其情景是特定的，实践又有着外在的表现，当实践对象和情景发生改变时，原来的实践路径和方法可能就会失灵，难以奏效，究其实质在于实践接触的是事物的表面，不能把握事物的本质。而在哲学家看来，他们的理智活动却"可以抓住普遍的实有，而这种普遍的实有却是固定不变的"⑤。也就是说，理智和理念可以洞察事物的本质，可以指导技术实践，因而从事理智活动的都是上等人，他们是上层社会，在柏拉图的理念世界和理想国里这种思想表现得尤为突出。再者，理智活动相对于实践而言，没有外在的表现，更多地存在于人们的思维和精神层面，因而无法通过实践检验，根本就无确定性而言，只能靠精神和信仰来维持。没有外在的行动，也就没有外在的风险表现，从而精神活动被认为是确定的、安全的。加之有些人喜欢纯理智的思维活动，因为纯思维过程"有闲暇，有寻求他们爱好的倾向。当这些人在认知中获得幸福时，这种幸福是完全的，不致陷于外表

① 约翰·杜威. 2004. 确定性的寻求：关于知行关系的研究. 傅统先译. 上海：上海人民出版社：3.
② 约翰·杜威. 2004. 确定性的寻求：关于知行关系的研究. 傅统先译. 上海：上海人民出版社：4.
③ 拉斯·史文德森. 2010. 恐惧的哲学. 范晶晶译. 北京：北京大学出版社：46.
④ 约翰·杜威. 2004. 确定性的寻求：关于知行关系的研究. 傅统先译. 上海：上海人民出版社：4.
⑤ 约翰·杜威. 2004. 确定性的寻求：关于知行关系的研究. 傅统先译. 上海：上海人民出版社：5.

动作所不能逃避的危险"①。于是，"人类所借以可能达到实际安全的艺术便被轻视了。艺术所提供的安全是相对的、永不完全的、冒着陷入逆境的危险的。艺术的增加也许会被悲叹为新危险的根源。每一种艺术都需要有它自己的保护措施。在每一种艺术的操作中都产生了意外的新后果，有着使我们猝不及防的危险"②。正是"起初人们建立城镇，是为了保护自身不受外来危险的侵害。但现在城镇已经无法给人一种安全感，相反更多地变成了恐惧的源头"③。

"现在的人关怀和注意着怎样获得运用器具和发明极奏成效的工具的技巧，而过去的人却关怀和注意于预兆、做一些不相干的预言、举行许多典礼仪式、使用具有魔力的对象来控制自然事物。原始宗教便是在这样气氛之下产生和滋长起来的。"④西方谚语讲"万事不由人安排"，中国谚语说"谋事在人，成事在天""人算不如天算"，都道出了只要有行动，就存在着失败的风险，而这种风险是人力所不能及的，只能交由中国传统文化里面地位最高的天、西方宗教语境里的上帝。这样，人们通过技术手段无法抵御和解决的风险、无法寻求到的确定性，就只能交给天或上帝，在神话与宗教里寻求和享受那种虚幻的确定性、安全感。在西方倡导理念至上、宗教对人的心灵净化时，中国则普遍地倡导修身养性、道德情感，在这样的文化背景下，技术要么被鄙视和排斥，要么被赋予某种神秘色彩，但不论哪种情况，其都是较早的技术恐惧的重要表现形式。

尽管宗教能给人心灵以慰藉、使人暂时忘却或摆脱风险给人带来的烦恼与不安，但人不能永远生活在虚幻里，毕竟要面对现实。文艺复兴对人们观念的洗礼和对技术的启蒙，唤醒了沉湎于宗教和幻想中的人们，把人们从天国拉回到现实，人们开始重视寻求确定性的第二条途径，即技术道路。文艺复兴带来的是理性的复兴，是科学文化的兴起，并引发了产业革命，确立和巩固了资本主义制度，经济也从自然经济走向市场经济。在这

① 约翰·杜威. 2004. 确定性的寻求：关于知行关系的研究. 傅统先译. 上海：上海人民出版社：5.
② 约翰·杜威. 2004. 确定性的寻求：关于知行关系的研究. 傅统先译. 上海：上海人民出版社：6.
③ 拉斯·史文德森. 2010. 恐惧的哲学. 范晶晶译. 北京：北京大学出版社：100.
④ 约翰·杜威. 2004. 确定性的寻求：关于知行关系的研究. 傅统先译. 上海：上海人民出版社：8.

样的文化背景下，技术恐惧并没有消失，还依然存在。究其原因，主要有两个方面：其一，从理论层面来看，就像杜威在《确定性的寻求》中分析的那样，"凡是变化着的东西就是物质的；物理的东西是用变化来界说的……只有一种才是真正的知识，即科学。这种知识具有一种理性的、必然的和不变的形式。它是确定的"[①]；"人所需要的是完善的确定性。实践动作找不到完善的确定性；它们只有在一个不确定的未来中始见效果，它们包含着有危险、有灾难、挫折和失败的危险"[②]。在传统哲学看来，知识的领域与实践动作的领域彼此是没有任何内在联系的，知识反映的是事物固有的内在本质，代表事物稳定的、不变的属性，这也是人们一直寻求的确定性，也被杜威称为"实有"或"实在"。而实践领域是变化的，并不是真正的"实有"，总是充满了偶然性和不确定性，而技术实践就属于实践动作的领域，是变动不居的，因而无法给人提供完善的确定性，只能带来更多的不确定性和风险。这正是技术不确定性和风险性的理论抽象，只要技术的这种属性存在，就会引起人们对它的戒心和忌惮。其二，从现实层面来看，科学文化的盛行和推崇、技术革命和机器体系的建立、技术在人对自然中的初步胜利、技术在社会中的地位显著提高、大规模的工业体系的建立，前面提到的这些变化的直接后果就是环境的污染、工人生活状况的恶化、生命的窒息等，而人们把这些变化都归罪于机器、归罪于技术，从而爆发了破坏机器、抵制技术的卢德运动，还遭到了环境保护主义者的反对。这两方面正是技术恐惧新的表现形式。

20世纪人类最显著的文化表现就是现代化，现代化的过程包含着由现代化的负面效应引发的反现代化，或后现代化，或后工业社会。现代化的支撑和标志就是现代高新技术。在全球现代化的浪潮下，科学技术被抬到至高无上的地位，现代社会真正成了技术社会，尤其是高新技术领域成了国家竞争、企业竞争、人才竞争的主要阵地。在这样的文化背景下，人们一方面把技术放在了社会的核心地位，技术成为解决人类生产、生活的必不可少的手段，也成为人们生活的重要构成部分，但技术风险和技术

---

① 约翰·杜威. 2004. 确定性的寻求：关于知行关系的研究. 傅统先译. 上海：上海人民出版社：18.
② 约翰·杜威. 2004. 确定性的寻求：关于知行关系的研究. 傅统先译. 上海：上海人民出版社：19.

危害也被人们提高到空前严重的地位。技术的魔鬼和天使身份在今天比以往任何时候都表现得更为淋漓尽致。技术从社会生活的各个方面影响人，对人形成一种高压态势。人类面临着前所未有的各种风险和危机，因此现代社会也称为风险社会，风险分析已成为社会学、经济学等学科常用的研究方法。"风险社会的一个基本特点就是：没有人可以置身事外。"①生活在风险社会的每个人都面临着各种技术风险：信息的泄露、食品安全、各种辐射、军事技术的威胁、空气污染、生态破坏、物种减少、资源能源问题、失业、医疗问题、机器对人的控制，等等，不胜枚举。这些问题的存在，使得有些人谈到技术就感到不寒而栗，谈技术色变。除了技术危险、危害生发的技术恐惧之外，技术压力是技术恐惧的一种新的表现形式，在当今技术社会，技术革新快，信息量变化大，这使人们感到应接不暇，无力应付，因而产生了严重的技术压力，使生活和身体状况恶化。尤其是在信息技术领域，形成了对技术革新的抵制和排斥。技术风险和技术恐惧已成为当今社会的一种文化，许多科幻小说和电影都反映了这一主题。综合以上分析，我们可以把文化层面技术恐惧的生成路径用图 2-11 表示。

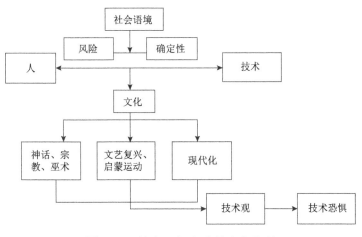

图 2-11　技术恐惧生成的文化路径

① 拉斯·史文德森. 2010. 恐惧的哲学. 范晶晶译. 北京：北京大学出版社: 59-60.

本 章 小 结

认识一种社会历史现象，除了对其内涵界定之外，弄清其是如何产生的以及其产生的具体路径无疑是非常重要的，也是进一步探讨其根源和对策的重要依据。承袭第一章技术恐惧的生成模型，使其与技术发展和存在的实际层次相结合，就形成了本章的基本框架。

根据技术的发展和存在层次，首先建构了单项技术层面的技术恐惧生成模式、技术群层面的技术恐惧生成模式和文化层面的技术恐惧生成模式，并指出了从单项技术、技术群到文化的技术发展和递进过程。其次具体探讨了单项技术的产生及其引发的技术恐惧、单项技术发展为技术群对人与社会的影响、形成的人对技术态度和反应的变化，并指出了技术恐惧生成的单项技术路径和技术群路径。最后指出无论是单项技术还是技术群，技术本身都是一种文化，文化是技术存在的一种最为抽象和最高的层次，也具有最为普遍的意义，作为文化存在的技术对人和社会的影响与具体的技术形态存在着显著的不同，因此技术恐惧又有其形成的文化路径。

第三章
技术恐惧的主体结构

通过技术恐惧的结构模型可以看出，技术恐惧的主体结构主要是指与技术恐惧的主体，即人有关的构成要素，包括技术恐惧主体的历史生成，以及主体的生物学特征、社会学特征、文化特征和个性心理特征等。

第一节 技术恐惧主体的历史生成

技术恐惧好像在佐证着"人与技术之间的距离常常被认为是一片空白，甚至是一条不可逾越的鸿沟，而不是一个充满新的可能性的场所"①，"技术往往被看作是非人性的，导致了人类的异化。但事实上，它恐怕是我们所能想象出的最人性化的东西。没有技术，便没有今天的人类社会"②。人类社会的形成和发展史，就是技术和人性的互动史。人性化是技术发展的内在要求，更是技术健康发展的重要保证。

一、技术发展对人性的关照

技术与人性有着合目的性和兼容性，二者相互依附、相互促进和提升。

---

① R. 舍普，F. 贝尔，D. 布尔格，等. 1999. 技术帝国. 刘莉译. 北京：生活·读书·新知三联书店：133.
② 拉斯·史文德森. 2010. 恐惧的哲学. 范晶晶译. 北京：北京大学出版社：59-60.

从技术发展史来看，技术始终体现着一种人文关怀，体现着技术对人性的关照，并发展着人性。人的存在方式、人的交往实践、人的审美情趣等都打上了技术的烙印，显现着技术性特征，同时，技术也强化和丰富着人性，表征着技术的人性化特征。

从人的起源看，人性因技术而生成。人性通俗地讲乃是人之本性，即人之为人的一些基本属性。因而，有了人就有了人性。而技术的历史也可以追溯到人的起源时期，可以说，技术与人类是相伴而生的，技术的历史与人类的历史一样久远。按照马克思主义的观点，人是由猿进化而来的，劳动在人的形成过程中起了关键作用，劳动创造了人本身，并把制造和使用工具看作是人猿揖别的标志。显然，这里的制造和使用工具就是技术，由此，我们也可以说技术是人区别于动物的标志。技术不仅仅在最终结果意义上把人与动物区分开来，而且在人进化的整个过程中都与人相与为一、有着标志性意义，如直立行走、人手的形成、人脑的形成、语言的产生等，体现了形成中的技术与形成中的人相依为命、互动进化的过程。因此，技术作为人体器官的延长，从一开始就是人的系统的一部分，具有属人性，而人一开始也是通过技术从自然界中独立出来的，人性中就包含技术属性，技术性是最原始的人性之一。马克思把技术看作是物化劳动，更道出了技术与人之间相互交织的关系。技术哲学家斯蒂格勒则从神话的角度认识人的起源，认为人天生是一种缺陷存在，技术的补充才使得人性变得完美，这也被称为人的代具性存在。这种缺陷存在理论，虽然是一种神创世观，但其对人与技术关系的论证却有着重要的借鉴意义，它正确揭示了人是一种技术的存在、技术丰富着人性。总之，从技术和人的起源来看，技术根源于人性，人性又因技术而生成。

从人的发展看，技术强化着人性。技术不仅是人形成、独立于自然界的有效手段，作为一种文化样态、一种生产力，作为人和社会自我存在的座架或解蔽方式，技术还提升和强化着人性。人是自然界演化的结果，又是社会发展的产物，人从自然界中以类的方式或以社会存在的形式独立出来，而不是个体进化的结果。对个性的肢解和对共性的追求是技术产生的根源，并把这一过程变成自己的作用对象。技术和人的关系主要表现为物质技术在人的系统中对人的物质生活实践的影响和相互作用。技术的发展阶段不同，对人性的作用目的、手段和力度也就不同。原始技术乃至18世纪以前的技术，对人性的作用主要不是增加力量，而是强化生命，即不是在于增加人之外物质系统的力量，而是在于强化人自身内在的生命能力。①人的生命力在技术的附着下不断增强，人性在技术的皈依下丰富、完善、深刻。在这样一种技术目标下，人过着简单、质朴、恬静的生活，人主要是通过技术求得更多的非自然的自我确认，人与自然之间是一种朴素的和谐关系。人的生命力量的增强绝不局限于此种境地。"技术仿佛是一种潜力竞赛，不断增长是它固有的特性；这种增长一点也不植根于现实的必然性，即'经验的必然性'中；增长的需要仅由它们的现代形式和解释中的科学和技术的特点决定。现代技术的基本任务就是扩大技术潜能范围，探索因资料的超前增长而产生的越来越新的目的。因而，以这种方式来考察的最复杂的科学化了的技术看起来就像是为艺术而艺术。"②人性是物性演化的最高阶段，技术在此又把人性中的物性催化到极致，以至于遮蔽了人性的丰富内涵。人有了技术武装，主体力量愈发强大，就愈发强调自我，愈想在自然界面前显示自己的人性优点。在技术的驱使下，人的各种需要也蜂拥而至并不断得到满足，在必然性的自然界限面前显示出越来越多的自由人性，技术也在这种人性的张扬中不断得到确证。

从人的本质看，人是技术的存在。这里不想也没有能力界说技术和人的定义或本质，只是想通过人们对技术和人的本质的有关认识，架构二者之间的关系，尤其是技术对人性的比附关系。就技术的本质而言通常有着广义和狭义的理解，广义上把技术看作是改造自然、社会和人自身的一切有效手段与方法。例如，埃吕尔认为技术是在一切人类活动领域中通过理性得到的具有绝对有效性的各种方法的整体。狭义上则仅指创造人工自然的技术，"人类为了满足社会需要而依靠自然规律和自然界的物质、能量和信息，来创造、控制、应用和改进人工自然系统的手段和方法"③。不论是广义上的有效方法论，还是狭义上的自然改造说，都揭示了技术是人体器官的延长和人的本质力量外化的实质。也就是说，技术就是人的一部

① 格·姆·达夫里杨.1987.技术·文化·人.薛启亮，易杰雄，等译.石家庄：河北人民出版社：51.
② 格·姆·达夫里杨.1987.技术·文化·人.薛启亮，易杰雄，等译.石家庄：河北人民出版社：169.
③ 于光远，邢贲思，范岱年，等.1995.自然辩证法百科全书.北京：中国大百科全书出版社：214.

分，技术的发展从某种意义上讲就是人的发展。从最终意义上讲，技术就应该以张扬人性和促进人类的发展为旨归。创造人工自然和人类社会发展、人化和技术化有着同一性。从人的本质来看，马克思认为，"人的本质不是单个人所固有的抽象物，在其现实性上，它是一切社会关系的总和"①。这指出了人不是抽象的存在，而是生活在一定的社会历史条件下实践着的现实的人。人的实践性和现实性实质上就是技术提供的一种生存范式，"制造和使用工具，以及技术的文化传承，乃是人类生存模式的要素，而且为一切人类社会所实践"②。人类进化史的基础就是技术史。就整个人类而言，从必然王国到自由王国发展的整个历史过程都是伴随着技术展开的，人类社会发展的基础就是物质技术系统；而就单个人而言，从生到死，整个生命过程就是一种技术的存在。海德格尔曾强调人的技术生命本质："一方面是永生的神，另一方面是无死亡意识的生命，两者之间夹着一层技术的生命，也就是死亡的生命。"③斯蒂格勒也有同样的认识，"死亡就是对一切起源的原始性偏离，也就是说一种技术性的偏离"④。

从人性的构成看，技术贯穿着人性。"人性系统是一个以人的肉体生命系统为载体的极为复杂的社会——意识巨系统，并随着实践的发展而不断地改变自己的内容和形式。"⑤一般认为，人性系统是由自然属性、社会属性和意识属性相互联系、相互作用构成的一个有机整体。人类脱胎于自然母体，首先继承了自然的属性，这是人存在和发展的物质载体。人的自然性指的是人在生物学、生理学和解剖学等意义上所呈现出的自然物质、生理构造和活动特征，主要指自然的肉体生命系统，它的健全与否对人的繁衍与发展有着直接影响。但人作为社会关系的总和，社会性和意识性才是人性系统中的关键及核心部分，对人的发展起着决定作用。无论是人的自然性还是社会性，都是一种技术的存在，都内化着技术属性。技术在人

① 马克思, 恩格斯. 1995. 马克思恩格斯选集(第一卷). 中共中央马克思恩格斯列宁斯大林著作编译局译. 北京: 人民出版社: 60.

② 詹姆斯·E. 麦克莱伦第三, 哈罗德·多恩. 2003. 世界史上的科学技术. 王鸣阳译. 上海: 上海科技教育出版社: 9.

③ 郭晓晖. 2009. 技术现象学视野中的人性结构——斯蒂格勒技术哲学思想述评. 自然辩证法研究, (7): 37-42.

④ 贝尔纳·斯蒂格勒. 2000. 技术与时间: 爱比米修斯的过失. 裴程译. 南京: 译林出版社: 224.

⑤ 吴文新. 2003. 科技与人性. 北京: 北京师范大学出版社: 52.

性系统中起着联系和贯穿作用，使人性的各部分有了技术化的特征。在自然性上，技术得以弥补缺陷存在，技术不仅在人之外控制自然过程和创造人工自然，而且在人之内也进行着这个过程，技术对人体的改造完全基于对现实人体的天然结构和功能的不满："人类具有'劣质的身体，反复无常的感情和脆弱的心理'。人类的身体是疾病、残疾、衰老和死亡的对象；他们的头脑是各种刺激、动力和感情搏斗的战场"①，"现在我们终于具有了做出改变的力量和手段"②。人的生理构造从粗糙到精细，人的肌体机能从脆弱到强大，人的自我身心从矛盾到协调，等等，无不显示着技术的光辉。不仅如此，技术还把更多的自然性改造成社会性，进而对社会性和意识性进行强化：从生物性的被动群居，到形成有机的社会结构，人性中的交往、礼仪、道德、修养、精神、价值等愈发显现和重要，政治、经济、文化等社会制度传承于世。在技术的作用下，社会性和意识性从传统发展到现代，交往手段的现代化、文化价值的多元化、全球一体的数字化、生命伦理的复杂化，都使得人性更加技术化。

二、技术对人性的叛离③

技术和人性内在的一致性，促成了技术对人性的比附，但这并不是二者关系的全部。从人类的文明发展史来看，技术和人性在相互关照的同时，二者又有着不完全一致的发展路径，人性进化还具有自己独特的规律。因而，技术和人性的发展具有不完全同步性，特别是现代技术的出现，使得这种不完全同步性演绎成技术对人性的叛离。

（1）技术对人的自然本性的叛离。从理论上看，无论是马克思主义的技术是人类器官延长的论断、海德格尔的技术座架论，还是斯蒂格勒的缺陷存在和代具工具论，或者自然改造论的技术本质观，等等，都合理地说明了人的技术属性，揭示了人的技术性存在实质。而从技术与人发展的历史实际看，技术也一直充当着人类改造自然、改造社会和改造自身的有效手段，人也把技术看作是区别于自然和自我能力发展的重要标志，即人是

---

① 埃德·里吉斯. 1994. 科学也疯狂. 张明德, 刘青青译. 北京: 中国对外翻译出版公司: 140.
② 埃德·里吉斯. 1994. 科学也疯狂. 张明德, 刘青青译. 北京: 中国对外翻译出版公司: 143.
③ 参见赵磊. 2010. 技术对人性的叛离及其人性化解救. 齐鲁学刊, (6): 71-75.

作为一种技术的存在而发展的。这种技术存在或者说人的技术性发展到一定的程度，就会走进扩大化的误区，以至于到了对技术的标榜与依赖近乎癫狂和痴迷的程度。技术性强化了人的社会性，突出了人与自然的区别，但却导致了人的自然本性的迷失。有人甚至认为技术的进步是以人性的退化为代价的，虽然这种说法有夸大之嫌，但也并非完全危言耸听。人作为自然界演化的结果和自然界的一部分，自然性是人性的重要组成部分，人的内部自然系统、外部自然系统的延续与发展是人的发展的前提和基础。技术在增强人体某部分功能的同时也使其他部分的肌体和功能退化，技术还破坏了人体的自组织和自发展能力。更重要的是，人的技术存在对立了人与自然的和谐关系，美好、闲适、静谧、恬淡、清新、健康的自然环境让位于污浊、烦躁、拥挤、忙乱、恐慌的技术环境。正所谓纯白不备，则神生不定；神生不定者，道之所不载也。

（2）技术对人的自由本性的叛离。历史唯物主义认为，人类社会的发展经历了三个阶段，即人的依赖性社会、物的依赖性社会和个性的自由全面发展的社会。可以看出，人性中天生包含着追求自由的本性，正是由于历史发展的局限束缚着人的自由本性，才有了前两个阶段的人的依赖性和物的依赖性，而技术就是人冲破自然的藩篱、打破依赖性的有效手段。在技术的支撑下，人类改造自然、改造社会、改造自身，极大地解放了人，推动着人不断地由必然向自由飞跃。但技术控制自然和控制人是同一发展过程。技术在从自然力的束缚下解放出人，使人获得自由发展时，也从发展的手段变成了发展的目的，打破了自然力束缚的人却套上了技术的枷锁。人成了技术人、机械人或机器人、电子人，意即人完全按照技术路径或技术方法行事，人的自由受制于技术严格的逻辑思维和机械运作过程。正如埃吕尔的技术自主论所描述的：现代技术日渐成为一个完全自主的、外在于人的支配系统，这种自主的技术系统会限制人的自由，且技术越发达，人的自由也损失得越惨重。以人的生存为目的的技术，逐渐被好奇心、求知欲驱使下的主宰技术所代替，而且成为技术的主导目标。在实践上表现为人支配和控制技术异化为技术控制和支配人的怪现状：对网络的沉溺、对汽车的依赖、对电视的迷恋、对专家系统的迷信、对虚拟世界的幻想，等等。人在各种物质技术系统中忘却了自我，丧失了本真，远离了自由本性。

（3）技术对人的道德本性的叛离。马克思早就认识到："他的生产的影响和规模越大，他就越贫穷。工人创造的商品越多，他就越变成廉价的商品。物的世界的增值同人的世界的贬值成正比。"①这深刻地揭示了机器时代对人的异化。作为改造自然有效手段的技术，最早源于人的生存需要，并且主要是物质性需要。人首先是自然存在物，具有物性，而作为自然界唯一的有意识的存在物，他是物性发展的最高阶段。人从自然界中独立出来，首要的是解决人的物质性生存问题，技术不仅解决了这一问题，而且强化了人的物性，以至于把人的物性增强到畸形的程度。"科技无论把人看作什么、当作什么，都是符合科学理论和技术规则的。"②但技术作为外在于人的物质系统，只能以物性之理摆布、役使和解析人，而没有能力对人性做更全面、更深刻的理解和把握，也就不能领悟人性中的精神需求和道德情感。技术在增强人的物质力量的同时，进一步激发了人的物质需要，使人性中本该协调一致的物性与精神、道德出现了分离和失调，无情地把人性之人销匿掉而变成纯粹的物性之物。正如海德格尔认为的，我们正在将包括我们自己在内的整个世界转化为"持存物"，即在技术过程中被动员的原材料。③一般说来，精神与物质、道德与文明是一致的，但技术力量在创造物质财富和物质文明的时候，却遗忘了人的精神和道德，出现了二者的背离现象，物质越发达，精神就受到越大的挤压。道德源于人的心灵，而"机器和技术文明首先对心灵有危险，因为人的心灵很难忍受冰冷的金属，它无法生活在金属的环境里"④。因此，技术对物性的强化导致了道德责任感的消解，导致了对人的道德本性的叛离。

（4）技术对人的独立个性的叛离。技术有很强的合规则性与合目的性，它通过工具、规则、方法、技巧、技能、工艺等的现实表现形式作用于人，把人培养和训练成符合机械机理、严格按照操作规程、相互协作的生产者或践行者。技术的整个实现过程，都具有协作性和集群化的特点。因而，个性的消解和共性的形成或由个性过渡到共性的过程就是技术的完成过

① 马克思, 恩格斯. 2012. 马克思恩格斯选集(第一卷). 中共中央马克思恩格斯列宁斯大林著作编译局译. 北京: 人民出版社: 51.
② 吴文新. 2003. 科技与人性. 北京: 北京师范大学出版社: 46.
③ 安德鲁·芬伯格. 2005. 技术批判理论. 韩连庆, 曹观法译. 北京: 北京大学出版社: 6.
④ 万长松, 陈凡. 2004. H. A. 别尔嘉耶夫技术哲学思想初探. 自然辩证法研究, (4): 49-52.

程。技术对共性的追求，使得作为技术存在的人迷失了个性，独立和自由个性得不到应有的发展。尤其是在现代工业社会，自动化或工具机的生产模式、技术化的学习和认知模式，再加上各种技术传媒的熏染和塑造，形成了机械、单调的消费和生活方式，以及趋同化的思维方式和齐一化的主体发展模式。本来应该是一个张扬个性、发展个性的时代，丰富、活泼、富有激情和批判精神的个性却窒息在技术提供的共性桎梏下。富有创造力的灵敏而活跃的思想在工具理性的有限空间里活动，画地为牢，壁垒森严，完全忘记了自己的反思、批判本性，随波逐流，没有了自我。

（5）技术对人的交往本性的叛离。人是社会关系的总和，社会关系是个人之间的交往关系，是人的交往实践的现实表现。人的交往生发于人的经济、政治和文化活动中。这种交往关系本来是人与人之间直接或间接的交往实践，但由于技术的加入，技术就成了人际交往的中介和纽带，尤其是在现代科技社会，人际关系被技术异化为机器与机器或物与物的关系。人际交往形成了对技术的过度依赖，甚至技术替代了人际交往。尽管技术给人际交往提供了丰富、快捷和便利的联系方式，但也流失了人与人之间应有的生动、形象、真诚和温情。有些人在网络虚拟空间的交流好像比现实生活空间的面对面交流更真实、急切和热情；网友遍天下但现实生活中却自我封闭、沉默寡言；QQ、微信等社交媒体成为一些人交流和问候的主要手段；甚至有声的语言也消失了，而代之以发信息或表情；节假日的亲朋好友聚会很少能看到亲密的促膝交谈和意味深长的情感交流，有的只是机不离手的虚情假意和缺乏真诚的随声附和，亲情、友情和生活的谈论主题也让位于影视剧情和游戏娱乐，强大的智能手机（移动终端）使有些父母忽视了对子女的关爱和教育，子女忽视了对父母的关心和陪伴。这正是：世界上最遥远的距离不是生与死的距离，而是对面不相逢。还有些人沉溺于网络虚拟空间，陶醉于"万能"技术系统带来的满足感，不愿甚至也不敢面对现实，逃避亲情、友情，逃避家庭、学校和社会。不仅如此，在技术强大的物质效应辐射下，本来丰富多彩的人际关系越来越物质化、单一化，人的交往动机和目标大多受到了物质利益的驱动与定向。这些技术发展带来的人际交往之怪现象，叛离了人与人之间的朴素交往关系，使人际关系出现了失真现象，也背离了人的社会关系总和的实质。

三、技术恐惧主体的形成

人与技术在历史发展中的这种比附与叛离关系伴随着人类进化和发展的每一个阶段。技术增强着人的社会和文化特性，使人的自然属性不断蜕化，就这一点来看其是对人性的丰富和发展。同时，不断强化的技术性，又造成了人对技术和物的过分依赖，甚至受到技术和物的垄断与控制，自由个性的发展受到极大限制，带来的是人与社会的异化。不仅如此，技术还在发展过程中不断地制造事端，给人类的发展带来风险和危害，这又暴露了技术对人性的背离方向，或者说技术的去人性化特点。正是人与技术的这种矛盾性或对立统一关系，造就了技术恐惧的长期存在，使人成为技术恐惧的主体。

研究表明，恐惧不仅存在于人类身上，其他动物也有恐惧，但对技术的恐惧是人类所特有的，也就是说，只有人才能成为技术恐惧的主体。这主要决定于人与技术的对立统一关系。技术与人性的比附关系，说明了技术与人的统一性，使人与技术相携相拥，共同前进，不离不弃。同时也证明了人不能摆脱技术。技术与人性的背离关系，则制造了人与技术之间的障碍，隔阂了人与技术之间的关系。人与技术之间的这道屏障，使得技术相对于人而言总不能那么完美，总要留有遗憾。人对技术又不能实现完全的信任，总感觉技术有并且一定会有这样那样的缺陷，使人对其心存疑忌，这就是技术恐惧。正是人与技术的这种历史渊源、这种特殊关系，使得技术恐惧成为笼罩于人心头之上的一种社会现象，并长期存在，人也无法摆脱这种现象的困扰。

第二节　技术恐惧主体的生物学特征

技术恐惧主体的生物学特征，是指人作为一种生物所反映出来的一些与技术恐惧有关的指标特征，或者说是具有生物学基础的有关人的指标特征。人与技术恐惧有关的生物学特征主要包括年龄和性别两个方面。年龄和性别在技术恐惧的主体结构中有着重要的基础性地位，它们既会通过影响其他构成要素，如认知能力、经验等，影响技术恐惧水平，也会直接在技术恐惧中反映出年龄和性别的影响作用。探讨技术恐惧的主体结构，年龄和性别是一对不可或缺的因素。

一、技术恐惧中的年龄因素

年龄是人的一个重要的生物学特征,是人具有生物学特征的自然标志,年龄是不可抗拒的自然规律。年龄特征是社会学、人口学研究和调查不可缺少的一项内容。尽管年龄是人的一种自然属性,但这种自然属性会对人的社会行为和社会后果产生重要影响,是与人的社会属性密切相关的一个重要指标。年龄的不同所带来的社会学意义是不同的。比如,法学中的结婚、犯罪、民事和刑事行为能力及其相应的责任都与年龄有重要的关系。社会学中对社会人群的划分,年龄也是一个非常重要的标准。老年社会的形成、退休以及社会保险、养老保险等一系列的社会问题,也与人的年龄密切相关。人口学领域的结婚、生育、求学、就业、迁移、死亡等也与年龄密切相关。文化学领域中的青年文化的说法、前喻文化和后喻文化的划分等也是以年龄为考察指标的。技术恐惧是一种社会现象,也是一类社会问题,同样也离不开年龄这一主要特征。尽管在研究中,很多的研究在考察技术恐惧的水平时,证实年龄对技术恐惧的水平影响不大,或者说没有关系,但从现代技术恐惧的研究开始之日,诸多研究就并没有回避对年龄因素的考察,各种测量技术恐惧水平的量表也都包含着年龄因素。

同时,对于年龄对技术恐惧的影响又一直存在着争议,有的人认为年龄是影响技术恐惧水平的重要因素,也有人认为技术恐惧与年龄因素无关。霍根(M. Hogan)在对 150 位老年人和 291 位在校学生进行的比较研究中发现老年人的技术恐惧水平要高于青年学生,如表 3-1 所示。[①]

表 3-1   学生和老年人技术恐惧状况

技术恐惧水平	所占比例(学生)/%	所占比例(老年人)/%
无技术恐惧	52	24
低技术恐惧	18	28
高技术恐惧	30	48

① M. Hogan. 2008. Age Differences in Technophobia: An Irish Study//Wojtkowski W, Wojtkowski G, Lang M, et al. Information Systems Development: Challenges in Practice, Theory, and Education. Vol. 1. Boston: Springer: 117-130.

　　王刊良等对企业员工技术压力的调查研究显示,技术压力与年龄有关,年龄增大技术恐惧水平会升高。[①]其他一些研究也表明,老年人在使用网络、计算机和接受新技术方面存在严重的技术恐惧现象。这不仅表现在老年人在使用和操作新技术方面存在困难,更表现在老年人在接受一些新的术语和文化环境方面。这也是为什么有人专门针对老年人进行技术恐惧研究,例如,按照老年人的观点,到底该不该使用计算机和网络。[②]鉴于老年人技术恐惧水平较高,要解决技术恐惧问题就应该更多地关注老年人,给予他们更多的帮助。让老年人认识到技术的益处,帮助他们找到学习的乐趣,转变原来对技术的认识,给老年人开设一些相关的课程。有人就专门为增强老年终端用户使用计算机的信心,进行了切实的改善计算机使用环境的计划研究,研发了诸多有利于年纪大的人使用的软件和硬件设施。[③]在对土耳其网络用户技术压力的研究中,研究也表明技术压力会随年龄变化,30 岁以上的人的技术压力水平比 20 岁以下的人的技术压力水平要高,总体上各年龄段的人的技术压力水平都适中,但 20 岁以下的低,30 岁以上的高,并且技术压力水平有随年龄增长的趋势。[④]一般而言,那些有知识和经验的人比那些不知道怎样操作设备的人的焦虑要少。如果缺乏必要的知识和技能去操作技术,不能有效地利用一项特定的技术,那么就会导致技术恐惧水平的提高。儒伯的研究证明了这一点,他在早期的技术恐惧研究中就表达了老年人比青年人更焦虑的观点,他发现电脑经验、学业成绩、性别与计算机焦虑有关联,尤其是没有电脑经验的女性,计算机焦虑水平较高。[⑤]技术经验与技术恐惧的关系,从一定程度上能够揭示年龄与技术恐惧的关系。这是因为,一般老年人缺乏对新兴技术的经验,并且老

① 王刊良, 舒琴, 屠强. 2005. 我国企业员工的计算机技术压力研究. 管理评论, (7):44-51.
② Morris A, Goodman J, Brading H. 2007. Internet use and non-use: views of older users. Universal Access in the Information Society, 6(1): 43-57.
③ Criel J, Geerts M, Claeys L, et al. 2011. Empowering elderly end-users for ambient programming: the tangible way//Riekki J, Ylianttila M, Guo M. Advances in Grid and Pervasive Computing. Lecture Notes in Computer Science, Vol. 6646. Berlin: Springer: 94-104.
④ Çoklar A N, Sahin Y L. 2011. Technostress levels of social network users based on ICTs in Turkey. European Journal of Social Sciences, 23(2): 171-182.
⑤ Brosnan M J. 1998. Technophobia: The Psychological Impact of Information Technology. London and New York: Routledge: 18.

年人学习新技术的能力较弱、受教育的机会相对较少，因而从此种角度来看，年龄是会影响技术恐惧水平的。

但也有研究否认了这一点，例如，西韦特（M. Sievert）等认为，年龄、性别、教育都与计算机焦虑没有关系。[①]持这种观点的依据就是技术恐惧存在于各个年龄段，对英国、日本和中国香港地区的一项调查显示，在对5岁孩子进行的询问中，有一半的受访者在用电脑时显示出严重的害怕和厌恶迹象。还有研究以 ATM 的用户作为考察样本，ATM 的用户年龄分布较广，各年龄段都有，如表 3-2 所示，通过量表证明年龄与技术恐惧相关性不大。也就是说，年龄并不是影响技术恐惧的主要因素。

表 3-2 样本的年龄分布表[②]

国家	15～20 岁		21～30 岁		31～40 岁		41～50 岁		51～60 岁	
	人数/人	百分比/%	人数/人	百分比/%	人数/人	百分比/%	人数/人	百分比/%	人数/人	百分比/%
美国	—	—	82	90.1	8	8.8	1	1.1	—	—
英国	18	7.3	125	50.8	37	15.0	46	18.7	20	8.1
法国	2	1.2	88	52.1	51	30.2	22	13.0	6	3.6
西班牙	27	13.6	144	72.4	7	3.5	17	8.5	4	2.0
印度	—	—	49	48.5	26	25.7	19	18.8	7	6.9
墨西哥	17	8.8	105	54.4	35	18.1	27	14.0	9	4.7
奥地利	61	14.5	122	28.9	92	21.8	81	19.2	66	15.6
总计	125	8.8	715	50.3	256	18.0	213	14.9	112	7.9

注：各国各年龄段的人数百分比之和不等于 100%主要是由四舍五入造成。

从表 3-2 中可以看出，在各个不同国家选取的样本中，使用 ATM 的用户分布在各个年龄阶段，因此选取 ATM 用户作为技术恐惧研究的样本具有代表性，并能说明相关的问题。不仅如此，安德森（J. Anderson）、爱尔德（V. Elder）等还认为年龄对计算机焦虑有积极影响。戴克（J. Dyck）和史密瑟（J. Smither）在 1994 年对 30 岁以下的年轻人和 55 岁以上的老

① Brosnan M J. 1998. Technophobia: The Psychological Impact of Information Technology. London and New York: Routledge: 18.

② Sinkovics R R, Stöttinger B, Schlegelmilch B B, et al. 2002. Reluctance to use technology-related products: development of a technophobia scale. Thunderbird International Business Review, 44(4): 477-494.

年人做了对比研究证实，尽管年轻人有更多的计算机经验，但老年人针对计算机却焦虑程度较低并且态度积极。[①]正是因为老年人更期望精通计算机的心理导致了他们的计算机焦虑水平的降低，并积极主动去学习计算机。

尽管研究对年龄与技术恐惧的关系存在分歧，甚至结果迥异，但在技术恐惧的研究中，尤其是在实证研究中，仍然都涉及年龄因素。究其原因，主要有以下几点：首先，在各种关于年龄与技术恐惧关系的研究中，忽视了文化环境的影响。同是老年人，其所处的文化环境不同，可能对技术的态度和反应也有所差异，比如，城市与农村、发达国家和地区与落后国家和地区，老年人的技术恐惧水平也会不同。甚至不同的宗教信仰、文化传统、风俗习惯等，也会影响到不同年龄段的人的技术恐惧水平。比如，受中国传统文化影响较大的老年人，思想会相对保守，接受新事物的思想意识较为淡薄，技术恐惧相对较为严重。如果取样没有注意到文化的存在，显然就会影响结果的真实性。因此在以后的研究中应把年龄和文化因素结合考察，可能结果会更为客观。其次，即使年龄与技术恐惧的关系不太明显，仍不能排除年龄在技术恐惧研究中的重要作用。因为人在不同的年龄阶段，反映出来的个性和性格特点还是有很大区别的。中国传统文化中讲的"三十而立、四十不惑、五十知天命"等都是对不同年龄人的特征的准确概括，当下"80后""90后""00后"的称呼，更是富有年龄特征，也指出了年龄对人的认知、思维、行为习惯、处事方式、思想观念等的重要影响。显然，伴随着年龄的这些特征都会对技术研发、推广利用、市场维护、发展前景等产生重大影响，只有搞清楚这一点，才能对技术用户做到心中有数，使技术研发和生产运行具有针对性，不至于受技术恐惧的影响而使新技术搁浅。这正是有人研究如何在生命的各个阶段都学习技术，概括了从幼儿、少年、青少年到成年人各个阶段如何学习技术的原因所在。[②]因此，虽然各个年龄段都

① Brosnan M J. 1998. Technophobia: The Psychological Impact of Information Technology. London and New York: Routledge: 21.
② Petrina S, Feng F, Kim J. 2008. Researching cognition and technology: how we learn across the lifespan. International Journal Technology and Design Education, 18(4): 375-396.

存在着技术恐惧现象，在有的研究中甚至不分伯仲，但不同年龄段的人，其技术恐惧的影响因素和处理的策略是不同的，就这一点来看，仍有必要在技术恐惧的研究中关注年龄因素。最后，从技术恐惧的测量仪器和量表设计开发来看，引进年龄因素会使技术方法和操作更全面与完备。在技术恐惧的实证研究中，都用到了社会调查研究方法中的问卷、访谈和抽样等方法，不管其中哪种方法，都讲求样本的典型性、代表性和普遍性，以及问题设计的严格性和全面性，这是调查结果真实有效的基本保证。就这一点来看，技术恐惧的调查取样和量表的涉及条目都不能回避年龄因素。

二、技术恐惧中的性别因素

性别是人的又一重要生物学特征，从生物学上讲，任何人都分属于不同的性别，不同性别的人表现出来的个性特征又有所区别，这些区别也会对人的心理和行为、处事方式和态度、思想观念和认知产生不同的影响。因而，在社会学研究中，性别同样是不可忽视的一个变量。

在技术恐惧的研究中，人们很早就注意到了对性别这一变量的考察，大量的研究表明，女性的计算机焦虑水平要高于男性。例如，在对土耳其人技术压力的研究中就发现，男性的恐惧水平平均值是 3.06，而女性的恐惧水平平均值是 3.32（表 3-3）[1]，从表 3-3 中反映出来的信息看，所有被调查者如果不分性别的话，技术压力水平都属于中等情况，但通过性别对比，发现在技术压力或技术恐惧中确实存在着性别差异，并且女性的压力水平要明显高于男性。还有研究通过对网络使用的性别调查也发现，女性的计算机焦虑水平更高，并且女性在计算机使用方面的自我效能低，她们感到计算机的有利方面较少，缺少对计算机作用的积极认知，女性在计算机学习和相关工作方面的参与度低，并大多对计算机的态度不友好，不像社会传统那样认为计算机的作用十分强大，例如，计算机把人类带入信息时代、自动化时代，甚至是智能时代，计算机对人的发展如何如何重要，等等。该研究还揭示了计

---

[1] Çoklar A N, Sahin Y L. 2011. Technostress levels of social network users based on ICTs in Turkey. European Journal of Social Sciences, 23(2): 171-182.

算机自我效能、孤独和沮丧都不同程度地与性别差异有关系。[1]当然，也有研究证明性别与计算机焦虑的水平关系不大，即技术恐惧没有性别的差异。例如，安德森就认为男性和女性在计算机文化课程前后，焦虑水平都没有区别。[2]

表 3-3　技术恐惧的性别对比

性别	n 人数/人	x̄ 平均值	Sd 标准差	df 自由度	t 值	p 值
女性	132	3.32	0.71	285	3.036	0.003
男性	155	3.06	0.73	—	—	—

　　从总体上看，大多数的研究还是侧重于认为女性比男性的技术恐惧水平高。这可能基于女性和男性的生理结构、思维方式及认知能力方面的不同。技术哲学家芒福德曾把技术划分为女性技术和男性技术，并认为计算机是典型的男性技术之一，是典型的以权力和工作为中心的巨技术。比如，有研究发现，女性选择数学、科学和计算机科学课程的人数较少。[3]并且从事计算机职业和工作的女性所占比例也比较低，尽管计算机行业日益成为比较重要和收入比较高的职业。既然在文化和人们的认知方面存在着把女性排除在计算机技术及其职业之外的实情，那么女性也会自觉或不自觉地保持自己与计算机的距离，这正是女性技术恐惧的重要表现。"自 20世纪 80 年代中期以来，美国女性追求计算机信息科学学位的人数比例开始下降，在 1983 年和 2006 年之间，这一比例从 36%降到 21%；2008 年美国国家女性和信息技术中心报告中也指出获得计算机信息科学学士学位中只有 18%的女性；而且在参与计算机科学先修课程的考试者中，女生的比例还不到 15%。"[4]

　　这正如卡根（J. Kagan）所说的："所有孩子都需要获得一个与他们

① Jackson L A, Ervin K S, Gardner P D, et al. 2001. Gender and the internet: women communicating and men searching . Sex Roles: A Journal of Research, 44(5-6): 363-379.
② Brosnan M J. 1998. Technophobia: The Psychological Impact of Information Technology. London and New York: Routledge: 22.
③ Brosnan M J. 1998. Technophobia: The Psychological Impact of Information Technology. London and New York: Routledge: 22.
④ 敬少丽，姜辉. 2013. 美国"计算机和女生"课程计划与教育机会的发展——来自亚利桑那州的经验和启示. 外国中小学教育，(9):11-17.

的生物性别相匹配的自我标签。这种动机推动着性别化过程，主要通过识别同性别的父母亲（或父母亲代理人）来完成，此外，在这种识别过程中，父母或其他人的鼓励会帮助儿童采取相应的性别化的行为。"①比如，父母或老师经常鼓励男孩子做男子汉，就会使得男孩子更多地具有他们认为的男子汉的行为取向，男性的特点会在孩子身上得到强化。观察学习别人以及其他人的心理强化是儿童性别发展的必要因素。儿童性别的形成还与其所处的环境有着密切的关系，孩子经常看到的男性、女性是什么样子的，会对他自己的心理和行为产生影响，儿童就会观察模仿、学习相应的同性别甚至是不同性别的人的行为，这就是榜样的力量。"高度性别化的个人会主动地保持与他们的内在性别角色标准相一致的行为，并通过压制不合乎他们性别或不适合他们性别的任何行为来到达这一目的。"②正是这样的性别化过程和性别文化，使得人们对技术也打上了性别印记，比如，计算机就是男性技术或男性从事的职业，女性就会自觉地回避和排斥该项技术，当女性也不得不学习和从事该职业时，就会产生较大的技术压力和恐惧。

虽然我们谈论的性别特征属于生物学上的一个范畴，但是人的性别特征与社会文化是分不开的，就这一点来看，他与其他生物的生理结构所反映出来的性别特征有很大的不同。人的性别的形成，除了自然的生理差异推动外，还有一个社会文化的建构过程。当我们谈到男人、女人概念时，往往它的社会文化意义要大于它的生物学意义。在性别角色的形成过程中，社会文化因素起着重要的作用，社会文化是性别划分的重要标准和主要依据。从发生学的角度来看，儿童最初只是用文化上的定义来区分男女性别，而并非生物学的概念。比如，根据男女的穿着打扮、音容笑貌、行为举止等特点来判断男女性别，而非根据生理特征来区分。这种定义会潜移默化为自己的思想观念，并指导自己的行为取向。因此，男、女对事物的认识和理解很多是建立在文化基础之上的，而并非真正植根于生理和体格特征

① Brosnan M J. 1998. Technophobia: The Psychological Impact of Information Technology. London and New York: Routledge: 38.

② Brosnan M J. 1998. Technophobia: The Psychological Impact of Information Technology. London and New York: Routledge: 39.

的区分。这种文化上的性别定义，常常是男女观念形成的标杆，比如，在专业和职业的选择上，男性主要选择器械、机构，而女性则选择表达、公共生活等领域。正是这种固有的对性别的刻板印象，导致了在计算机领域女性不愿和不敢尝试，同时计算机领域也不欢迎女性。据统计，在美国 99% 的电脑是被男性买走的，电脑俱乐部几乎完全被男性占据。[1]从电脑和网络游戏、教育软件以及电脑广告等也可以看出它们设计的出发点也是为了男性。这些性别角色的信息说明，不论是男性还是女性，在他们眼里都把电脑及其行业看作是属于男性的。显然是社会心理、文化等因素把电脑、数学、物理、工程等科目看作是专属于男性的。这使得男性对电脑更具有信心和能力，而这种现象又加剧了女性学习电脑的心理负担，使其计算机恐惧或技术恐惧日益严重，形成了恶性循环。可见，社会心理、文化等方面的原因要大于生物学的原因。这是否意味着在现代技术社会，尤其是在信息技术领域，男女不平等的概念在向以信息技术为核心的新技术领域漂移。因此有人提出，在当前全球信息化和网络化的背景下，应该重新反思和审视男女平等，以及性别差异，重新定义男性和女性。[2]在当前的文化背景下，计算机仍被认为是男人或男孩子的事，这强化了以男性为中心的社会体系，尤其是在诸如信息技术的新技术体系中。然而女性并不一定被冠以阴柔的刻板印象，其也应该学习信息技术领域和网络游戏中男性的斗争、独立、霸气品质。如果形成这样一种文化氛围，可能会在一定程度上缓解女性的技术恐惧心理，或者颠覆人们心目中女性技术恐惧水平高的片面认识。另外，新技术的研发和设计忽视或者边缘化了女性用户，这也是女性用户抵制和反对新技术的原因。在以后的技术设计中应该考虑到这一问题所在。

还有研究表明，在计算机和网络技术中存在着性别偏向，即认为女性不适宜使用计算机和网络，男性在这方面会得到更好的发展。[3]而通过远程学习的实验调查发现，女性的成绩和通过的百分比要远高于男性。事实

---

[1] Brosnan M J. 1998. Technophobia: The Psychological Impact of Information Technology. London and New York: Routledge: 49.

[2] Barua A. 2012. Gendering the digital body: women and computers. AI & Society, 27(4): 465-477.

[3] Kimbrough D R. 1999. On-line "chat room" tutorials—an unusual gender bias in computer use. Journal of Science Education and Technology, 8(3): 227-234.

上，性别在信息技术领域的差异不在于是否使用计算机而在于怎么使用。男性在使用计算机时，感兴趣的是计算机的复杂性，把使用计算机当作一种挑战，以寻求刺激和成功的快感。而女性更侧重于使用计算机帮助自己完成工作或学习任务，或通过计算机找到更便捷的解决问题的方法。邓尼特（S. Dunnett）研究发现，女孩其实对电脑也有明显的兴趣，只是环境鼓励和帮助男孩子玩电脑。研究表明，这种状况导致了青少年男孩和女孩对待电脑的态度不同，男孩把电脑当成玩具，而女孩把电脑当成工具。[①]另一研究通过网络调查证实了这一点，研究发现，女性使用电子邮件的比例要高于男性，而男性上网娱乐的比例要高于女性。[②]男性喜欢在网上冲浪，因为他们认为网络是一种很好的休闲活动；而很多女性则认为网上冲浪是浪费时间，她们把网络当作解决问题的工具。

性别因素一直是技术哲学和科学技术与社会研究（STS）关注的一个重要内容，因此，技术恐惧的研究也离不开对性别因素的考量。性别文化以及人们对技术的性别定位会排斥特定技术领域的性别参与，技术发展史的研究表明，技术长期是把女性排除在外的。"一般来说，女性大多从事照顾性、服务性、边缘性、技术性低、无酬或低酬的工作，有较高的道德伦理价值和较低的社会价值。而男性多从事具有支配性、技术性、有酬或高酬的工作。如托儿所或幼稚园的保育人员、小学教师等服务业多为女性，通讯行业等技术性工作多为男性。较低等的教育工作中，女性居多，而具有研究性质的高等教育工作，男性居多。在美国，男性担任九成的卡车司机、汽车修理工、消防队员、飞机驾驶员和领航员，以及超过八成的医生、建筑师。因此，女性主义学者认为，技术是被建构出来合理化男女职业差异的一个权力要素。"[③]社会文化除了从性别角色的形成上影响人对技术的态度或影响技术恐惧水平外，还对男女性格特点和责任具有导向与暗示作用。这种导向和暗示也会导致与影响由性别差异引发的技术恐惧水平。尽管女权主义运动倡导男女平等、同工同酬，力争在各个

① Richardson H, French S. 2005. Opting out? Women and on-line learning. Computers and Society, 35(2): 2.
② Jackson L A, Ervin K S, Gardner P D, et al. 2001. Gender and the internet: women communicating and men searching. Sex Roles: A Journal of Research, 44(5-6): 363-379.
③ 祝平燕，夏玉珍. 2007. 性别社会学. 武汉：华中师范大学出版社: 145.

技术领域都为女性争取一席之地，这在一定程度上提高了女性参与技术活动的积极性，也在一定程度上缓解了女性的技术压力和技术恐惧情绪；但当前的诸多研究仍然显示女性的技术恐惧水平还是要高于男性。例如，女性主义技术社会研究的调查显示，"办公场所的女性（尤其是怀孕女性）长期暴露在视频显示终端操作环境中，一方面身体和安全受到了很大影响；另一方面工作压力和强度并没有因新技术的应用而得到改善，相反办公自动化和无纸化办公的出现给她们造成了更大的就业压力，并使得她们的工作进一步被碎片化、去技能化和被贬值"[①]。不仅在信息技术领域和工作场所女性有排斥技术革新的现象，在生活和消费领域也是如此。一项关于采用高科技产品的研究表明，女性对高科技产品不如男性乐观，她们对风险更敏感，表现出更高水平的风险厌恶。当考虑购买高科技产品时，他们比男性有更高的认知加工能力，刺激采用高科技产品的最大挑战是消费者在做出购买决定时感受到的风险。尽管营销人员倾向于假设在现代数字时代，男性和女性以同样的方式消费电子产品，但这项研究表明情况并非如此。[②]该研究表明，女性的技术恐惧水平仍然要高于男性。总之，性别依然是研究技术恐惧主体要素时必须要考量的一个变量，只有认识到性别引发的技术恐惧，才能在技术创新过程中有针对性地考虑性别差异，使设计理念更加符合不同的性别特征，也有利于缓解技术恐惧情绪。

第三节　技术恐惧主体的社会学特征

人的社会学特征是相对于生物学特征而言的，指与人的社会属性相关的一系列指标体系。按照马克思主义的观点，人的本质在其现实性上是社会关系的总和。社会性是人的根本属性，人总是处在一定的社会关系中，是多种社会关系的节点。在不同的社会关系中，人会表现出不同的性质和特点，这些与社会关系有关的性质和特点就是人的社会学特征。例如，在

---

① 章梅芳. 2014. 女性主义技术社会研究理论溯源. 东北大学学报(社会科学版), (3): 226-231.
② Kotzé T G, Anderson O, Summerfield K. 2016. Technophobia: gender differences in the adoption of high-technology consumer products. South African Journal of Business Management, 47(1): 21-28.

阶级社会中人具有阶级性，人在社会中会扮演不同的角色，从事不同的职业，分属于不同的行业，有不同的社会地位，分属于不同的社会阶层。诸如此类的社会学特征与技术恐惧亦有着紧密的关系，对技术恐惧的产生、水平、后果都有着重要影响，因此，在技术恐惧的研究中，主体的社会学特征也是不可忽视的重要因素。

一、职业与技术恐惧

职业对于主体来讲也叫工作，是人们在社会中通过一定的技能和手段获取一定的报酬作为生活来源的工作。职业一般分属于不同的行业，是主体获得的行业中的某个职位，或者说是行业与职位的结合。因为行业中的每一个职位都有其相应的职能和责任，因而也需要一定的知识和技能。与其相关，不同职业的技术手段和技术装备、要求的技术水平、技术形式和技术内容等也不相同，因而不同职业的人们对技术的认知、态度和反应也会有所差异，即技术恐惧也会表现出职业特点。拉·波特（La Porte）和麦特里（Metlay）曾指出：不同阶层的人被技术影响不同，并且对技术的态度两极分化趋势在加剧，并变成 20 世纪 80 年代的社会现实。[1]这正是职业与技术恐惧的渊源所在。所以，对技术恐惧的研究也势必会涉及主体的职业。如前所述，西方研究中把技术恐惧的主体叫作用户，也说明了技术恐惧的发生与主体的技术使用背景有着密切的关联。工作所固有的特征也被认同为技术压力的来源之一。[2]技术恐惧与职业的内在关联性常常以职业技术压力、职业焦虑和职业恐慌的形式表现出来。

因为西方现代技术恐惧的研究源于计算机恐惧，因此，对技术恐惧主体职业特征的研究也首先锚定了与计算机和信息技术关系比较密切的职业，或基于计算机、信息技术的革新而产生技术恐惧的职业。例如，在当前技术恐惧的研究中有对医生、护士、教师、图书馆管理员、学生等的专门研究。事实上，当前的技术恐惧现象并不局限于计算机及其应用的狭窄

① Frideres J S, Goldenberg S, Disanto J, et al. 1983. Technophobia: incidence and potential causal factors. Social Indicators Research, 13(4): 381-393.

② Koo C, Wati Y. 2011. What factors do really influence the level of technostress in organizations? An empirical study. New Challenges for Intelligent Information and Database Systems, 14(11): 339-348.

背景下，随着高新技术在各个领域的不断突破和应用，很多与高新技术有
关的职业员工面对技术革新带来的挑战，如果不能正确处理好与新技术使
用的关系，也常常会遭遇技术恐惧。之所以研究技术恐惧时会考虑职业因
素，是因为不同的职业会面对不同的新技术，或面对同一技术会产生富有
职业特点的不同的技术恐惧效果。因此只有区别对待不同职业，才能对技
术恐惧产生的具体原因和表现出的特点有清晰的认识，并正确地选择应对
策略。对技术恐惧的职业研究，比较多地集中在企业，包括企业的管理者
和组织员工。在英国，很多专家认为，技术恐惧已经对公司产生了阻碍效
果。一些高级管理人员担心技术会破坏他们的权威和摆脱他们的控制。[1]在
传统管理模式下，一些具有电脑专业知识的人往往被任命为地位不高的秘
书或办事员，在现代电子管理的推行下，这些人就威胁到了原有企业高级
管理人员的地位。因而这些企业高管会对新技术的推广百般阻挠，长此以
往就会影响企业的发展。对于企业员工来讲，由于信息技术的复杂性，员
工接受起来也存在阻力，加上员工之间的竞争，会给员工带来巨大的心理
负担，这就是企业员工的技术恐惧。这表明，对那些不断改变技术或经历
技术变革的公司来说，技术恐惧可能是一个令人望而生畏的障碍。新技术
的使用给员工带来了很大的压力，并可能导致糟糕的表现。[2]公司不断在
工作环境中引入新技术，以保持竞争优势并继续经营。但是如果员工选择
不采用新技术，那么新技术就无法改善组织（企业）。[3]因此，企业不仅
要重视技术革新，更要重视对员工技术恐惧情绪的了解和掌握，采取合理
的调节措施，这样才能使技术革新取得好的效果。

技术恐惧也普遍存在于教师行业中[4]，有证据表明，很多国家的教师
在使用计算机时没有信心。在美国有 1/3～2/3 的教师因为对电脑缺乏信心

① Bird J. 1991. Overcoming Technofear. London: Management Today: 86-87.
② Show-Hui H, Wen-Kai H. 2010. The acceptance of workplace users for a new IT with mandatory use. Asia Pacific Management Review, 15(4): 549-565.
③ Khasawneh O Y. 2018. Technophobia without boarders: the influence of technophobia and emotional intelligence on technology acceptance and the moderating influence of organizational climate. Computers in Human Behavior, 88(11): 210-218.
④ Lloyd M, Albion P. 2009. Altered geometry: a new angle on teacher technophobia. Journal of Technology and Teacher Education, 17(1): 65-84.

和害怕电脑而不使用电脑。[①]而教师产生技术恐惧主要根源于信息技术的推广利用，信息技术在教育领域中的推广和运用会对传统的教师观念产生冲击。"技术恐惧产生的深层次原因在于，现代技术以信息化的方式构成了人类活动的界面，迫使人类从亿万年来习以为常的自然生存模式跃迁至技术生存模式。这种文化模式的急剧变迁，在教师群体中，体现得最为明显的就是教学技术恐惧。"[②]现代信息技术的发展和在教育系统中的推广使用，不断改变传统的教育教学模式，从计算机多媒体授课到网络在线课程；从慕课、学习通、课程公众号到教育交互平台等移动终端教学手段的推广利用，现代信息技术带来的教育教学手段和方法的改变使教师感到应接不暇，尽管教师大多对现代教育技术手段持积极态度，但技术发展带来的压力及焦虑情绪也会使部分教师在心理和行为上排斥与回避使用新技术手段。教学内容与教学形式之间的冲突和矛盾是现代教师技术恐惧的一个重要原因。在现代科技社会，知识的更新速度不断加快，这使得在教学内容方面教师要不断地学习和更新，此外又要去学习先进的教育技术手段，这就更增大了教师的学习和工作压力，如果教师不能正确处理好教学内容与形式、人与技术的关系，就必然产生技术恐惧。此外，技术手段的复杂性和风险性也会提升教师的技术恐惧水平，有的教师害怕自己在操作过程中出现错误，引来学生对自己教学方法和知识的怀疑；有的教师对技术本身存在担心，认为计算机系统万一崩溃或数据丢失，自己准备好的电子教学材料就没法辅助教学，会直接影响课堂教学的顺利进行。教师的技术恐惧还反映在，信息技术和网络的发达，改变了传统的学习方式，使得学生学习的途径增多，从而使得在课堂教学中，学生问题的不确定性增加，使教师驾驭课堂比较困难。例如，有研究认为教师把现代信息技术应用于课堂实践的挑战有：改变教师之前的教学观念和方法，应对学习者具有更大的灵活性和自治权；平衡学习者对独立学习的渴望与教师指导数量之间的关系；设计适当的课程和教学实践来提高教师的能力。[③]

① Russell G, Bradley G. 1997. Teachers' computer anxiety: implications for professional development. Education and Information technologies, 2(1): 17-30.
② 覃泽宇. 2017. 教学技术恐惧的内涵、生成与化解. 中国教育学刊, (8): 78-81.
③ Fleischer H. 2012. What is our current understanding of one-to-one computer projects: a systematic narrative research review. Educational Research Review, 7(2):107-122.

　　不仅教师，教育系统中的学生也存在着普遍的技术恐惧现象，它分布于各个层次受教育的学生中。研究表明，技术恐惧可能影响数以百万计的学生。[①]今天的教室与以往很大的不同大概就在于配备了信息技术系统，使用计算机辅助教学和辅助学习成为现代教育的标志性特征。不仅如此，有研究认为，当今教育技术对于成绩的获得至关重要，已不只是辅助教学手段。智慧教室、智慧课堂、交互式移动学习平台等也使学生的学习和竞争压力增大，再加上各种对技术的负面宣传，导致部分学生也存在技术恐惧情绪。学生的技术恐惧一方面来源于教师的教育暗示，另一方面，缺乏有效的培训、信息技术的复杂性以及相关的负面宣传等也是导致学生技术恐惧的原因。学生的技术恐惧表现在不喜欢了解和使用计算机技术，抵制与拒绝选择在线课程、移动交互学习平台，对计算机的复杂命令和各种移动终端的操作程序感到压力和焦虑，等等。

　　现代信息技术和人工智能的发展也给图书馆行业带来了巨大的冲击，使图书馆行业也普遍存在着技术恐惧现象。电子借阅系统、自动检索系统、网络搜索引擎及社会各种信息服务机构的产生，对传统图书馆的社会地位、发展前景，对图书馆人员的工作条件和工作环境、个人的业务水平等都带来了巨大挑战。20 世纪 90 年代就有研究对肯塔基州和佛罗里达州的一些图书馆进行调查发现，在图书馆管理员中存在技术压力。[②]图书馆管理员认为采取新技术，与其说提高效率、减少时间，还不如说增加了时间。他们要用更多的时间学习和培训，以及适应软件、硬件、自动系统等。此后，图书馆行业一直是技术恐惧研究关注的重要领域，计算机恐惧、图书馆焦虑、职业压力等概念不断出现在图书馆行业的研究中。当前也有研究表明图书馆行业存在技术恐惧情绪，"技术焦虑的图书馆维度和个人维度对移动图书馆服务质量具有反向作用，技术焦虑对移动图书馆服务质量具有反向作用，且影响显著"[③]。图书馆界一直在追随技术的进步，探求未来的发展道路，然而面对越来越多的电子设备、越来越难以做出选择的各种信息源、越来

[①] Brosnan M J. 1998. Technophobia: The Psychological Impact of Information Technology. London and New York: Routledge: 123.

[②] Hickey K D. 1992. Technostress in libraries and media centers: case studies and coping strategies. Tech Trends: Linking Research and Practice to Improving Learning, 37(2): 17-20.

[③] 施国洪, 孙叶. 2017. 技术焦虑对移动图书馆服务质量的影响研究. 图书情报工作, (6): 37-45.

越复杂的各种技术，如云计算、智慧图书馆、大数据图书馆等，新技术、新概念层出不穷，更新周期也越来越短，在对图书馆未来发展的预期中，图书馆管理员常陷入纸上谈兵、有心无力的窘境之中。随着自助借还系统、座位管理系统等电子系统的采用，以及采编业务外包、馆务外包等的实施，传统图书馆管理员所具备的技能在现代图书馆中日益苍白无力。能否适应未来发展成为一个巨大的问题横亘在每一个图书馆管理员的内心，成为职业焦虑的重要因素。[①]图书馆管理员具有技术恐惧的原因首先是自动化的实行，新技术的采用改变了原来的工作方式，与业已养成的旧常规之间产生了矛盾。因为图书馆工作是一种古老的工作，人们已经习惯了原来的工作方式，旧有的封闭的系统被打乱常常会带来焦虑和烦躁情绪。其次是使用多变的技术导致的压力。技术压力不仅仅是由对计算机的无知导致的，还包括已经适应了的软件、硬件更换频率过高，还有就是失去了传统的信息资源。最后是移动互联网和智能技术的发展给传统的图书馆地位和业务带来重大冲击，使传统图书馆面临生存压力，其工作人员面临就业压力。例如，图书馆馆藏从纸质资源向复合资源转变，技术方法从图书馆主导向数据商、系统商主导转变，用户从在馆向在线转变，图书馆从信息资源的所有者沦陷为信息资源的使用者，等等。

智能医疗信息系统的推广使用也给缺乏计算机与信息技术的医疗卫生行业的工作人员带来了一定的技术压力，使其回避、排斥和拖延对该系统的使用。对医院工作人员的调查问卷显示，67%的健康专业人士对使用现代医疗设备感到没有信心，65%的表示在这之前从没有得到过针对任何现代医疗设备或者与健康有关的指导。因而增加和开设更多的包含计算机、信息技术、人工智能教育的课程、身体健康保健的课程或延年益寿的学习项目等是非常有必要的。这样能使得卫生保健行业接近计算机和网络，充分发挥智能医疗信息系统的优势，克服技术恐惧和计算机焦虑。

还有专门针对采矿工人和采矿业的技术恐惧进行的研究。一般认为，采取自动化电子勘探和采矿技术肯定会提高生产效率，但事实并非总是如此，有些场合并没有出现人们预期的效果。究其原因正是因为在采矿工人

---

① 钱素芳. 2016. 图书馆员职业焦虑分析及自我调适途径探究. 图书情报导刊, (8): 37-41.

中普遍存在着技术恐惧症，"一部分原因是缺乏计算机教育，加上我们大家对新技术都有着不同程度的潜藏恐惧心理。这种科技恐惧症简单地说就是对未知事物的惧怕。结果，大家仍然都倾向于延续采用各种手工操作的数据收集、分析和表示方法，而不顾及这样一个事实，即：计算机技术已经为我们提供了完成这些任务的快速高效途径"[1]。当然，对未知事物产生的技术恐惧，相对来说克服起来也较为容易，正确认识到它的存在，并通过教育学习、通过实际的生产效率可以弱化和克服这种技术恐惧症。

　　从以上对不同职业、行业的技术恐惧考察，我们可以发现职业与技术恐惧有着关联性，并且技术恐惧会反映出职业特点。由职业引发的技术恐惧的特点可以概括为以下几个方面：第一，技术恐惧的根源在于工作环境的改变。无论是职员、教师还是医务工作者等，都是引进了新的技术体系，使自己的工作环境发生了变化，从而导致心理和身体的不适应。第二，与此相关，技术恐惧的主体主要是现实的用户，是为了工作任务不得不采用新技术的用户。"使用计算机的管理者和办事员遭受的技术压力比任何其他职业的群体要大得多。"[2]第三，技术恐惧的不可避免性。技术恐惧是与职业相关的，职业又是个人维持生计的工作，一定的职业会对拒绝技术者关闭大门[3]，因此，恐惧主体面对新技术时，常常是无法选择的，只能接受，而这又与内心的排斥和抵制情绪相矛盾。因而职业性技术恐惧工作者只能调节自己，而不能改变技术环境。第四，与职业相联系的技术恐惧一般表现在一些古老或传统职业的现代化和信息化过程中。比如，上面提到的教师对计算机辅助教学、网络与移动教育教学模式的焦虑，学生对计算机课程以及移动学习方式的压力，医生对新的技术设备的怀疑，图书馆管理员对旧的资源获取方式的依赖，矿山工人对电子开采和自动检测系统的不信任，等等。第五，与职业相联系的产生技术恐惧的原因常常是技术变化过快，导致员工应接不暇，负担过重、身心疲惫等，较少地表现在技

---

① C. J. 弗里曼, D. M. 威奇. 1995. 克服科技恐惧症：计算机化与生产效率——阿拉斯加某工程实例分析. 袁文彬译. 电子计算机, (9): 61-65.

② Brosnan M J. 1998. Technophobia: The Psychological Impact of Information Technology. London and New York: Routledge: 136.

③ Frideres J S, Goldenberg S, Disanto J, et al. 1983. Technophobia: incidence and potential causal factors. Social Indicators Research, 13(4): 381-393.

术的社会危害性和危险性上。各种职业员工的技术恐惧都会影响新技术在该领域的推广和使用，长此以往会影响该职业的工作效率，不利于企业或组织的发展，应该引起有关单位的重视。与职业相关的技术恐惧就像职业病一样，充满着职业特点，这就决定了其解决方式和处理策略就要根据职业的不同对症下药，而不能千篇一律。

二、社会角色与技术恐惧

处在一定的社会关系中的人们，又总是扮演着不同的角色。角色是社会学和心理学常用的一个概念。在社会学上，角色是指与社会地位相一致的社会限度的特征和期望的集合体。角色是一个抽象的概念，不是具体的个人，它在本质上反映的是一定的社会关系，但要由特定的个人来充当。角色与现实的职业和职位并不冲突，而是对职业、职位的又一种描述。角色与技术恐惧也有着关联性，特定的角色在完成该角色的任务过程中，会面对不同的技术或者说会有不同的技术要求，角色带给个人的任务会与该角色的技术要求形成冲突和矛盾，会使角色的充当者生发技术压力。

在现代信息社会，随着技术的日新月异和生活节奏的加快，竞争日趋激烈，这些变化要求技术时代的人们要能够充当更多的角色，并且要应对角色的不断变化。这就形成了现代社会的角色压力，其主要来源于三个方面，即角色冲突、角色超载和角色模糊。[①]这种角色压力与现代技术尤其是信息技术的发展密不可分，并且与技术恐惧相互作用、互动共生。如果处理不当，会形成恶性循环，影响人与社会的健康发展。舒琴等的研究证实计算机压力可以加剧角色冲突和角色超载。[②]

随着技术革新的飞速发展，许多人感到落伍或被技术革新的浪潮吞没了，从而失去了共同体的感觉；许多人感到自动化的威胁，对技术失控的害怕在大众媒体和文化中并不是一个陌生的主题。现代高新技术的发展和快捷的生活与工作方式，打破了原有的角色定位，人们不仅要充当多种角

① Kahn R L, Wolfe D M, Quinn R P, et al. 1965. Organizational stress: studies in role conflict and ambiguity. American Sociological Review, (10): 1.
② 舒琴, 王刊良, 屠强. 2010. 计算机技术压力影响角色压力的实证研究——基于组织支持理论视角. 情报杂志, (4): 62-67.

色，还要适应角色的变化。教师尤其是非信息技术专业的教师，除了学习和教授专业的知识，还要接受信息技术的培训，电子教案、多媒体教学、网络课程、移动教学等一系列的新名词、新任务都要接受，既充当学生又充当老师的角色。医生除掌握专业技能外，还要接受电子挂号、处方、智能医疗信息系统以及一些新的仪器设备的挑战。新生产线、新仪器设备、新业务流程、新客户关系等使得企业员工的角色更加复杂多变。公职人员有时要扮演秘书、司机、网管、领导等多种角色，相应地也要接受多种技术、技能的考验，这令其难释重负。除此之外，再加上个人本来的一些社会关系中的角色，比如父亲、儿子、爱人等，这些使得现代人的角色混杂，人们不堪忍受。这种角色的多样性，实际上就是个体接受任务的复杂性，既表现在单项任务的技术复杂、任务艰巨，又表现在任务的种类繁多和形式多样，这些都已经被证实会加重技术恐惧的程度。在这样一种背景下，如果再面对新技术的挑战，再接触复杂难懂的新技术，再了解到新技术的风险性和危害性，技术恐惧自会应运而生或加剧。同时，生发和加剧的技术恐惧又会使得角色压力增大，人们难以忍受。角色和任务越多，人们越不想接受和学习新技术，更不要说具有一定风险的新技术。不学习和接受新技术又会导致角色的不能胜任，这就形成了角色与技术恐惧之间的负向关系。同时，这种角色压力带来的技术恐惧还会诱发次生技术恐惧。比如，由于对新技术无知会产生技术恐惧，所以要解决这一问题，就要针对特定的角色培训新技术，而这种培训会赋予技术恐惧者更多的角色，使其形成角色压力，并导致其进一步的技术恐惧。

从总的历史趋势看，角色压力与技术恐惧的联姻是技术发展必然要经历的一个阶段，也是特定社会发展阶段的一种正常现象。这里说的正常是从出现的必然性而言的，并不是说是一种正面的、良性的互动关系。这种当下角色与技术恐惧非良性的互动关系，随着社会的发展和合理的策略的出台，以及社会保障体系和技术的完善、人性化会得到缓解。例如，改善组织环境状况，合理分配员工角色，使员工角色能够互补，如智能型角色与体力型角色的结合、室内和户外角色的结合等，并在角色转换中缓解员工的紧张情绪。提升员工的技术能力和水平，增加员工的角色认同感和信心，使员工为了想得到相应的角色而积极主动地去学习和掌握技术，并在掌握技术的同时找到角色的乐趣，这样就能在一定程度上实现角色与技术恐惧的良性互动。

三、受教育状况和经验与技术恐惧

一般认为，技术恐惧与受教育状况和经验有着相反的关系，即受教育程度越高，越是具有相关的技术经验，技术恐惧的水平越低，或者说技术恐惧者所占的比例越小。很多的研究也证实了这一点，那些有知识和经验的人比那些不知道怎样操作设备的人的焦虑要少。例如，布鲁姆（Bloom）就认为，从个人的角度看，缺乏计算机能力和经验是导致与计算机有关的技术压力的主要原因。[①]另外在对教师、图书馆管理员、企业员工等的技术恐惧的研究中也都证实了这一点。比如，在对技术恐惧与教育的研究中就指明了，具有技术恐惧的教师在没有有效的训练和适当的支持的情况下，要么选择回避计算机以避免技术恐惧，要么选择忍受着技术恐惧继续教授和面对计算机。[②]总的来说，教师对在教室使用计算机的能力缺乏信心与他们的训练和职业发展相关，至少有部分关联。[③]因此，持此种观点的人主张要改变技术恐惧状况，就要增加开设相应的计算机课程，增加技术培训，使之了解更多的相关知识。采取有效的手段鼓励技术恐惧者去接近计算机和网络。瓦基克曼（Wajcman）和柯卡普（Kirkup）认为，当计算机进入家庭时，它首先瞄准的是家庭中的男性爱好者。[④]并且今天的研究仍显示，在家庭中，男孩比女孩更喜欢接近计算机，并且在计算机方面家长侧重于帮助男孩。这种情况导致的结果是女孩在计算机方面更缺少实际动手经验，尽管她们在学校也接触到计算机，而男孩从很小在家里就有了电脑经验。这种男孩和女孩在电脑方面经验的差别，造就了技术恐惧的性别差异。还有研究发现，拥有诸如录像机、CD 机等技术产品的用户，比没

---

① Koo C, Wati Y. 2011. What factors do really influence the level of technostress in organizations? An empirical study. New Challenges for Intelligent Information and Database Systems, 14(11): 339-348.

② Brosnan M J. 1998. Technophobia: The Psychological Impact of Information Technology. London and New York: Routledge: 135.

③ Russell G, Bradley G. 1997. Teachers' computer anxiety: implications for professional development. Education and Information technologies, 2(1): 17-30.

④ Richardson H, French S. 2005. Opting out? Women and on-line learning. Computers and Society, 35(2): 2.

有这些产品的用户，技术恐惧程度低，这也说明了技术经验在技术恐惧中起了一定的缓解作用。在对学生、个体经营者或工匠和其他人员包括农民、退休人员、家庭主妇等的调查研究中发现，学生的技术恐惧水平明显低于其他人，这可能是因为接受教育程度的缘故。研究还发现，个人的计算机文化水平高，遭受的技术压力水平就低；个人的计算机文化水平低，则遭受的技术压力水平就高。这说明了教育与经验对技术压力的作用。

人们常说，世界上最可怕的不是你的敌人，而是对未知生物的恐惧。从心理学来看，恐惧常常表现为人们对未知事物所产生的反应，要克服这种恐惧就要去探索新事物、认识新事物、熟悉新事物、具备与新事物相关的知识。具体到技术恐惧，人们排斥、抵制、害怕新技术也常常是由于人们对新技术无知，缺乏相关的技能和经验。因此，新技术的应用和推广需要一个过程，这个过程就是人们认识、理解和掌握该项技术的过程，也是一个技术教育和宣传过程。一旦人们熟悉了新技术的优越性，人们对新技术的恐惧就会减少甚至消失。例如，法国核电厂定期向公众开放，为公众普及核技术知识，就大大降低了人们的核技术恐惧水平。

科学技术的推广应用既需要相应的知识和技能，也伴随着文化价值观的转变，从社会层面来讲，越是技术落后的社会越是抵制新技术的引进、推广和使用，即社会技术恐惧水平越高；从个体层面而言，科学技术知识和经验的缺乏则成为其抵制和排斥新技术的重要原因。无论是从社会层面还是个体层面，科学技术方面的教育和宣传，技术使用方面的能力培训、科技文化价值观的树立等是有效应对技术恐惧的重要途径。

在受教育状况和经验与技术恐惧的关系上也有人持相反的观点，认为技术恐惧与受教育状况和经验没有必然的联系。例如，在对学院人员和非学院人员的一项调查研究中发现，二者技术压力的水平都属于中等，没有太大区别。[1]有人甚至认为经验会加重技术使用者的心理负担，从而加剧技术恐惧。比如，就数学恐惧症来说，其就是特定的社会经历的结果。一些个人开始并不愿意或勉强接受了技术革新，这样就可能创造了一个特定

① Aida R, Azlina A B, Balqis M. 2007. Techno stress: a study among academic and non academic staff//Dainoff M J. Ergonomics and Health Aspects of Work with Computers. Lecture Notes in Computer Science. Vol.4566. Berlin: Springer: 118-124.

的技术社会，而恰恰是在这种技术社会中，显示了个人相对于技术的无能为力，这种经历会导致形成和加剧技术恐惧。经验在一定程度上能缓解紧张的情绪，使人对于技术感到熟悉，并可以为人们以后的操作和使用提供借鉴。但是经验有时又会因为我们了解了技术的难度和面对的风险而加重心理负担，比如，我们常说"初生牛犊不怕虎"，就是因为初生牛犊对虎没有经验，还不知道它的厉害，所以敢想敢干。就这一点而言，我们很难说经验到底是能缓解技术恐惧还是会加重技术恐惧。如果说受教育状况和经验水平与技术恐惧水平成反比的话，那么受过高等教育的大学生应该不会再有技术恐惧或者技术恐惧水平会维持在一个很低的比例和水平上。但是一些研究还是发现，在大学生中也存在着较多的技术恐惧现象。艾哈迈德（Ahmad）等专门针对高校学生做了一项关于技术恐惧的调查研究，他选取的样本非常广泛，有洗衣机、冰箱、手机、微波炉、ATM、CD 机等技术产品用户，也有高校图书馆的电子图书系统和网络信息系统用户，还有程序如 word 程序、电子表格、数据库等的使用者。研究结果显示，有 52.1%的被调查者认为用计算机处理日常工作是件高兴的事，但也有 20%的被调查者对计算机持消极态度，有技术恐惧倾向。[①]罗森和韦尔则直接把缺乏经验导致的压力排除在技术恐惧的范围之外，他们认为：技术恐惧不适用于人们由于对计算机缺乏信息（知识）和经验而感到的不适与压力。因为这种不足可以通过额外的训练得以纠正，并且因而不会构成心理问题。[②]

尽管受教育状况和经验对技术恐惧的作用，在研究中出现了不同甚至相反的结果，但从总体上看，多数的研究还是选择了二者之间存在着相关性，并且教育和经验有助于降低技术恐惧的水平。当然，教育和经验要想收到降低技术恐惧水平的效果，还要讲究方式方法。大量的研究发现，接受技术革新程度不但因接受者的个性而不同，而且与怎样传递给潜在的接受者技术革新的信息有关。[③]抵制技术、对技术担心和焦虑、不愿接受新

① Ahmad J I. 2011. Technophobia phenomenon in higher educational institution: a case study. Penang Malaysia: 2011 IEEE Colloquium on Science and Engineering (CHUSER): 111-116.
② Sinkovics R R, Stöttinger B, Schlegelmilch B B, et al. 2002. Reluctance to use technology-related products: development of a technophobia scale. Thunderbird International Business Review, 44(4): 477-494.
③ Frideres J S, Goldenberg S, Disanto J, et al. 1983. Technophobia: incidence and potential causal factors. Social Indicators Research, 13(4): 381-393.

技术，以及要怎样使这种技术恐惧者愿意接受新技术，即排除或减少他的技术恐惧情绪，这不仅取决于接受者的个性特征，而且与我们的教育和培训方式方法有着很大的关系。首先，教育者本人应该端正态度，不能对受教育者的技术水平和技能有任何歧视，并且不能传播和放大技术恐惧。其次，要循序渐进，根据受教育者的接受能力选择适当的进度，消除受教育者的畏难和担心情绪。再次，对新技术的作用和结果给予实事求是的评价，在此基础上尽量使受教育者认识到技术的有用性和有益性。最后，根据受教育者的具体情况，给予必要的帮助和进行必要的沟通，帮助受教育者提高技术能力的同时，使其树立信心。这样，受教育者掌握了技术知识，提高了技能和信心，在以后使用和面对新技术的过程中，就不至于感到压力太大，这有利于消除和缓解技术恐惧状况。

第四节　技术恐惧主体的文化特征

任何人都生活在一定的文化中，文化之于人好比人呼吸的空气，人们每天都与之发生关系而又觉察不到。从衣食住行到价值观念无不具有文化特质，人就是文化的产物。因此，文化研究越来越受到人们的重视，诸多的社会现象和问题都可以找到其文化根源。技术恐惧也不例外，在不同的文化背景下，技术恐惧的原因、表现、效应以及应对策略也是不同的。同理，主体所代表和体现出来的不同文化样态与形式，也会对技术恐惧产生不同的影响。在技术恐惧的研究中，主体的文化特征就成为一个不可忽视的重要内容，并且越来越受到技术恐惧研究者的关注。因为文化具有非常宽泛的内涵和外延，若从广义上来看，文化分为精神、制度和器物三个层面。主体的各种特征都可以冠以文化的称谓，或都是文化的产物。在此，为了与主体的其他特征相区别，笔者只是选取几种研究关注比较多、较为典型的狭义上主要侧重于精神层面的文化特征，如主体的民族性、宗教信仰、风俗习惯、文化传统等。且此处考察的是主体的文化特征，而非社会文化背景。

一、技术恐惧的民族性

民族是一个历史的范畴，有其形成、发展和消亡的历史过程。关于民族的概念，国外的认识分歧比较大，而按照马克思主义的观点，民族是人们在历史上形成的一个有共同语言、共同地域、共同经济生活以及表现在共同文化上的共同心理素质的稳定的共同体。民族和种族又有着天然的联系，一般而言，民族隶属于一定的种族，但随着社会的发展和民族之间的融合，这种关系也在发生着改变。种族又称人种，是在体质形态上具有某些共同遗传特征的人群。对于民族和种族的研究，学界分歧较大，并没有形成统一的认识。这主要是因为，现代科技的发展加强了全球范围内各民族、各地区之间的联系和交流，使得民族和种族的界限日趋模糊。民族和种族的形成需要有一个文化与社会的认同，所存在的国家和民族利益冲突，使得这种认同关系到利益格局的划分，变得复杂而艰难。因此，有研究认为，与其说民族的划分是一项科学性事业，不如说民族和种族是社会发展与建构的过程。也就是说，民族的划分，如果说开始还有一定的科学依据和标准的话，那么后来就成了各种利益角逐、社会建构的结果。

但不管怎么样，民族和种族作为在历史上形成的一种文化现象，总的来说应该有其文化上的独立性和特质。这反映在其不同的生活和思维方式、不同的文化习俗、不同的性格特点、不同的语言、不同的体貌特征等上。这些民族特质都是从远古的部落，经生活在共同地域的人们之间相互学习、交流和融合，在长期的历史发展过程中形成的。民族的这些特征反映在技术领域，就形成了使用的技术手段、工具，解决问题的方式，生产、生活的技术条件，技术发展水平，以及对技术的认知和态度等方面的不同。"比如，世界各地的建筑技术鲜明地表现出不同民族的文化差异：欧洲的哥特式教堂，蒙古等游牧民族的蒙古包，我国黄土高原上的窑洞和平原地带的飞檐大屋顶式建筑等等，都是有着明显的民族特色的建筑技术。"[①]再如，有的民族爱骑马狩猎，有的民族好打捞捕鱼，有的民族善耕作种植，与此相关的技术就会比较受欢迎和发展较快。这些不同当然也会反映在技术恐惧

---

① 陈凡，朱春艳，胡振亚. 2006. 论技术、时间、文化的全球性与地方民族性. 东北大学学报(社会科学版)，(3): 157-160.

上，比如中西方对于中医和西医的认识，中医讲究总体协调、阴阳平衡，但界限模糊和不严格，针对性较差；西医讲究病理和因果联系，注重精准性、精确性和针对性，擅长手术技能，效果直接而明显。对于不同的民族而言，就存在对中医和西医的接受与恐惧问题。不同民族之间可以进行技术交流，"关键在于一项发明——无论是外来的还是本民族的——必须对一个'民族的现状'来说不仅是可接受的，而且是必需的，即已成为勒鲁瓦-古兰所说的逻辑秩序"①。也就是说，一个民族即使引入外来技术，也会考虑本民族的特点和需要，这也显现了技术民族性特点和发展路径。勒鲁瓦-古兰还将各民族的技术状态由低级到高级分为五类：极简陋、简陋、半简陋、半工业化和工业化。严格来说，任何社会个体都应该隶属于不同的民族和种族，民族特质也必然在作为技术恐惧主体的个体身上积淀和反映出来，并影响技术恐惧水平。

尽管在技术恐惧方面真正做跨民族的研究，尤其是实证研究并不多见，对于民族的影响也只是稍加提及，并没有做全面的展开，但是很多的研究都已经注意到了在考察技术恐惧的影响因素和解决策略时，应该考虑主体的民族因素的影响，或者在以后的研究尤其是实证研究中要多做跨民族、跨文化的研究，这样可能对技术恐惧的考察才更全面，得到的数据和结果才更具有代表性。对于种族的研究则更为少见，有的研究也只是触及种族这个概念，或把它作为未来技术恐惧研究的内容之一。比如，有研究就指出，未来的技术恐惧研究方向应该扩大到种族、职业、年龄等方面。②这可能与民族或种族的复杂性以及发展的不均衡性有关，考察起来就比较困难。比如，有的民族技术发展水平比较高，高新技术的使用较为普遍，而有的民族发展比较落后，在南美洲和非洲的一些土著居民甚至还处在刀耕火种的时代，这样要考察对高新技术的态度当然就不具有可比性。而民族的技术发展水平越高，民族的开放性和趋同性就越强，这样的民族界限就越模糊，或者说民族特质表现得就不那么充分，因而把民族作为一个考察变量就比较困难和代表性不强。因此，在考察技术恐惧的民族性时，应该

---

① 贝尔纳·斯蒂格勒. 2000. 技术与时间：爱比米修斯的过失. 裴程译. 南京：译林出版社：61.
② Korukonda A R. 2005. Personality, individual characteristics, and predisposition to technophobia: some answers, questions, and points to ponder about. Information Sciences, 170(2): 309-328.

选择技术水平相当、新技术的利用程度高和较为普遍、民族的特色又比较浓厚的民族作为样本。并且技术恐惧的民族性主要是对民族进行文化学的考察，即从文化的角度考察民族性与技术恐惧之间的关系。

二、宗教信仰与技术恐惧

宗教是长期伴随人类发展的一种文化现象，其渊源可以追溯到原始社会，其间经历了从原始宗教到现代宗教的转化。宗教教义、教规、仪式和信徒越来越完善与稳固。对于宗教的认识也存在着较大的争议，有人认为它是歪曲的世界观；有人认为它也是认识世界的一种方式，是对世界的一种解释策略。但不管怎么样，宗教作为一种意识形态，与技术解决人的物质需要和作用于人的身体不同，主要作用于人的精神，解决的是人的思想和观念问题。据粗略估计，目前全世界基督教徒大约有 23 亿，将近占到世界人口的 1/3；伊斯兰教徒大约有 16 亿，约占世界人口的 20%；印度教有教徒约 10 亿人，约占世界人口的 13%；佛教有教徒近 4 亿人，占世界人口的 5%左右；再加上其他一些小的部落宗教有 2.5 亿人左右，约占世界人口的 4%；世界人口中宗教徒总人数达到了 55 亿人之多，约占世界总人口的 70%，几乎分布在各个国家。所以宗教信仰作为一种意识形态，会对人的认知、心理和行为产生重要的影响。对技术的态度和反应自然也会在宗教的影响之列，因此研究技术恐惧的主体结构，也不能忽视主体的宗教信仰因素，尤其是在一些宗教影响较为深远的国家和地区，比如一些欧洲和阿拉伯国家。

宗教和技术有着密切的关系，二者既有相互促进的一致性的方面，又有相背离的不一致的方面。人通过技术手段对自然的改造和统治，在完成着宗教创世说里的人类中心论。就这一点看，二者的出发点和目标是一致的。然而，普罗米修斯盗取天火赋予人类的神话，亚当和夏娃偷吃禁果遭受惩罚的神话和宗教故事，好像又告诉人类，技术是一种既神秘又被控制的东西，人拥护技术就是一种犯罪，即技术是带有原罪的。其他宗教亦有着这种与技术相悖的观点和教义，中国的道教倡导自然、无为，与技术的打破自然和有为的特点格格不入。佛教在对待技术上显得比较中性，"佛教徒在思想上和心理上都与外界无缘，佛家修炼的最大目的是斩断尘缘，不受牵挂和争斗之苦——甚至不为要修炼到'不争'境界的这种奋斗所苦"，"没有比佛教的这种超然于做什么或怎样做更少'技术性'的态度了"。①印度教主张周围世界都是"摩耶"，即幻觉，是不真实的。在印度教徒看来，"整个西方的科技文明是一场植根于幻觉的错误，我们凭什么认为自然界那么真实"②？宗教对技术的影响也会延伸到技术恐惧领域。

宗教信仰也隐藏在技术恐惧背后，"宗教观念与信仰总是将现有的物质环境状况视为神圣的，或传达一种前人做法绝无错误的氛围。归根结底，发明这种行为是一种叛逆行为，而宗教很少赞成叛逆"③。"宗教信仰固化人们理解和评价事物的能力。"④宗教与技术的这种对立统一关系，以及宗教对技术的态度，都会沉积在教徒身上，通过教徒的心理和行为表现出来，从而决定着教徒对技术的接受程度和对技术的态度。这主要通过教徒对宗教教义、教规和宗教经典的理解与信奉表现出来。"《圣经》不是宣扬过人类必须承受痛苦吗？由此引出了'痛苦是人们所渴望的'这一观念。波特莱尔认为乙醚、氯仿和所有的现代发明一样，旨在限制人类的自由并减轻人生中原本不可缺少的苦难。"⑤基督教认为胚胎是生命的一种形式，破坏胚胎就意味着毁灭生命，因此克隆技术为获得干细胞而破坏胚胎以及人类的堕胎技术都是对宗教教义的违背，对于基督教徒来说是无法接受的。有研究发现，宗教信仰与技术恐惧有着一定的关系，被调查者对宗教越虔诚，技术恐惧指数就越高。但也有研究发现了不同的结果，认为技术恐惧与宗教信仰和虔诚性没有关系。⑥尽管关于宗教信仰对技术恐惧影响的研究还非常少，并且存有争议，但不管怎样，宗教和科技是两种不同的认识和解释世界的方式，这两种方式又在主体身上交织在一起，必然要对主体形成这样那样的影响，也一定会在技术恐惧中有所反映，因此，

① F. 费雷. 2000. 技术与宗教信仰. 吴宁译. 哲学译丛, (1): 50-59.
② F. 费雷. 2000. 技术与宗教信仰. 吴宁译. 哲学译丛, (1): 50-59.
③ 乔尔·莫基尔. 2011. 雅典娜的礼物: 知识经济的历史起源. 段异兵, 唐乐译. 北京: 科学出版社: 254.
④ F. 费雷. 2000. 技术与宗教信仰. 吴宁译. 哲学译丛, (1): 50-59.
⑤ 乔尔·莫基尔. 2011. 雅典娜的礼物: 知识经济的历史起源. 段异兵, 唐乐译. 北京: 科学出版社: 231-232.
⑥ Frideres J S, Goldenberg S, Disanto J, et al. 1983. Technophobia: incidence and potential causal factors. Social Indicators Research, 13(4): 381-393.

主体的宗教信仰和特点应该值得研究与关注。

三、风俗习惯和文化传统中的技术恐惧

风俗习惯是指不同地域或民族的人们在物质生活和精神生活方面表现出来的风尚、礼节与习俗，是特定社会文化区域内历代人们共同遵守的行为模式或规范。人们常常将由自然条件不同而造成的行为规范差异，称为"风"，而将由社会文化的差异所造成的行为规则之不同，称为"俗"。风俗习惯是长期的历史积淀形成的，它与文化传统结合在一起，对社会成员的思想和行为具有强烈的制约作用。

与技术恐惧有关的风俗习惯和文化传统的研究既反映在民族与地域不同，造成的风俗习惯和文化传统的差异，也反映在城市与农村风俗习惯和文化传统的不同上。风俗习惯中的婚丧嫁娶、衣食住行、节庆礼仪等都与一定的技术形式相联系，会对一定的技术产生促进和阻碍作用，这也是主体的技术态度的一种反映。技术不是生而知之的，而是学而知之的，在后天对技术的学习和使用过程中，沉积在主体身上的风俗习惯和文化传统，自然会对其产生重要影响。这不仅体现在作为个体的技术恐惧的主体身上，还反映在作为组织和群体的技术恐惧主体身上。比如，在英国凯尔特文化中一直有关心动物、保护地球、珍惜自然这样的传统，那么在凯尔特人的眼中，"科学与其说是人类进步的忠诚助手，不如说是人类异化的种子"[①]。"西方人的故事就是心灵从自然界中被放逐的故事，是西方人不断地、更拼命地追求机械的、理性的和象征性的安全。这种安全将代替他在自然中所失去的精神安全……当什么东西抛弃自然或被自然所抛弃的时候，它就失去了和它的造物主的联系，而这被叫作进化僵局。如此说来，我们的文明是个进化的错误。"[②]建立在现代科技基础上的整个工业文明，不仅使人类沦为机器的奴隶，而且也毁灭着自然和人类。凯尔特文化传统的这种对技术和人类文明的认识，必然影响着凯尔特人去亲近技术、接受技术革新，这正是技术恐惧的一种表现形式。再如，中国古代重人文轻技术的文化传

---

① 霍克海默，阿多尔诺. 1990. 启蒙辩证法. 洪佩郁，蔺月峰译. 重庆：重庆出版社：117.
② Fass E. 1980. Ted Hughes: The Unaccommodated Universe. Santa Barbara: Black Sparrow Press: 186.

统，一直左右着后人对技术的态度，其实质就是导致了一种技术恐惧。比如，清朝时期，尽管引进了西方的一些先进技术，但仍不敢放开在民间传播和使用，"此项精秘之器……仍禁民间学习，以免别滋流弊"[①]。"在近代史上，从中国内部的条件来说，阻碍中西文化交流和近代技术引进的直接因素，正是中国根深蒂固的封建文化传统。因此，中国要走向世界，成为一个现代化的国家，就必须彻底打碎封建枷锁。"[②]这种对技术的抵制和轻视，正是技术恐惧的永恒性表现形式。现代技术恐惧同样也受文化传统与习俗的影响。比如，土耳其的文化传统是男性的工作比较突出，而女性工作受到限制，并且经济不独立，这种文化就决定了他们的研究结论：女性的技术压力大。由于城乡存在的文化差异和风俗习惯的不同，有人专门研究认为，生活在小地区或者说乡村的人的技术恐惧程度高，相反，生活在城市里的人的技术恐惧程度要相对低些。这主要是因为乡村的教育和信息相对封闭、技术化程度低、计算机课程的培训等存在严重不足，而城市的技术化程度高，城市人群受到的教育相对全面和接触的信息量大，人们对技术的依赖程度高。但也有研究否认了这一点，城市和乡村在技术恐惧的测量中得分一样，证明二者并没有关系。

总的来看，风俗习惯和文化传统与技术存在正反两方面的关系，同时对技术恐惧也会存在着正反两方面的影响。其关系究竟如何，还有待于更多的研究和探索。但主体身上所表现出来的风俗习惯和文化传统，与其技术恐惧水平一定有着某种关系是不可否认的。这也是今后技术恐惧的研究需要努力的一个方向。

第五节　技术恐惧主体的个性心理特征

主体的个性心理特征与技术恐惧存在着密切的关系，从恐惧的发生到恐惧水平的变化，主体的性格特点、心理素质等特征在里面起着重要的作用。因而个性心理特征也是技术恐惧主体结构的一个重要构成部分。本节

---

① 习培德, 李秀果. 1983. 近代技术引进及其与中国封建文化传统的冲突. 科学学研究, (2): 29-41.
② 习培德, 李秀果. 1983. 近代技术引进及其与中国封建文化传统的冲突. 科学学研究, (2): 29-41.

重点分析主体个性特征中的性格特点和能力特点等因素。

一、技术恐惧中的性格特点因素

性格是指表现在人对现实的态度和相应的行为方式中的比较稳定的、具有核心意义的个性心理特征。性格表现了主体对现实和周围世界的态度，并表现在主体的行为举止中。性格主要通过主体对自己、对他人、对事物的态度和所采取的言行表现出来。俗话说，"江山易改，本性难移"，这句话体现了性格对人的发展的重要影响，也显示了性格在人格形成和塑造中的重要地位。既然性格决定和影响着主体对事物的观点与态度，那么其对技术恐惧的影响和作用就在情理之中了。

因此，很多的技术恐惧研究都把主体性格作为一个考察的变量，并揭示出性格与技术恐惧的内在关联性。一篇专门研究个性特点与技术恐惧关系的文献主要从五个小的方面分析了性格的构成，即外向性（extraversion）、亲和性（agreeableness）、责任心（conscientiousness）、情绪稳定性（emotional stability）和经验开放性（openness to experience）[1]，并探讨了这些方面与技术恐惧之间存在的关系。尽管这些方面在其他的文献中也有研究和提及，但从这些方面来探讨与技术恐惧的关系却并不多见，也值得研究。外向性是指个人在人际关系中处在比较舒适和轻松的状态。研究证明，外向性与技术恐惧之间存在着适当的关系，性格外向者的技术恐惧水平较低。但这种外向性与技术恐惧之间的反比关系并不是很突出。研究同时也证明，神经过敏症患者会对计算机编程工作不满意，更容易产生计算机恐惧。外向性因为其在处理人际关系中表现出来的游刃有余，这种策略和性格特点必然也会延伸到主体处理与物的关系中去，并且人与技术的关系也并不全然是人与物的关系，这里面也隐喻着人与人的关系。诚然，在人与技术的关系中如果感到轻松愉快，势必会降低技术恐惧的水平。而性格内向者常常不容易向别人敞开心扉，并不容易接受新事物或新的人际关系，当遇到新技术时可能比较容易形成恐惧情绪。性格的内外向与技

[1] Korukonda A R. 2005. Personality, individual characteristic, and predisposition to technophobia: some answers, questions, and points to ponder about. Information Sciences, 170(2): 309-328.

术恐惧的关系并不是这么简单，还需要进一步的实证研究作为支撑。神经过敏症患者很大的一个特点就是对什么事都比较敏感，并容易产生紧张情绪，对技术亦不例外，恐惧的结果可想而知。经验开放性也有人称作创新性，富于创新性的人正好也符合技术的价值旨趣，与技术也能形成良好的关系，因而也不易于生发技术恐惧。另外，性格不同，对风险的厌恶程度也有所差异，"如果我们知道技术不能正常工作或导致破坏的概率，那么风险厌恶程度较高的人将抵制它"①，也意味着这种人的技术恐惧水平较高。

　　总之，性格与技术恐惧之间存在着一定的关联性。性格是在一定的神经类型基础上，经过后天环境的影响形成的比较稳定的特质。其既与遗传有关，又离不开后天的影响。也就是说，性格既有生物基础，又有社会化塑造。性格的这种特征，表明了性格在对待各种事物的方式方法和态度上的一贯性与稳定性，这为研究技术恐惧与性格之间的关系提供了可能性。同时，性格并不是一成不变的，当遇到重大影响和经过个人努力是可以发生变化的。因此，性格又有着环境塑造的特点，这也说明了技术恐惧与性格关系研究的必要性。同时，性格所反映出来的稳定性和可变性、先天性和后天性的矛盾也说明了研究性格与技术恐惧的关系以及探索问题解决策略的复杂性及艰巨性。因此，阿皮亚·拉奥·科罗孔达（Appa Rao Korukonda）在研究中就倡导，在今后的研究中，要进一步更深入地探讨神经过敏症、敞开性、外向性等具体的确切的方面对技术恐惧的作用，最终聚焦于技术恐惧与性格的相关性的明确，更好地确定个性维度的行为表现。②

二、技术恐惧中的能力特点因素

　　能力是主体个性特征的又一构成要素，它是使人能成功完成某项活动所必须具备的心理特征。能力只有在活动中才能实现和表现出来。能力尽管与知识和技能联系密切并有着相似性，但它不同于知识和技能，知识是储存在头脑中的信息，技能则是个人掌握的动作方式。能力则是在知识学习和技能掌握过程中所表现出来的思维的灵活性与严密性、身体的平衡性、

---

① 乔尔·莫基尔. 2011. 雅典娜的礼物：知识经济的历史起源. 段异兵，唐乐译. 北京：科学出版社：257.
② Korukonda A R. 2005. Personality, individual characteristic, and predisposition to technophobia: some answers, questions, and points to ponder about. Information Sciences, 170(2): 309-328.

记忆力、想象力、创造力等方面。能力又可分为模仿能力、创造能力、流体能力、晶体能力、认知能力、操作能力和社交能力等。能力决定与影响着主体在各种活动中的表现和结果，反过来这种表现和结果又会对主体的心理及行为产生反作用。因此能力在主体的认识和实践活动中起着重要的作用。技术活动当然也离不开一定的能力，并深受能力的影响。也就是说，能力对主体的技术行为、技术态度、技术心理等都会产生重要的影响，也必然会对主体的技术恐惧状况形成影响，同样，技术恐惧也会对主体能力的发挥产生反作用。二者存在着密切的关系。

正是由于能力对技术恐惧的重要影响，国外技术恐惧的研究尤其是计算机技术恐惧的研究就引入了能力这一变量。综观国外的各种研究，在能力方面一般主要考察认知能力、数学和逻辑能力以及自我效能三个方面。认知能力是与人的认知相关的能力，包括记忆、思维和想象。认知能力也是一种学习能力，与知识和技能的掌握有着密切的关系。认知能力的强弱，影响着主体对技术知识的掌握和理解，这一状况又会对主体的技术态度和行为产生影响。比如，记忆力好、思维灵活，就能快速地掌握技术知识，并能灵活地理解该项技术及其后果，并灵活对待技术，也就是说，可以较好地处理人与技术的关系，这样就可能会降低或消除技术恐惧。比如，研究发现，任务的复杂性会提升和加剧技术压力水平，任务的复杂性高，会提高信息处理的要求，对任务执行者的认知能力也要求较高。[①]数学和逻辑能力是一种信息加工和处理方面的能力，也是一种思维能力。有研究发现，数学和逻辑能力与计算机恐惧存在着密切的相关性，一般而言，数学和逻辑能力与计算机水平存在正比关系，因为计算机的原理和程序遵循的就是数学原理，并使用数学语言。计算机也强调数理和因果，数理和逻辑又是密切结合在一起的。因此有人甚至认为，计算机恐惧就是数学焦虑。比如，在对计算机恐惧的性别考察中发现，女性一般不喜欢数学课程，也不喜欢计算机课程，所以计算机恐惧水平较高。男性相对来讲擅长数学和逻辑，也比较喜欢选择计算机课程，计算机恐惧水平就低。研究结果也确实证实了，数学和逻辑能力与技术恐惧存在反比例关系，即数学和逻辑能力越强，技术恐惧水平

---

① Koo C, Wati Y. 2011. What factors do really influence the level of technostress in organizations? An empirical study. New Challenges for Intelligent Information and Database Systems, 14(11): 339-348.

越低；而数学和逻辑能力越弱，则技术恐惧水平越高。[1]

自我效能（self-efficacy）是研究人对计算机的接受和掌握情况时常用的一个术语，它与计算机恐惧和计算机成就有着密切的关系，既是计算机恐惧和计算机成就的影响变量，同时也是计算机恐惧和计算机成就的一个测量指标。"自我效能理论主要强调个人的认知状况对成果的影响，比如失控、自信心不足、缺乏成就感和对未来成果的看法等。它为表述人们对计算机技术的行为和情感反应提供了一个基础。"[2]自我效能是个性能力的一种综合运用和表现，自我效能反映在个性的能力结构中，表现在创造力、认知能力、思维能力、操作能力以及社交能力方面综合水平上。在以往的研究中，自我效能主要用于分析计算机恐惧，有时也称为计算机自我效能，它的水平高低与技术恐惧水平存在着反比关系。康波（D. R. Compeau）和希金斯（C. A. Higgins）的研究表明，自我效能高的人用计算机更多，并能从中得到更多的乐趣，而经历的计算机焦虑很少。[3]也就是说，人们如果凭借技术能够解决问题，或具有各种技术实践能力，便会对技术采取认同的态度，就没有或很少有技术恐惧，否则会拒绝和排斥技术，或者引发和加剧技术恐惧。当然，也有调查研究发现，自我效能与技术压力水平之间的关系无关紧要。

尽管当前的自我效能还主要地出现在计算机恐惧的研究中，但其实在其他技术领域也存在着自我效能问题，自我效能从一定程度上反映了人与技术之间的一种默契关系，是个体的各种能力在技术上的综合运用所收到的效果，也反映着主体对自己和技术的一种主观感受。如果缺少了人与技术之间的这种默契，或者自我效能低，势必会影响人去亲近技术，并且也给自己带来某种挫败感，因而在这种情形之下，技术恐惧就会产生和加剧。从上述个体能力与技术恐惧的关系中还可以看出，与能力相关的技术恐惧

---

① Korukonda A R. 2005. Personality, individual characteristic, and predisposition to technophobia: some answers, questions, and points to ponder about. Information Sciences, 170(2): 309-328.

② Henry J W, Stone R W. 1997. The development and validation of computer self-efficacy and outcome expectancy scales in a nonvolitional context. Behavior Research Methods Instruments & Computers, 29(4): 519-527.

③ Koo C, Wati Y. 2011. What factors do really influence the level of technostress in organizations? An empirical study. New Challenges for Intelligent Information and Database Systems, 14(11): 339-348.

的内容主要针对的是技术的复杂性和其革新频率给主体带来的不适、压力、焦虑。具体到技术的破坏性和社会危害性造成的技术恐惧,与个人能力的关系不是很明显,并且在研究中也不多见,但二者也并非完全没有关系,这方面的关系究竟如何,还有待进一步的研究去发现和论证。

技术恐惧的主体结构部分,主要从作为主体的人的方面分析了与技术恐惧相关的因素和方面。也可以说,技术恐惧的主体结构包含了技术恐惧形成的个人方面的各种根源,或者说是引发技术恐惧的主体原因。当然,以上方面主要分析的是作为技术恐惧主体的个体,组织和群体甚至社会在某种情况下也可以成为技术恐惧的主体,这与组织形成的特点和组织目标、组织心理以及群体利益有着密切的关系。由于这些方面在技术恐惧的研究中并不是很普遍,并且容易与后面技术恐惧的社会语境的分析形成交叉,因而在本书中不再展开论述。

本 章 小 结

根据技术恐惧的结构模型,技术恐惧的构成要素包括主体、客体和社会语境。本章主要探讨技术恐惧的主体,即人的要素构成。

人与技术的依附关系决定了人与技术之间相互推动、彼此不可分割;人与技术之间的叛离关系又导致了人与技术之间的对立和差异。这种对立统一关系,使得人既依赖技术,又对技术感到担忧和害怕,从而使人成为技术恐惧的主体,并不易改变。

作为技术恐惧主体的人有着生物性和社会性双重属性,其既可以成为技术恐惧的影响因素,也反映着技术恐惧的结果。具体来讲,人的性别和年龄、职业、角色和受教育状况、民族和信仰、文化传统和生活习俗、性格、爱好和能力等在实证研究中都与技术恐惧有着不同程度的联系,因此这些具体因素就构成了技术恐惧的主体结构。

第四章
技术恐惧的客体结构

技术恐惧的客体结构主要研究与技术恐惧有关的客体即技术方面的构成要素，也是从技术一端探索技术恐惧的生成原因，以及技术与技术恐惧的内在关联性。从技术方面来看，影响技术恐惧的因素或者与技术恐惧关联的因素有很多，比如技术风险性、危害性、不确定性、控制性、复杂性、易变性等属性和特点，这些性质和特点又源自不同的技术种类和技术形式。因此，概而言之，技术恐惧的客体结构主要是由技术本质、技术特点、技术效应和技术类型等几个大的方面构成的。

第一节　技术恐惧中的技术本质因素

从技术恐惧形成的历史根源来看，对技术本质的不理解和不确定、对技术的本质存在认识误区和分歧是技术恐惧形成的技术根源之一。对于永恒性技术恐惧来说更是如此。不可否认，现代技术恐惧从目前的研究成果看好像弱化了技术本质的影响。从表面上看，对技术本质的认识好像与现代技术恐惧的状况没有多大关系，但如果从深层原因分析，至少从理论指导上存在着技术本质对技术恐惧的影响。人们对技术本质的认识，对人们的技术态度有着重要影响；技术是什么，会影响人们对技术怎么看和怎么做，甚至影响着人与技术的关系走向。此处探讨的并不是严格意义上的技术本质，而是人们对技术本质或本质属性的把握及其观点在技术恐惧中的作用和表现，因此，笔者仅仅选择了与技术恐惧关系较为密切的几种理论观点加以论述。

一、技术巫术化对技术恐惧的影响

巫术是对万物有灵思想的运用，正是因为万物有灵，正是因为灵魂之间可以相互作用、相互影响，所以才可以通过控制、模拟操作甚至虚构万物灵魂之间的作用关系，来控制和影响自然事物的发展规律及其运行过程，并进而实现人类的某种愿望和诉求。当然，至于人类的目的能否达到，这多少带有心理期盼、信仰和虚幻的成分。但在科学不发达、生产力低下的社会状态下，这可能就是最有效的解决问题的方式，当时的人们或许就像现代人崇拜现代科技一样崇拜和敬畏巫术。难怪在科技高度发达的今天，巫术在科技还不能完全到达的地方仍然存在较大的市场。

人们对技术的认识与巫术有着不可分割的关系，在相当长的时期内，人们要么把技术就界定为巫术，要么把技术看作是与巫术密切联系的技能、技巧。无论何种情况，人们对巫术近乎崇拜的敬畏，会转嫁到技术身上，从而引起人们对技艺、技术的迷信和惧怕。从古老的岩石壁画和器具反映出的生殖崇拜、图腾崇拜及宗教仪式和风俗习惯等中也可以窥视出这一心理和行为取向。"在某些文化中冶金活动的一定过程，比如熔炼操作，要求人的祭献。各地的清洁仪式，特别是包括性禁忌的仪式都与采矿相联系，因为人们认为，地球的内部对于各种精神和诸神们来说是神圣的。在欧洲直到中世纪末，新矿的开采总是伴有宗教仪式……各种金属工具的发明和创造总是带有巫术和神祇的色彩，而其创造者也常被当作巫术师。"[1]诚然，巫术是在人们缺乏对自然的科学知识，又试图解决面临的问题时探索出的法术，它建立在猜测、虚幻的基础之上，与科学精神是相违背的。但其作为探索和解释自然的一种途径，无疑又被一些人看作是科学的源头。尤其是在技术方面，有些技术就是直接从巫术中产生，或者受到巫术的直

---

[1] 威廉·莱斯. 1993. 自然的控制. 岳长龄，李建华译. 重庆: 重庆出版社: 23-24.

接启发而创造的。因此技术与巫术的密切联系也误导着人们对技术的认识，这也是永恒性技术恐惧存在的重要原因之一。甚至这种把技术巫术化的思想一直持续到现代，"当代人对技术的敬畏同样也可以解释为对其亲手设计的神秘莫测的工艺的深深的恐惧感"[①]。

尽管技术与巫术存在着千丝万缕的联系，甚至技术有其产生的巫术根源，但是技术与巫术在本质上是不同的。巫术是通过模仿和联想的方式，对自然规律体系的一种曲解和误用。在巫术活动中，人们常常以理想的形式去预言所希望的事物，并通过咒语和形象的途径表达出来，其效果是建立在偶然性和巧合的基础之上的。巫术一般不创造人工物，但却常使用"超自然之物"。它只能停留在应用技艺这个层次，根本没有科学理论和技术原理。巫术世界观是把人类自身的愿望和臆测投射到自然中去，对自然秩序和过程的解释依靠拟人说与泛灵论，具有某种神秘性和虚幻性。而技术是人们根据自然原理和事物之间的内在联系探索创造出的有效解决问题的工具、方式、方法和手段。技术注重实际的有效性，否则就会被淘汰。技术有着科学的理论根据和技术原理作为支撑，尽管很多时候尤其是在古代社会，技术的发明者并没有相关的科学知识，但这并不能排除技术对科学原理应用的实质。并且技术"没有障碍，尤其没有神圣物这个障碍。相反，正是它占据了神圣之物——以魔法和偶像崇拜的方式获得的位置"[②]。技术通过直接作用于自然事物和过程，不断创造技术人工物，并实现改造世界的目的。技术世界观是建立在科学的基础之上的。巫术虽然不能与自然界保持客观的距离，不能完成对自然界的认识和改造，但却也没有带来诸如环境污染、生态破坏等类似的技术风险和危害。人们对巫术或者巫术化的技术惧怕源于其神秘莫测性，而人们对现代技术的惧怕则源于技术风险和危害。这是巫术化技术与技术产生的不同恐惧效果，也是技术恐惧在表现形式上的不同。

二、技术的意识形态偏向引发的技术恐惧

意识形态是建立在一定的经济和政治制度之上的一系列观念的综合，

---

① F. 拉普. 1986. 技术哲学导论. 刘武，康荣平，吴明泰，等译. 沈阳：辽宁科学技术出版社：62.

② 让-伊夫·戈菲. 2000. 技术哲学. 董茂永译. 北京：商务印书馆：122.

作为观念上层建筑，它与一定的政治制度相结合，共同维护一定的经济基础，并形成一定的社会形态。因而，意识形态与经济和政治密切相关，并且三者相互影响、相互作用。技术的意识形态偏向，是指技术本身包含着与一定的经济和政治相统一的思想、意志与价值观念，并通过与经济和政治的相互作用，寻求其合理性，实现其目的性。马尔库塞认为，技术本身就是意识形态，"技术理性的概念，也许本身就是意识形态"[①]。技术的意识形态性与对技术本质善恶的争论有着密切的关系。

关于技术本质善恶的争论一直是技术哲学的一个重要问题，人们对技术的善恶，褒贬不一，主要反映在哲学上技术中性论与技术价值论的对立和分歧中。技术中性论者一般认为，技术本身就是一种工具，无所谓善恶，至于技术带来的善恶后果，与技术或工具本身没有关系，而应归于工具的使用者。技术中性论也称为工具论。技术价值论者一般认为，技术本身并不是中性的，而是负载价值的，不仅对技术可以做善恶的评价和判断，而且从技术的发明创造到技术的使用，整个过程都是人与社会建构的过程，是人的意志的体现，负载着人的价值。因此，亦有人把技术价值论看成是技术的社会建构论。在此，笔者不想对这两种理论的优劣做过多的评判，只想再次强调技术与人的密切关系，强调技术中确实富含着人的意志和旨趣，会受到社会心理或意识形态的影响，即技术具有意识形态性或意识形态偏向。"每一种工具里都嵌入了意识形态偏向，也就是它用一种方式而不是用另一种方式构建世界的倾向，或者说它给一种事物赋予更高价值的倾向；也是放大一种感官、技能或能力，使之超过其他感官、技能或能力的倾向。"[②]每一种技术发明，都与发明者的目的、情趣、爱好、世界观等特点有莫大的关系，与社会需求、导向以及社会制度框架有关系。当然，在人与社会影响、建构技术的同时，技术也在无声地改变着人与社会，使人与社会形成技术世界观，其中就包括技术以其凝结的意识形态施加于他人和社会，因而更准确地说应该是，人与社会和技术是一个双向塑造过程。

不管怎样，技术有着意识形态偏向应该是不无道理的，也正是技术的意识形态偏向，使得技术在维护一定的政治、经济制度，实现自己的统治

---

① 吴国盛. 2008. 技术哲学经典读本. 上海: 上海交通大学出版社: 145.
② 尼尔·波斯曼. 2007. 技术垄断: 文化向技术投降. 何道宽译. 北京: 北京大学出版社: 7.

功能时，夸大了人的某种感官，夸大了技术的某种属性，夸大了技术的某种社会后果，相反却不自觉地缩小或弱化了与其相对应的其他方面，这样人们在认识、理解、使用、对待技术时往往会以偏概全，会萌芽技术恐惧的种子。在一定程度上，技术的发明和使用，就是为了解放人自身，使人生活得更加舒适和安逸，"离开了科学和技术本身的革命化来谈论解放，似乎是不可思议的"[①]。但恰恰这一点却被其他人视为"奇技淫巧""投机取巧"，甚至是"好逸恶劳"。当技术追求的变化、快捷、高效遇到传统、保守、迟钝的使用主体时，就会导致主体的不适和不安，遭到主体的抵制和反对。资本主义的制度框架要求的工业化大生产，使劳动者技术化、物化为机器的一部分，招致工人对技术的反对，兴起了以破坏机器而著称的卢德运动。现代高新技术在发明者和"技术爱好者"或"技术控"（technophile）眼里，是人力、人类的强大，是欲望的满足、智慧和智能的发展。而在另一些人看来，却是自然的破坏、人性的丧失、人成为技术的奴隶、人类前途的黑暗等，因而充满了担忧和恐惧。技术的意识形态性，还赋予了技术统治合理性，或者说发现了技术的统治性。哈贝马斯就说："从狭义上讲意识形态首先是这样产生的：它代替了传统的统治的合法性，因为它要求代表现代科学，并且从意识形态批判中取得了自身存在的合法权利。"[②]这种技术统治的合法性呈现了技术对人类控制的事实，再加上后人类学或后现代文化宣传和描述的未来电子人的世界图景，更加重了人的心理负担，人们对自己沦为奴隶担心，想象着电子人的可怕，为人类将要或已经丧失的主体地位和人类的前途命运担忧。

三、工具理性失灵形成的认识转向

技术的手段和目的论是技术哲学长期关注的一个问题，这与对技术本质的理解有关。在古希腊，技术一直为哲学所蔑视和贬低，哲学的知识贬低一切技术知识的价值。亚里士多德对技术物体的定义满带不屑，任何自然事物都有其自身存在的法则，唯独"任何被制造之物都不自身具备其制

[①] 吴国盛. 2008. 技术哲学经典读本. 上海：上海交通大学出版社：147.
[②] 吴国盛. 2008. 技术哲学经典读本. 上海：上海交通大学出版社：155.

造的法则"①。也就是说，技术没有任何自身发展的动力。因此，长期以来，人们一直把技术看作一种手段和方法，海德格尔称这种认识为技术"器具论"，也就是把技术看作是人类认识自然和改造自然活动的一种工具。这种技术器具论，源于亚里士多德的"四因说"思想，四因包括物质因、形式因、目的因和动力因，任何事物都可以归结为这四因。因为技术产品不是自然之物，它自身不具备它的目的因，它的目的因只能来源于产品之外的生产者，生产者在具有动力因的同时也是目的因的载体，并具有目的，因而，产品只能是手段。海德格尔认为这时的技术是解蔽，把自然界隐藏的东西给显现出来，把自然界没有的东西给制造出来。亚里士多德认为："一切技术都具有这样的特点：促成某种作品的产生，寻找生产某种属于可能性范畴的事物的技术手段和理论方法，这些事物的原则依存于生产者而不是被生产的作品。"②技术只能是服务于外在目的的一种手段或工具。正是由于这种把技术视为工具理性的思想，衍生出了技术的价值中性论，或者认为技术本身并不负载任何价值，只是一种工具手段。因而，技术产生和带来的一切后果都不能归罪于技术，而应该归罪于技术的使用者。

在这样一种思想的指导之下，技术的发展好像不受任何规范和约束，既没有伦理道德的羁绊，又没有法律制度的阻碍。技术成为人类向自然掠夺和统治自然的有力武器，在人与自然斗争的过程中，人类取得了一次又一次的胜利。这样的胜利更坚定了人定胜天的信念。再加上培根、康德等一类哲学家的呐喊助威，工具理性大有一统天下之势。技术创造在满足人类物质需要的同时，也把人的欲望给激发出来，甚至使人贪得无厌、沉浸在其中不能自拔。这时人们对技术产品绝不仅仅只是停留在需要的层面，而是贪婪；并且享受的也不是技术物品，而是技术的创造过程以及技术对自然的控制和支配，人成为单向度的人。"但是我们作为自身的存在者，却远没有借助技术的方法成为自然的主宰，相反，我们自己作为自然的一部分也服从技术的要求。"③这时人与技术的关系开始发生异化，技术的工具性和人的目的性的界限开始模糊，甚至发生了转换。马尔库塞也认为，

① 贝尔纳·斯蒂格勒. 2000. 技术与时间：爱比米修斯的过失. 裴程译. 南京：译林出版社：2.
② 贝尔纳·斯蒂格勒. 2000. 技术与时间：爱比米修斯的过失. 裴程译. 南京：译林出版社：11.
③ 贝尔纳·斯蒂格勒. 2000. 技术与时间：爱比米修斯的过失. 裴程译. 南京：译林出版社：12.

"技术作为工具的宇宙，它既可以增加人的弱点，又可以增加人的力量。在现阶段，人在他自己的机器设备面前也许比以往任何时候都更加软弱无力"①。现代技术更是以前所未有的速度和规模对人形成了包围之势，"他们的隐私更容易被强大的机构盗取。他们更容易被人追踪搜寻、被人控制，更容易受到更多的审查，他们对有关自己的决策日益感到困惑不解；他们常常沦为被人操纵的数字客体。他们在泛滥成灾的垃圾邮件里苦苦挣扎"②。普遍的技术化已形成一种新的社会面貌，这种普遍的技术化使得存在本身在向我们显现的同时又自行隐退。也就是说，随着技术从解蔽方式发展成现代社会的座架，人越来越失去了存在的意义，被海德格尔称为"失去的存在"，或者说是对"存在"的遗忘。人的存在在技术的座架中，越来越沦为"持存物"，人丧失了自我，沦为技术的奴隶。不仅如此，工具理性还导致了环境的恶化，引发了自然的报复，给人类的生存和发展带来了严重的威胁。

在这样一种情景之下，技术再也不是任人摆布的工具，人也无法实现其目的性。以埃吕尔为代表的技术自主论，打破了人们对技术的工具和手段地位的认识，在他们看来，无论是哲学家、政治家还是技术员和科学家，都不能控制技术，也不能决定技术发展的方向，因而技术是按照自己的逻辑自主地发展的，这样人相对于技术的主体地位就无法保证，在现代技术的发展过程中，人甚至沦为客体。哈贝马斯也认为，随着现代技术的诞生，出现了技术力量的倒置，技术由本来在人和自然的关系中解放人类的力量，变成一种政治统治的手段。③人对技术的异化、对技术给人类带来的生存和发展危机、对技术对人的控制、对工具理性道德和精神的缺失，感到害怕和担忧，开始转向对人类的技术道路、技术行为和技术理念进行反思与批判，对技术的本质也重新再思考。这种工具理性的认识转向，反过来又形成了一种技术悲观思潮和文化，反映在具体的心理和行为中也就是技术恐惧。尽管现在关于技术是目的还是手段的争论并没有休止，也没有定论，但技术给人类带来的技术问题及其引发的技术恐惧却是事实，要解决好这

① 吴国盛. 2008. 技术哲学经典读本. 上海: 上海交通大学出版社: 149.
② 尼尔·波斯曼. 2007. 技术垄断: 文化向技术投降. 何道宽译. 北京: 北京大学出版社: 5.
③ 贝尔纳·斯蒂格勒. 2000. 技术与时间: 爱比米修斯的过失. 裴程译. 南京: 译林出版社: 13.

一问题，有关技术本质的学术论争和理论研究还亟待创新与突破。

第二节 技术特点引发的技术恐惧

技术恐惧除了源于人们对技术本质的不同理解，导致对技术的误读和误判之外，技术本身所反映出来的不同特点，也会引发人们的技术恐惧。对技术的理解不同、选择的参照系不同，或者研究的目的和任务不同，对技术特点的认识也会有所不同。根据与技术恐惧的内在关联性，并有利于探索技术恐惧的技术根源，此处选择了技术的不确定性和风险性、复杂性和易变性、统治性和危害性等特点作为论述的重点，因为这些特点较容易引发人的技术恐惧。

一、技术不确定性和风险性与技术恐惧

技术的不确定性和风险性是相互依存的一对特点，技术的不确定性是指在技术的研发和使用过程中会充满着一些不确定因素，包括研发的成功与否、使用的有效性如何、会带来怎样的后果等一系列问题都没有明确而具体的答案。技术的不确定性源于科学技术的本质以及科学认识的局限性。科学是一项探索未知的事业，技术是创造发明自然界中没有的东西，科学技术活动是一种高层次的人类活动，是一项复杂的人类活动。这些本质特征决定了人们不可能对技术实现完全的认识和把握，因而具有不确定性，并且这种不确定性随着技术发展水平的不断提高会逐渐增强。尽管有时科技活动会依照一定的科学原理、遵循一定的逻辑规则、具有一定的预言和预见性，但是科学认识本身的局限性，如认识和真理的相对性，也会使得技术活动具有某种不确定性。比如，对核技术、对生物技术就不能实现完全的认识和把握，转基因食品的安全性至今没有定论，这些都彰显了技术的不确定性特征。同时，技术的不确定性还来源于我们对技术控制的困难。比如，我们对某种技术的后果已经有了很清醒的认识，但是要想对这种后果进行控制会比较困难，会带来一些不确定性。技术的不确定性可以直接作用于人对技术的态度，在杜威看来，在人类的发展过程中，为了规避和

防范风险，人们一直在寻求确定性，显然这与技术的不确定性是矛盾的，因而会把人们置于风险和不安的境地，从而使人们对技术持怀疑和犹豫态度，如果人们对技术的不确定性反应比较强烈的话，就会形成技术焦虑或技术恐惧。

显然，技术的不确定性会引发技术风险。风险性是技术的又一重要特征，也是当今技术社会的重要特征，因而，当今社会被社会理论家贝克、吉登斯（A. Giddens）等称为风险社会。风险社会的风险源很多，"而被认为是'社会发展的决定因素和根本动力'的科学技术，正在成为当代社会最大的风险源"①。也就是说，风险社会的风险主要来源于科学技术。卢曼（N. Luhmann）认为，风险是由高技术及其决策（计划）的累积效应引发的，是"计划的复杂性产生新型的不安全"，"这种计划含有很高程度的技术上显著的不确定性"。②技术的风险性显然包含着不确定性。风险性除了源于技术的不确定性之外，还与社会的政治、经济、文化等因素有关，有着社会建构的特点。"文明的危险只在科学的思维中存在，不能直接被经验到。这是些采用化学公式、生物语境和医学诊断概念的危险。当然，这样的知识建构并不能使它们减低危险性。"③甚至，技术风险就是知识建构的结果。

技术不确定性和风险性相互依存，共同作用。不确定性是风险性的前提和内容，风险性又是不确定性的表现和结果。技术不确定性会强化技术风险性，技术风险性会进一步证实技术的不确定性。技术不确定性和风险性之间的相互作用关系，表现在技术创新的整个过程中。首先是技术研发的不确定性：技术研发成功与否具有不确定性，结果与预定目标之间的差异和距离不能确定，这就会引发技术研发失败的风险，包括时间损失、经济损失，甚至研发者的健康和生命损失，还包括由此引发的社会风险。其次是技术使用的不确定性：使用程序、规则和操作技能、规范等方面的要求与实际之间的差距，会具有不完全确定性；技术设计的瑕疵和不完备性，会给技术使用和技术维护方面带来不确定性。这些都会给技术带来这样那

---

① Charles P. 1994. Accidents in high-risk system. Technology Studies, (1): 25.
② 许斗斗. 2011. 技术风险的知识反思与新政治文化建构. 学术研究, (6): 20-24.
③ 乌尔里希·贝克. 2004. 风险社会. 何博闻译. 南京: 译林出版社: 59.

样的风险性。比如,经常使用的电梯会突然发生故障,威胁到人的健康和生命安全;信息技术使用中病毒的感染和信息的泄露都具有不确定性。最后是技术后果的不确定性:技术使用结果控制的艰难性,技术带来的短期效应和长期效应之间的矛盾性,技术的经济效应、社会效应、环境效应等方面的不均衡和冲突性等都会给技术结果造成不确定性。这种不确定性会转化为风险性和人们对技术的怀疑与不信任性。另外,技术本身的双重性,即善恶两栖于身,何时为善,何时作恶,充满着不确定性。"要对一项技术的风险作出全面的分析,仅仅关注其可能的负面影响是不够的。我们还必须考虑到,如果不采用这项新技术,会产生什么样的后果。"①这是不确定性和风险性结合导致的技术风险的不确定性。总之,技术的不确定性和风险性,会影响人们对技术的信任,有时会给人们的心理和行为带来压力与影响,形成技术恐惧。"当一项以前从未使用过、完全新颖的技术出现时,人们对这些未知的事物存在深深的恐惧,这源于对风险的厌恶或对'自己不了解的恶魔'存有更深层的恐惧。"②同时,技术恐惧一旦形成,又会放大技术的不确定性和风险性。二者之间存在着内在的关联性。

二、技术复杂性和易变性与技术恐惧

技术作为人类改变或控制其自身和周围环境的手段与活动,是人类活动的一个专门领域,无论是其本意的工具和规则体系、技能、技巧,还是一种解蔽方式、一种文化等,都与知识密切相关,"一项技术的创造必须要有最低限度的知识基础"③。技术及其知识体系具有复杂性。复杂性既是现代科学发展和研究的一个领域,也是人们对技术研究的一个新的视角,有复杂性科学与复杂性技术观的研究。复杂性在科学领域指的是系统的混沌局部与整体之间的一种非线性关系。技术复杂性主要是指技术作为专业性和专门性的人类活动,其知识层次和结构的复杂多样性、技术要素和系统的错综复杂性、科学原理和技术规范的精准性、技术特质和形式的多变

① 拉斯·史文德森. 2010. 恐惧的哲学. 范晶晶译. 北京: 北京大学出版社: 65.
② 乔尔·莫基尔. 2011. 雅典娜的礼物: 知识经济的历史起源. 段异兵, 唐乐译. 北京: 科学出版社: 257.
③ 乔尔·莫基尔. 2011. 雅典娜的礼物: 知识经济的历史起源. 段异兵, 唐乐译. 北京: 科学出版社: 15.

性，以及技术操作和控制的艰巨性等属性。这种复杂性体现在技术从构想到研发直至推广使用的整个技术活动过程中，技术活动一直以来都被看作是人类的复杂劳动，看作是一种高层次的人类活动。

技术及其相关知识的复杂性，使得技术被局限在一个狭小的圈子里，不被人们理解和认识，并且也阻碍了一部分人去亲近技术。要么是技术长期被从事思维活动的哲学所轻视和不齿，要么是使得社会公众对其望而却步。"技术和科学问题通常是非常复杂的，就连正确表述问题（更不用说答案了）都经常超出决策者的智力能力。"①尤其是在技术主导的现代社会，现代技术知识的日益复杂和高深、现代技术知识的不确定性，更加剧了社会公众对技术的隔阂和戒心。永恒性技术恐惧中体现出的对技术的鄙夷，以及神化和巫术化技术都是由对技术知识不了解、不能认识技术本质所造成的，也就是技术的专业化和复杂化成为人与技术之间的一道屏障。在现代技术恐惧的研究中，通过实证调查列出的技术恐惧主体的有关变量，如知识、经验、受教育状况、年龄、认知能力等，影响技术恐惧水平，也印证了技术和知识的复杂性是形成技术恐惧的一个重要原因。"一些消费者被新产品的技术复杂性搞得不知所措，致使消费者降低了对技术产品革新的接纳，甚至对这些产品持消极态度。"②

技术的易变性主要指技术的变动不居性，包括技术发展过程中的技术革新、技术更新、技术产品的升级换代、技术的不断完善等特点。从整个社会发展的历史进程来看，技术或技术体系非常活跃，处在不断地革新过程中，技术进步常常是打破社会稳定性的动力源，宏观上典型的例子就是三次技术革命带来的社会面貌的改变及其对社会的推动。如果从单项技术和某个具体的技术群而言，其也在经历持续不断的技术革新和升级换代。有研究表明，这种升级换代的时间有不断缩短的趋势。比如，电脑技术的革新和升级换代，就越来越频繁。技术易变性与技术恐惧之间有着密切的关联，对于习惯了一定的社会环境和技术条件、技术手段的人们而言，任

---

① 乔尔·莫基尔. 2011. 雅典娜的礼物：知识经济的历史起源. 段异兵，唐乐译. 北京：科学出版社：241.

② Sinkovics R R, Stöttinger B, Schlegelmilch B B, et al. 2002. Reluctance to use technology-related products: development of a technophobia scale. Thunderbird International Business Review, 44(4): 477-494.

何技术的更新和换代、技术环境的变化，都会给他们带来心理和行为的不适，这种不适是导致技术恐惧的重要根源，也是技术恐惧的重要表现。这种情况不仅针对一般的技术用户，对于专业技术人员而言亦是如此。比如，在对图书馆管理员的技术压力研究中提到，技术压力不仅仅是由对计算机的无知导致的，还包括适应了的软件、硬件更换频率。并且把图书馆管理员和媒体中心工作人员产生技术压力的原因归结为三点：一是自动化的实行，新技术的测验、学习和融入旧的常规；二是使用多变的技术导致的压力；三是失去了传统的信息资源导致的压力。①这些都充分说明了技术的易变性与人们的心理及行为惯性会形成激烈的冲突和矛盾，这正是导致技术恐惧的深层原因。

技术的复杂性导致了人们对技术认识和设计的有限性，这种有限性又为进一步的革新和完备留下了空间，决定了技术的发展变化性。技术易变性本身也彰显了技术的复杂性，二者相互作用，对人们的心理和行为形成压力，并表现为人们对技术感到不适、应接不暇和无能为力，生发并形成技术恐惧。

三、技术的统治性和危害性与技术恐惧

技术的统治性也是技术本身固有的一种内在属性和特征。"统治的既定目的和利益，不是'后来追加的'和从技术之外强加上的；它们早已包含在技术设备的结构中。"②技术作为人类利用自然、改造自然，在极端的认识条件下还包括征服自然的工具、手段和方法的总和，其基本宗旨就是控制自然过程、创造人工自然，这就决定了技术本身具有统治性。波普尔（K. Popper）也认为，"技术的目的是控制和掌握世界，技术过程是人类的意志向世界转移的过程"③。这种统治性表现在技术对自然及其过程的干预和控制、技术拥有者对非拥有者的控制和影响、技术与政治结合实现的统治职能和霸权、技术座架对人们的促逼等方面。

---

① Hickey K D. 1992. Technostress in libraries and media centers: case studies and coping strategies. Tech Trends: Linking Research and Practice to Improving Learning, 37(2): 17-20.
② 吴国盛. 2008. 技术哲学经典读本. 上海：上海交通大学出版社：145.
③ 刘大椿. 2005. 科学技术哲学导论. 北京：中国人民大学出版社：337.

技术的统治性可以概括为两个相互关联的方面：一是技术对自然的统治，二是技术对人的统治或控制。技术对自然预设的统治地位，在实际操作中转化为人与自然的主体二分，甚至被演绎成技术的拥有者成为自然的主人，自然成为技术肆意宰割的对象，由此带来的后果就是生态环境的破坏、资源能源的枯竭、物种的急剧减少。这些都触发了人们对人类的发展前途和命运的担忧与恐惧。"当代技术恐惧症将是传统主义的，它反对把洁净的牧场变为烟雾笼罩的城市，反对把传统社会丰富的人际关系变为工业社会单一的和利害相关的人际关系。"①当技术把人作为研究和作用对象时，人就成了技术统治的自然之物。当人沦为技术的统治对象时，人相对于技术来讲就显得无能为力，并臣服于技术的高压态势。爱因斯坦在给美国加州理工学院学生讲话时指出，"在战争时期，应用科学给了人们相互毒害和相互残杀的手段。在和平时期，科学使我们生活匆忙和不安定。它没有使我们从必须完成的单调的劳动中得到多大程度的解放，反而使人成为机器的奴隶；人们绝大部分是一天到晚厌倦地工作着，他们在劳动中毫无乐趣，而且经常提心吊胆，唯恐失去他们一点点可怜的收入"②。在《给五千年后子孙的信》中，爱因斯坦表达了类似的技术思想。显然，这里从科学家的角度，也已经感知了技术对人的控制性，人使用技术本来是为了完成某一任务，或实现某一目标，现在技术直接就成了目的，实现了手段和目的的逆转。这一思想，体现了一个科学家对技术的悲悯情怀，以及对人类未来的隐忧、远虑。

技术对人的统治反映在四个方面：一是技术通过物质需要的满足，控制人的欲望，使人不得不在技术的轨道上行驶。技术异化了人与物的关系，技术挑起的人对物的贪婪和追求，使人不得不按照技术的方向前进，人在物质面前丧失了自我。技术犹如一个钓者，通过诱饵诱使着人们跟着它前行，人在技术面前丧失了判断力和方向感。二是技术发展对人形成强大的高压态势，促逼着人们做出技术选择。技术通过向社会各个层面和角落的渗透，织就了一张技术之网，把整个社会笼罩其中，人在形形色色的技术面前陶醉、沉沦、不能自拔。三是技术通过智能化实现对人的控制和支配。

① 让-伊夫·戈菲. 2000. 技术哲学. 董茂永译. 北京：商务印书馆：10.
② 陈昌曙. 1999. 技术哲学引论. 北京：科学出版社：246.

技术通过自身的智能化发展实现对人的统治。比如，机器人在某些方面优越于人类，机器人打败象棋冠军、战胜围棋冠军等，从而被人们称为"机器人打败了人"。技术智能化还反映在信息技术与生物技术的结合上，通过把智能芯片直接植入人体，实现技术与人类智能的结合。这种被植入了芯片的人也被称为电子人，比如，向人的大脑、身体等植入芯片，这是机器人与自然人结合出的一种新的人种，科幻小说中预言这种电子人将统治自然人。四是技术与政治结合实现的霸权合理性。"因为技术不是中性的，而是从根本上偏向于特定的霸权，所有在这种框架中从事的行为都倾向于再生出这种霸权。"①技术发展的路线是自下而上的，越来越统治技术对象，所以自上而下的社会行为，如改革，都要体现出这种统治。政治通过与技术的结合，其霸权不是强加在政治和经济斗争的各方中，而是通过技术路线为其统治找到了合理性，或者说通过技术实现了政治统治。正如丹尼尔·贝尔所说的："事实上，技术问题很难同政治问题分开，而进入政治舞台的科学家们必须既是鼓吹者又是技术顾问。"②不管哪种形式的技术对人的统治，都会形成技术对人的促逼，给人和社会的心理带来压力，使人感到不安和困惑，并形成技术恐惧。比如，亨德里克斯（W. H. Hendrix）认为，一个人经历计算机焦虑表现为两条途径：一是对怎样使用技术感到暂时困惑，二是感到被技术促逼。③

技术危害性，是指技术的负面作用或者叫作负效应，也就是技术的恶。技术像一把双刃剑，在为人类造福的同时，会给人类带来危害，这已被世人所公认。技术的危害性可以说也是技术复杂性、不确定性、风险性与统治性综合作用的结果和表现。技术的危害性可以概括为三个大的方面，即对自然的危害、对社会的危害和对个人的危害，如各种技术事故。这三方面的危害是相互联系、相互作用、相互影响的。技术危害又可以分为局部的和全局的，也就是说，有些技术伤害的是事物某个构成部分或要素，有的技术伤害的是事物的整体或全部。技术的危害性有些是为人们所经验的，

① 安德鲁·芬伯格. 2005. 技术批判理论. 韩连庆, 曹观法译. 北京: 北京大学出版社: 76.
② 丹尼尔·贝尔. 1997. 后工业社会的来临. 北京: 新华出版社: 438.
③ Koo C, Wati Y. 2011. What factors do really influence the level of technostress in organizations? An empirical study. New Challenges for Intelligent Information and Database Systems, 14(11): 339-348.

有些是潜在的。潜在的危害性我们也可以看作是技术风险。技术的危害性给人们带来的心理和行为反应比较强烈，尤其是作为被伤害者的一种体验，会给被伤害者心理造成极大的阴影，也会对其行为和对技术的态度影响深远。比如，美国"9·11"事件之后，很多人选择放弃乘飞机出行。日本福岛的核电站事故后，各国马上暂停或长期搁置核电站计划和项目，并且很久以后谈到此事，亲历者还会不寒而栗。技术危害性是技术恐惧的主要技术根源之一，这种内在关联由来已久，并且还会继续下去。因为恐惧的核心或最突出的表现就是对安全问题的恐惧，而对人的安全形成威胁，并造就不安全现实、给人以不安全感的就是技术危害性。因而，技术危害性对人的心理和行为的影响既有实际的伤害，也有其影响对人造成的心理负担和恐慌。

技术危害性不同于自然灾害，其主要是人为造成的，并且具有一定的可控性。人们不能因为技术固有的双面性，而对技术危害性听之任之。但由于技术具有复杂性、不确定性等特点，因此技术的危害的话语权只掌握在少数的专家和专业人士手中，他们才能对技术的风险和危害做出解释与揭示，公众更多地只能感知和品尝技术的危害后果。这也导致了技术危害有时是不可避免的。这就使得技术危害性成为技术恐惧的永久之源。被看作财富源泉和社会标志的信息技术、化学化工技术、生物技术等反而成为人们恐惧的对象。当然，技术恐惧也能够在一定程度上使得人们更加重视对待技术危害性，从而更完善和规范地设计与使用技术，降低技术的风险性和危害性。

第三节 技术效应引发的技术恐惧

如果考察一下技术史会发现，技术并非从开始就是恐惧的对象，而是抵御恐惧的手段。传说中的普罗米修斯盗取天火，以弥补赤裸的人体器官缺陷的故事，也说明了有了技术可以抵御人类赤身裸体以及缺少专门性器官而造成的恐惧。标志着人类制造工具开始的打制石器，可以减轻人类对猛兽和饥饿的恐惧。以后的弓箭、投石器等工具皆有此功能。"工具和机器的发展过程，是人们试图改造环境，使人的机体得以加强和维系的过程。这种努力给人的肌体以原来所没有的能力，或者在人的机体之外创造出了一系列的有利于自身平衡和生存的条件。"①总之，技术一直有着增强人抵御恐惧能力的功能，然而其间却发生了技术从抵御恐惧到恐惧对象的变化，即从技术抵御恐惧转变成技术恐惧，这与技术引发的各种效应有着内在的联系。

一、误读技术引发的技术恐惧

人类的恐惧情绪由来已久，可以上溯至人类的形成时期。《圣经》中记载：亚当吃了智慧树上的果子后，发现自己赤裸着身体，所感觉到的恐惧比羞耻之心更为强烈。"恐惧是人类生存的基本维度。"②这里的恐惧是人们对风险和威胁的心理体验引起的一种心理与行为反应。"一旦珍视之物受到威胁，恐惧就会产生。"③恐惧情绪亘古有之，技术恐惧亦源远流长，永恒性技术恐惧是长期伴随着人类的、人对技术的一种心理和行为反应，同时也是与人类技术发展相与为一的一种文化和社会现象。

早期人类的技术恐惧主要源于对技术的无知，从而引发对技术的奇特效果及其威力感到不安和担忧。这时期对技术的无知和误解主要体现在万物有灵的思想观念上。尽管万物有灵论或泛灵论作为一种哲学观点和思潮出现在 17 世纪，但其思想观念却由来已久，滥觞于人类的形成和原始发展阶段。原始宗教形成之前就已经先有了万物有灵的思想，原始人由于对梦境、幻觉、影子、映像、回声、疾病等现象缺乏科学的认识，因而产生了非物质性独立灵魂的观念，觉得灵魂在物体中的去留乃决定着这些物体生命的有无。当原始人由于无知而以己度物时，就把灵魂观念从人自身外推到与自己生活相关的万事万物上，想象它们也和人类一样有灵魂，支配着它们的活动。休谟认为："人们身上普遍存在着这样一种意向，即认为一切生物都跟他们自身相类似，并把这些他们非常熟悉和他们完全

① 刘易斯·芒福德. 2009. 技术与文明. 陈允明，王克仁，李华山译. 北京：中国建筑工业出版社：11.
② 拉斯·史文德森. 2010. 恐惧的哲学. 范晶晶译. 北京：北京大学出版社：5.
③ 拉斯·史文德森. 2010. 恐惧的哲学. 范晶晶译. 北京：北京大学出版社：4.

理解的……品格转移到每一种对象上面。"①由原始人无知导致的以己度物的思维方式，不仅使得自然和自在之物有了灵魂，而且人造之物也有了灵魂。"某些发达的蒙昧民族十分确定地相信（在这一方面，另外一些蒙昧民族和野蛮民族跟它们或多或少地有些相近），在棍棒、石头、武器、船、食物、服装、装饰品及其他物品中有特别的灵魂，而这些物品对我们来说，不仅是非生物体，甚至是毫无生气的。"②这样，技术人工物或技术也具有了灵性或神性，令人敬畏和惧怕。同时，万物有灵的思想还认为自然事物作为一个有灵魂的整体，如果通过技术手段将其改变和肢解，就会破坏神灵，因此人类感到惧怕，抵制技术。"人类的外部环境，因为与人的各部分直接相关，仍是变化无常、色彩缤纷的，这也正是人类自身无规律的欲望和恐惧的反映。"③这种思想要么不敢对自然物做大动作，要么通过对自然事物的复制达到改造自然的目的，这两种情况，都会限制和束缚技术的进步。"万物均有灵魂的思想阻碍着这种技术的发展；因为它使我们把目光局限于人类的渺小的行动，而看不到后面整个宏伟的大自然。"④

万物有灵的思想发展到它的高级形态，即哲学上的均灵论或泛灵论，成为一种系统的哲学理论和哲学观点。其认为世间万事万物都有灵魂或自然精神，并且这种自然精神之间可以相互作用，并对人与社会的行为产生重大影响，所以人类不应忽视这种自然精神或灵魂。这种思想进一步发展，演绎成为万物都有其存在的价值，甚至发展出大地伦理和生命伦理等现代环保思想及理论。这些当然与人类技术改变、控制甚至垄断自然界的目的相违背，因而，从此种意义上讲，神化技术、神化自然、万物有灵的思想理论会诱发和激起人们对技术及其后果的担忧、抵制与惧怕。

二、文化导致的技术确认偏误

"文化决定了社会偏好和优先次序"⑤，技术恐惧的发生与特定的社会

---

① 爱德华·泰勒. 1992. 原始文化. 连树生译. 上海：上海文艺出版社：463-464.

② 爱德华·泰勒. 1992. 原始文化. 连树生译. 上海：上海文艺出版社：463.

③ 刘易斯·芒福德. 2009. 技术与文明. 陈允明，王克仁，李华山译. 北京：中国建筑工业出版社：31.

④ 刘易斯·芒福德. 2009. 技术与文明. 陈允明，王克仁，李华山译. 北京：中国建筑工业出版社：31.

⑤ 乔尔·莫基尔. 2011. 雅典娜的礼物：知识经济的历史起源. 段异兵，唐乐译. 北京：科学出版社：19.

文化背景也有着密切的关联性。尤其是在技术的社会建构理论得到越来越多的人认可的语境下，足可以看出社会文化条件对技术的影响，甚至是决定作用。文化不仅影响与制约着对技术的认识和理解，而且影响着人们对技术的使用和态度，并进而影响着技术的发展和进步。显然，这些影响又构成了技术恐惧的重要内容。在古今中外技术恐惧的发生和发展过程中，都充斥着文化导致的对技术的认识和理解偏误。

在古代社会，无论是西方还是中国，都存在着鄙视劳动阶级、轻视物质生产实践的社会文化现象。中国古代哲学经典《易经》讲"形而上者谓之道，形而下者谓之器"，从而把道、技分开，人们崇尚和尊重高雅的道，从事器物活动的技术却处在社会底层而不被人所重视。"劳动从来就是繁重的、辛苦的，自古以来都受到诅咒的。劳动是人在需要的压迫之下被迫去做的，而理智活动则是和闲暇联系在一起的。由于实践活动是不愉快的，人们便尽量把劳动放在奴隶和农奴身上。社会鄙视这个阶级，因而也鄙视这个阶级所做的工作。而且认识与思维许久以来都是和非物质的与精神的原理联系着的，而艺术、在行动和造作中的一切实践活动则是和物质联系着的。因为劳动是凭借身体，使用器械工具而进行的而且是导向物质的事物的。在对于物质事物的思想和非物质的思想的比较之下，人们鄙视对物质事物的这种思想，转而成为对一切与实践相联系的事物的鄙视。"①由于古代技术基本上都来自从事生产实践的劳动者阶级，来自能工巧匠，因而，历来为从事精神活动的哲学家所不齿，为思维所遗忘。并进而形成了轻视技术、鄙视技术活动、"劳心者治人，劳力者治于人"的社会文化，也正是永恒性技术恐惧的表现之一。人们曾认为技术就是手艺，至多不过是科学发现的应用，是知识贫乏的活动，不值得哲学来研究，保罗·莱文森也认为："在工业革命之前，技术变革的速度很慢，技术存在虽然已经广泛渗透，但在一定程度上还是难以看见。而且被视为理所当然，所以就没有引起哲学家的注意。"②从古希腊的哲学大师柏拉图重理念、轻实践、哲学王治国的主张，到亚里士多德崇尚纯粹知识，认为技术难登大雅之堂的思想，也反映了从事理论思维者或脑力劳动者对体力劳动者或从事技术

① 约翰·杜威.2004.确定性的寻求：关于知行关系的研究.傅统先译.上海：上海人民出版社：3.
② 保罗·莱文森.2003.思想无羁.南京：南京大学出版社：83.

实践活动者的贬低和轻视。难怪司托克斯（D. E. Stokes）认为："毫无疑问，将纯科学视为至高无上的观点在希腊世界中根深蒂固。"①西方的这种轻实践应用、重理论知识和思辨的思想文化与中国的老庄以及儒家哲学思想里鄙视技术的文化倾向不谋而合。这种文化大背景阻碍着技术的推广和传播，影响着人们的技术认知和技术态度，同时也延缓着科学技术的发展进程。

启蒙文化不仅把人从宗教神学的束缚下解放出来，使人成为自己的主人，成为造物主，而且，一反传统对技术的轻视和不屑，其把技术推到了空前的高度，科学技术得到应有的重视，甚至成为衡量一切的标准。社会发展被贴上技术标签——技术社会、技术时代，科技成为文化的主流和主导。人们把技术作为划分历史时期的标志，包括今天称为信息时代、计算机时代、核能时代、航天时代的说法，虽然揭示了技术与社会发展的紧密关系，显示了技术的重要性，但也存在着过分强调技术决定一切、影响一切的偏执认识。这也为技术恐惧尤其是现代技术恐惧的诞生埋下了伏笔。在这种主导文化的阴影下，与之相伴的一种非主流和非主导文化，反技术或现代技术恐惧文化也日渐形成，并日益扩散和传播，影响越来越大。正因为启蒙文化把技术放到了至高无上的地位，所以人们才对技术的认识出现了偏误，好像技术成了决定一切的因素，成为造成一切负面和发展问题的罪魁祸首。与以往轻视和鄙视技术的技术恐惧表现不同，现代技术恐惧表现为破坏、敌视技术，反对技术革新，过分夸大技术的危害。此种技术恐惧也经久不衰，从卢德运动对机器的破坏，到当今对以计算机为主导的信息技术的抵制和反对；从绿色运动、青年运动呼吁自然化、非技术化到后现代文化中对电子人及其对人类控制的担忧；从"核冬天"的恐惧到生物技术引发的克隆人、食品安全、病毒传播、基因信息泄露等方面的恐慌；等等。这些充分反映了现代社会笼罩着的技术恐惧文化。技术确实给现代人带来了前所未有的压力，使人面对新技术紧张、焦虑甚至恐慌，技术也确实带来了环境和发展问题，使人对人类的生存和发展担忧、害怕。但这里面除了技术本身的原因外，还有其他因素，如政治、文化等原因，影响

---

① 邹成效. 2004. 论技术的辩证本性. 科学技术与辩证法, (4): 50-53.

了人们公正、准确的判断能力。

三、技术失败造成的技术恐惧

从经济学的角度看，一项技术如果有较大的边际效益或者可以降低边际成本，就会被主体（企业或个人）所采用，相反则会被人们抵制或淘汰。"在历史上，每当一项新技术有利可图的时候，人们就必须做出技术选择……在一个最简单的世界里，每种情况下只有一项技术能实现利润最大化，而且该技术就是行为主体的选择。"①事实上，技术所处的环境相当复杂，技术进步是一个相当复杂的过程，人们并不能这么轻易地判断出哪些技术能够实现利润最大化，即使能够做出这一判断，一项新发明的采用和推广还要受到社会条件、历史文化、风俗习惯、心理因素等方面的影响。更何况严谨的技术方法往往是"要么所有结果需要很长的验证过程，要么各种结果难以衡量和比较。对很多技术而言，我们并不清楚它们是否会带来各种意想不到的结果，无论是社会的还是环境的"②。由此，因为技术内外环境的复杂性，很多的技术构想和技术发明并没有引起人们的过多关注和采用，而被淘汰或夭折，仅存下来的为数很少的发明创造，又经常面临着试验的失败，在使用中出现各种各样的与使用目的相左的问题，带来不良的结果，等等。比如，"在造成 2500 例婴儿先天缺陷后，镇静剂在欧洲受到禁止……B-52 携四枚氢弹在西班牙的帕洛马地区坠毁，造成大范围的放射性污染"③；切尔诺贝利核电站事故等技术失败，都给人们带来了挥之不去的阴影。一朝被蛇咬，十年怕井绳。当人们遭遇技术失败时，就会人为地放大技术的缺点和危害，导致人们对技术的不信任、担忧和抵制，从而形成技术恐惧。此种情况在历史和现实中并不鲜见，火车恐惧、汽车恐惧、飞机恐惧、核恐惧、基因技术恐惧等都是源于个别失败的案例使人们感到对技术缺乏安全感而形成的技术恐惧。

---

① 乔尔·莫基尔. 2011. 雅典娜的礼物: 知识经济的历史起源. 段异兵, 唐乐译. 北京: 科学出版社: 223-224.

② 乔尔·莫基尔. 2011. 雅典娜的礼物: 知识经济的历史起源. 段异兵, 唐乐译. 北京: 科学出版社: 224.

③ 卡尔·米切姆. 2008. 通过技术思考: 工程与哲学之间的道路. 陈凡, 朱春燕译. 沈阳: 东北大学出版社: 4.

四、信息不对称导致的技术态度变化

技术信息的不对称性会使人形成不同的技术认知，产生不同的社会效应并触发技术恐惧。所谓信息的不对称性是指某项技术的研发者、技术产品的生产者与消费者，技术专家、新闻媒体和社会公众等对于技术信息掌握和了解的不同，导致他们对技术及其产品占有的信息量存在差异，以及由此导致的对该项技术的工艺流程、使用方法、社会后果等方面的不同认知。从古至今，在技术领域一直存在着信息的不对称性，在科技高度发达的现代化社会，这种不对称性会愈发严重。究其原因，主要在于技术知识的复杂性和专业性、社会分工的不同，以及人们的心理习惯等方面。俗话说，隔行如隔山，社会分工的不同以及技术的专业性，使得一部分人对技术并不了解或一知半解，这样就会影响人们对技术的判断和态度。知识越复杂、深奥，越会阻碍一部分人去接近。社会分工的深化和精细化，以及现代社会生活节奏的加快，更使得社会公众对层出不穷的新技术感到应接不暇、疲惫不堪。越是缺少相关的专业知识，就愈发不愿接近甚至排斥新技术。这正是现代技术恐惧产生的重要原因和表现之一。技术的使用一直存在着黑箱的特点，意即技术原理、工艺结构都被封装在一个黑箱里不用打开，但不影响技术的正常使用。也就是技术的使用者以及广大的社会公众并不拥有该项技术的全部信息，甚至是只有极其少量的信息，就能够使用该项技术。信息量的不足虽然不影响技术的使用，但却会影响人们对技术的全面认知和了解，并进而影响人们对技术的态度。从古代的把技术神化和巫术化，到现代的技术恐慌心理，都有着对技术信息认知的缺乏和不全面的深层原因。

信息不对称表现在专业技术人员熟知技术理论、工艺流程、操作使用方法及其效应和带来的结果，而专业技术人员在利益驱动下可能会对技术做不实宣传。除了使用之外，技术信息都被封装于黑箱，很难流向广大公众，这样就难免会引起公众对技术的不解甚至误解，再加之公众与专家之间缺少诚信沟通，从而就会引发技术恐惧。这种信息的不对称有些是由技术本身的特点造成的，如知识的复杂难懂。也有的是人为的原因，比如，为了政治、经济、军事等方面的利益，封锁信息或对技术进行不实的宣传。

再加上新闻媒体的报道、渲染，会使得本来就信息量较小的社会公众愈发不知所措，因而会强化或误导人们对技术某方面的认识，使得公众面对技术感到风声鹤唳、四面楚歌，极易产生技术恐惧现象。

第四节　不同技术类型的技术恐惧

技术恐惧从总体上说是由技术引发的心理和行为反应，是人对技术革新和使用所产生的不适感与焦虑。但由于技术种类繁多，不同技术种类由于其特点、应用的领域和引发的后果存在较大区别，因此不同技术类型对技术恐惧的影响或作用是不同的。也就是说，技术恐惧与技术类型存在一定的关联性，会因技术类型的不同而有不同的表现和特点。因而，技术类型也是划分技术恐惧类型的一个标准和依据。根据现有技术恐惧研究所选择的锚定产品的不同，以及技术恐惧在各技术领域存在的不同情况，本书主要对信息通信技术、生物技术、核技术、医疗技术等技术类型的技术恐惧进行分析。

一、信息通信技术恐惧

顾名思义，信息通信技术恐惧就是发生在信息与通信技术领域的技术恐惧。这是现代技术恐惧的首要表现形式，因此，在国外技术恐惧的研究中，首先瞄准了信息与通信技术领域。信息通信技术是信息技术与通信技术的合称，其英文是 information communication technology，缩写为 ICT。信息技术与通信技术本来是两个分开的技术领域，信息技术主要侧重于信息的编码、处理等技术，通信技术是消息的传播、传送技术，但计算机技术的出现，使得信息技术与通信技术走到了一起，并密不可分。在技术恐惧的研究背景下，信息通信技术是由不同的技术种类和设备构成的综合技术群，包括计算机技术、通信技术、网络技术、信息技术等方面。技术恐惧也分别表现为电脑恐惧、电话恐惧、信息超载、网络恐惧、计算机压力、计算机焦虑、自动化恐惧等多种形式。

信息通信技术是典型的现代技术，也是与现代社会和人们生产生活关系最为密切、影响最深和最为普遍的技术种类。因此，其也成为现代技术恐惧首先锚定的技术领域。在信息通信技术恐惧的各种类型中，计算机恐惧，包括计算机压力和计算机焦虑处在最为核心的位置，最受人们关注，最多被研究。由于信息通信技术在现代技术体系中的独特地位和对人们影响的广泛性，考察社会和个人对新技术的态度、对技术革新的接受程度，以及新技术的影响，都选取了计算机作为锚定产品。[①]信息通信技术恐惧主要指由于技术革新和推广利用，与旧有的工作和生活环境产生差异，与用户心理和行为习惯产生矛盾，从而引起的排异反应。根据信息通信技术恐惧的这一实质，可以看出信息通信技术的一些特点：第一，在信息通信技术领域，导致技术恐惧的主要原因是新技术与旧习惯之间发生矛盾，以及缺乏新技术经验和能力等。因而诸多的研究都把经验和能力作为考察技术恐惧的主要变量，如电脑恐惧、电话恐惧、网络恐惧都反映出了这一特点。第二，信息通信技术恐惧针对的技术特性是复杂性、易变性。尽管信息通信技术也能造成一定的危害，但从目前的情况来看，诱发技术恐惧的原因主要是技术复杂，导致用户感到没有信心和能力。技术又不断地变化更新，使得用户刚适应了的软件、硬件设施，马上又要被淘汰，用户又要进行新技术的学习和培训，从而感到疲惫、焦虑和压力大。例如，在计算机技术恐惧的研究中，教师、图书馆管理员、医务工作者等都呈现了这一特点。第三，信息通信技术领域的恐惧多与信息有关，如信息污染、信息超载、信息泄露等都可以引发技术恐惧。人们缺乏计算机技术信息，会引发技术恐惧；计算机信息变化太快也会导致技术恐惧；网络恐惧的很大原因就是信息的泄露。第四，信息通信技术领域的技术恐惧还表现为对未来人类地位的恐惧，由于信息通信技术的发展，计算机显现出越来越强的控制性，尤其是智能计算机和机器人的发展，引发了人们对机器人要统治人类的担心和恐慌，对未来人的主体地位表现出了担忧。第五，信息通信技术恐惧多表现为竞争导致的技术压力和技术恐惧。信息通信技术带来的自

---

① Sinkovics R R, Stöttinger B, Schlegelmilch B B, et al. 2002. Reluctance to use technology-related products: development of a technophobia scale. Thunderbird International Business Review, 44(4): 477-494.

动化，引发了频繁的技术革新，使人的工作压力增大、竞争压力加强、生活自由度下降。这些都会带来人们对技术态度的变化，引发焦虑和技术恐惧。第六，信息通信技术恐惧还表现为因训练导致的次生技术恐惧。人们由于缺乏电脑知识而接受培训，而通过培训可能经验到计算机技术的复杂和困难、经验到计算机技术形成的技术压力，从而形成不良的技术体验，这反而会加重技术恐惧或诱发新的技术恐惧。

因此，针对信息通信技术恐惧的特点，应采取的主要策略包括：首先，要对员工和用户进行知识与技能方面的培训，通过增加经验和提高能力，增强其信心，缓解其技术压力，降低其技术恐惧水平；其次，进行心理和观念疏导，使其认识到技术发展的必然性，并使其从心理和观念上接受新技术；再次，改善工作环境，使用户有释放压力的途径和场所，并能够放松心情等；最后，提高报酬、改善待遇也能够在一定程度上降低人的技术恐惧水平。

二、生物技术恐惧

生物技术也称生物工程，是现代生物学的具体运用，它是以现代生命科学为基础、结合其他基础科学的科学原理、采用先进的技术手段、对生物体进行改造或加工生物原料、为人类提供所需产品或达到某种目的的综合性技术，包括基因工程、细胞工程、发酵工程和酶工程等内容。其又可以分解为诸多的具体技术，如基因密码的破译、转基因技术、克隆技术、细胞分裂和融合技术等都在其列。生物技术是一项新兴的综合性高新技术，随着一些转基因食品、药品和克隆生物产品的问世，生物技术与人们的生产、生活的关系日趋密切，并受到公众的关注，也引发了较大的社会影响。

生物技术恐惧是技术恐惧在生物技术领域的反映和表现，是人们对生物技术和制品及其引发后果的消极反应，也是生物技术给人们的心理、生理和行为带来的不适造成的焦虑与担忧。生物技术作为恐惧的对象，受关注比较多、社会影响较大的就是基因技术恐惧和克隆技术恐惧。重组基因组计划是 20 世纪最伟大的技术工程之一，也被称为基因与遗传工程，是现代生物技术诞生的标志。它以基因密码的破译和基因重组为手段，为人类提供所需的生物制品和服务，是一项高精尖的技术工程。基因技术取得了较大突破并对人类社会产生了较大的影响，尤其是人类基因密码的泄露问题，以及转基因食品的安全问题引发了人们的高度关注。同时也引起了一部分人对基因技术的怀疑和抵制，引发了部分人的担忧和恐慌，造成了基因技术恐惧。基因技术恐惧指向的技术特性是其复杂性、不确定性和风险性。因为基因技术是一项高精尖工程，往往在细胞或更微观的层次上操作和研究，其复杂性自不待言。其复杂程度高、操作难度大，导致了其不确定因素增加和风险性增大。基因技术恐惧的原因比较突出地表现在两个方面：一是担心个人基因密码的泄露和被人利用；二是转基因食品的安全性问题。由于基因密码的破译，个人的遗传信息就有可能被别人掌握和外泄，这一方面威胁到个人和家族的隐私，另一方面如果被人利用还可能威胁到个人的安全。这已经成为科幻小说和电影的重要题材，从而加重了人们的心理负担和技术恐惧程度。转基因食品的安全性也被媒体炒得沸沸扬扬，加上实际的食品安全事故带来的影响，也使得人们对转基因食品存有戒心，要么不敢食用，要么虽然选择食用但心理负担沉重。

克隆技术恐惧是指人们对克隆技术的不信任、拒绝接受和对其危害的担心与焦虑。克隆技术是一种细胞核移植技术，主要通过动物胚胎细胞和体细胞的融合，创造出一种无性繁殖的新的动物，也就是获得一种人造生命。随着1997年克隆羊多莉的诞生，克隆人的呼声和研究此起彼伏，不绝于耳，在世纪之交引发了人们不小的震动和恐慌，人们对克隆技术充满了担忧。人们对克隆技术的恐惧主要针对的是克隆人技术。克隆人又分为两种情况：一是研究性克隆，即克隆人的目的是科学研究；二是生殖性克隆，即通过克隆实现传宗接代，或实现人种的繁殖目的。从此种意义上说，就是通过克隆技术实现造人的目的。克隆人技术主要会从三个方面引发人的恐惧：其一，会给人的传统观念和伦理道德带来冲击。一般意义上，人都是通过有性繁殖，实现人繁衍下一代的目的，克隆技术打破传统的生殖概念，会给人的观念和伦理道德带来影响。通过体细胞克隆的个体，就像自我复制一样，得到的克隆人与被克隆者之间应该是一个什么样的伦理关系，不好确定。这样就会给社会伦理道德造成混乱，增加社会的不稳定因素。对于基督教徒来说，克隆技术对胚胎的破坏就是对生命的破坏，与其信仰和教义相矛盾。其二，对克隆技术的恐惧还源于媒体的虚假宣传和人们对克隆技术的误解。例如，科幻影片《第六日》（*The 6th Day*）和《星球大战前传Ⅱ：克隆人的进攻》（*Star Wars Episode Ⅱ: Attack of the Clones*）描述的未来克隆技术世界的可怕模样，使人们产生了利用"克隆人"犯罪的概念。其实，这里面的情节大多背离了克隆技术的事实，放大了克隆技术的负面影响。对"克隆"的广泛排斥源于悲观绝望的科幻故事或电影的熏陶而导致的恐惧，但它们并不是真实的信息。[①]但是，这种虚假的宣传却带来了实际的忧患。在这样的对克隆技术的宣传下，人们形成了这样的观念，即克隆技术如果被科学狂人、战争狂人或恐怖分子滥用，就会给人带来灾难性后果，令人不寒而栗。其三，认为克隆技术可以在任何物种之间随意克隆，这就有可能实现人与其他动物的克隆，得到的结果就是制造出各种怪物或怪兽，威胁到人的生命财产安全。从理论上来讲，克隆技术的确能够实现各物种之间的克隆，也就是说，克隆技术确实存在着一定的风险性，这也是各种技术的一个共性。所以英国物理学家、诺贝尔和平奖获得者罗特布拉特（J. Rotblat）说道："我所担心的是，在人类科学领域取得的其它大规模毁灭性手段。遗传工程很有可能就是这样的一个领域，因为它具有令人恐惧的可能性。"[②]因此，罗特布拉特呼吁成立国际伦理学委员会，负责阻止可能危及人类的科学研究项目。这也是克隆人技术在有些国家被禁止的原因所在。

生物技术恐惧反过来为生物技术的进步提供了一个负反馈机制，通过这一机制，从技术层面讲可以使技术更加完善，并为技术发明和研究设定好相应的制度规范，使其受到一定的约束。从科学家和工程师方面讲，要对自己的工作和研究肩负起更大的社会责任与道德责任。从社会方面来讲，应该高度关注技术进步，尊重科学事实，不过度传播和渲染恐惧情绪，不夸大技术危害的效果。总之，"技术的发展和应用应该更多地体现出'以人为本'的根本宗旨，而不是对人类造成伤害和恐惧的心理"[③]。

---

① 刘科. 2006. 技术恐惧文化背景下的"克隆人"概念及其现代启示. 理论界, (10): 87-89.

② 林平. 1997. 克隆震撼. 北京: 经济日报出版社: 149.

③ 刘科. 2006. 技术恐惧文化背景下的"克隆人"概念及其现代启示. 理论界, (10): 87-89.

三、核技术恐惧

核技术是建立在原子物理学、量子物理学等基础上的专门研究核能利用的一项高新技术。随着 20 世纪上半期研究原子弹的曼哈顿计划的实施，以及核电站的开发利用，核技术逐渐走进了人们的视域，并越来越受到社会的重视。核技术包括核能技术、核动力技术、同位素技术、辐射技术、核燃料技术、核辐射防护技术等领域。核技术在解决人们的能源和环境问题方面起着不可替代的作用。核能在 21 世纪是具有广泛使用前景的新能源，越来越多地取代常规能源，不仅可以缓解人类的能源危机，而且对于保护环境也有着重要的作用。毋庸置疑，核能以其强大的动力和能量也给人类带来了巨大的风险与危害，"就目前而言，核问题显然是人类最大的安全隐患。全世界五万多枚核弹头可以将地球毁灭十次以上，再加上不计其数的核反应堆，小小的地球势如累卵"①。核技术恐惧正是因此而起。

核技术从应用的领域来看，分为军用和民用两大类。军用核技术主要包括核武器制造技术与核动力技术，前者如原子弹、氢弹等，后者如核动力潜艇、核动力航空母舰等。军事应用是核技术产生和发展的首要动力，在和平时期，核技术才转向了民用。民用核技术主要是利用核能发电，即建立核电站。从核技术发展的历史过程来看，对核能的利用经历了战争使用、和平使用和安全使用三个阶段。最初的核技术主要是用于战争目的，即制造原子弹。第二次世界大战中随着原子弹的试爆成功，以及在日本的投放，原子弹的威力引发了全世界震惊，包括研制原子弹的科学家奥本海默和爱因斯坦，也为自己的行为感到担心和懊悔。1945 年在日本广岛和长崎投放的原子弹几十年后依然影响着当地民众的身心健康，这种后果怎能不叫人对核技术震惊和恐惧。第二次世界大战后的美苏军备竞赛，导致苏联也抓紧研制出了原子弹。不仅如此，苏联还开拓了核技术的民用道路，1954 年建成世界上第一座小型核电站，开辟了和平利用核技术的新纪元。核技术的和平利用并不能遮挡和掩饰人们对核技术的恐惧，尤其是世界范围内大大小小的核电站和核泄漏事故，更加重了人们对核技术的心理负担，

---

① 刘孝廷. 2011. 超越技术与进步——从核风险看人类发展文化的取向. 山东科技大学学报, (5): 7-10.

限制和抵制核技术的呼声越来越高。人们研究如何安全使用核技术，使核技术在 21 世纪走进了安全使用阶段。尤其是 2011 年日本福岛由地震和海啸引起的核电站事故之后，很多国家都叫停了核电站项目，研究如何设计更安全的核反应堆和核电站。所谓安全使用，就是通过技术手段，研究新型反应堆，研究如何保证核技术的使用过程万无一失。例如，"美国目前正在大力发展第三代核电技术 AP1000 型反应堆。这种新一代的反应堆即使没有电力，也能依靠重力或压缩气体等自然力，防止核燃料达到危险的高温状态，而这正是福岛核电站所缺乏的"①。尽管如此，万无一失也只能是一种理想状态，技术无法保证人类的永久安全，技术的本性决定了技术风险的不可避免性。"这是因为：第一，任何技术都是个别的，总是具有局部性……第二，技术总是开放的，具有超越性。技术发展的逻辑一般而言，总是后项技术针对前项技术的问题而提出，因而具有滞后性。也就是说，技术上的安全性并不等于现实中的安全性。第三，技术系统内部是充满矛盾的，不同的技术之间经常存在相互掣肘的现象。"②对于复杂程度高、控制难度大的核技术更是如此，因此说，"从真正的环境上的角度来看，核威力接受技术控制的程度，不如受公众意愿的控制的程度"③。因而，核技术的安全使用并没有，也不可能消除人们的核技术恐惧。

人们对核技术的恐惧主要针对的是核技术的风险性和危害性特征，原子弹包括氢弹等拥有无与伦比的毁灭性，核辐射又有着无比巨大的穿透力和广延性。在这样一种情势之下，核技术风险笼罩着社会的每一个角落，核危害会波及每一个生命。这绝非危言耸听，一些人从广岛的死亡记忆中，似乎已经预见到了人类所面临的濒临灭亡的危险，并且也一直在为将导致残酷的毁灭的第三次世界大战也是最后一次世界大战而担忧。这是因为，现在正像美国哲学家芬伯格所认为的那样，"世俗的末世论是一种不再需要宗教的末世论，因为现在的末世明显已经成为一种技术上的可能"④。核技术就足以毁灭全球，把整个人类带入末世。

① 韩连庆. 2011-09-01. 从技术恐惧中逃离. 科学时报, 第 4 版.
② 刘孝廷. 2011. 超越技术与进步——从核风险看人类发展文化的取向. 山东科技大学学报, (5): 7-10.
③ 巴里·康芒纳. 1997. 封闭的循环——自然、人和技术. 侯文蕙译. 长春: 吉林人民出版社: 51.
④ 韩连庆. 2011-09-01. 从技术恐惧中逃离. 科学时报, 第 4 版.

四、医疗技术恐惧

医疗技术是指医疗机构及其医务人员以诊断和治疗疾病为目的，对疾病做出判断和消除疾病、延缓病情、减轻痛苦、改善功能、延长生命、帮助患者恢复健康而采取的诊断、治疗措施。简而言之，就是在医务工作中所使用的各种技术手段。根据国家卫生健康委员会医疗技术分级分类管理的规定，医疗技术可以分为三种类型：其一是安全性、有效性确切，医疗部门通过常规管理在临床应用过程中能确保其安全性和有效性的技术；其二是安全性、有效性确切，但涉及伦理和较大风险，应由卫生行政部门加以管控的技术；其三是涉及重大伦理问题、高风险、安全性和有效性不明确的医疗技术，此类技术应当严格管理。国家卫生健康委员会还对第三类医疗技术做了列举，如克隆治疗技术、基因治疗技术、利用粒子发生装置等大型仪器设备实施毁损式治疗技术、变性手术等。医疗技术的分类是以安全性、有效性和风险性作为标准的。显然，医疗技术也具有一定的风险性，有时风险程度还极高，因此，无论是医务工作者还是患者，都不同程度地存在着对医疗技术的恐惧。

医疗技术恐惧从恐惧的主体来看分为医生（这里是作为医务工作者的代表，实际上是包括所有的医务工作者）和患者两类。医生对医疗技术的恐惧表现在：其一是对新技术包括医疗仪器设备和新的治疗技术的不熟悉，要学习培训，给本来工作任务就已经很重的医生，又增加了负担，从而导致其压力大、焦虑。其二是新医疗技术与业已养成的医疗习惯产生矛盾，使医生对新技术感到怀疑和不信任，有时抵制和排斥新医疗技术的应用。其三是医疗技术的多样化、治疗手段的复杂化，导致了医生对自己缺乏信心，尤其是当由此引发医患纠纷时，医生的压力更大。比如，对于有些疾病，医生不能治疗不会带来太大影响，患者可以选择别的医疗部门或放弃治疗，但医生若因复杂的治疗程序而出现治疗偏差，这对医生的影响将是不可估量的，有时甚至是致命的。其四是医疗技术有时会与传统习俗产生冲突，造成重大的伦理问题，这也会导致医生犹豫不决、无所适从，产生严重的心理负担。当医生面对此种医疗技术时，就会产生担忧和焦虑情绪。其五，医生对医疗技术的恐惧还由于医疗技术的负面作用有时会给其自身带来严重的伤害。比如，放射性、高辐射的医疗仪器设备，有毒、有害的医疗环境，会被某种疾病传染和感染某种病毒，对自己身体和免疫力的影响，等等，这些都会使医生在使用某种医疗技术时，生成技术恐惧意向，并形成技术恐惧的心理和行为。

患者对医疗技术的恐惧主要表现在以下几个方面：第一，对医疗技术负面作用的恐惧。患者本身是由于身体健康原因去寻医问药，当得知医疗技术的负面作用时，其感到焦虑和不安。一方面要看病，另一方面又要对身体造成二次伤害，因而其内心特别矛盾和焦虑。比如，做心脏搭桥手术是为了减少中风的危险，但研究已经证实，心脏搭桥手术的危险要超过中风的危险，心脏搭桥手术致死的概率要大于中风，这样的情况患者怎能不对技术纠结和焦虑呢？这种现象在患者中广泛存在。再如，患者担心医疗器械的辐射，担心药品和治疗方法的副作用。因而，折磨患者的不仅是疾病，还有治疗风险带来的沉重的心理负担。第二，对医生和医疗技术的不信任，而拒绝或不情愿接受治疗。有的患者由于缺乏相应的医疗知识，又对某些疾病通过道听途说获得一些信息，从而会对医生和医疗技术产生怀疑，而不愿接受治疗。这种情况一般都表现在一些疑难杂症患者，或者重大疾病患者身上。有的时候也与患者的某些思想观念有关，从而导致医疗技术恐惧。比如，有的人只相信中医，不信任西医，遇到开刀手术时，就会有抵触情绪；还有的人认为手术会破坏自己身体的完美性。第三，患者对医疗技术的恐惧还表现在由专业壁垒导致的对医疗行业的误解。由于对医疗行业不了解，患者有时会把医疗事故、医患纠纷等个别案例或个别现象当作普遍现象，所以遇到患病情况，或接受治疗时老是心存疑问，惴惴不安。如果医疗过程中有个别操作不规范的现象，或用到一种新的方法，患者就会担心自己是在被试验，被当作实验品。第四，患者对新的医疗技术的不信任和担忧。医疗技术无论是使用的医疗器械，还是医疗方案、方法都会在不断地更新和变化，当患者遇到新情况、使用新的医疗技术时，其往往因为缺乏相关的临床或医疗经验而心中不安。这种思想对于医生来讲也存在。毕竟任何新事物的出现都有一个接受和验证的过程。

因此，对于医疗技术恐惧，首先，不论是医生还是患者，都要有一个良好的心态和健康的心理，合理地对待医疗技术及其更新，正确地看待技术的负面影响。其次，应该加强规范，包括医疗器械和诊断、治疗方法的规范以及医生职业道德的规范。避免误操作带来的伤害。最后，建立良好的医患关系，医生之间、医患之间应该诚实互信，这样才能形成一种正能量，无论对医生的治疗还是对患者的康复，都是必备的环境条件。

五、其他技术恐惧

技术恐惧的存在并不局限于上述几种技术类型，只是这几种技术类型与技术恐惧的关系比较密切，也比较典型。除此之外，其他一些技术类型也会诱发技术恐惧，也存在着技术恐惧现象。比如，交通技术恐惧——人们恐惧汽车、火车、飞机等；人们对电梯的恐惧；化学化工技术恐惧——人们恐惧人工化学制品、化学武器等。这几种类型的技术恐惧主要来源于人们对技术事故的经验，包括直接经验和接收的经验信息，这种经验会固化为人们对该技术的一种思想观念，并影响人们对该技术的态度和心理感受。"技术不仅会产生物理上的副作用，同样还可能产生感情和精神上的影响。"[1]人们通过经验技术事故形成的技术观念，哪怕是以偏概全，哪怕是错误观念，也会导致其在现实生活中寻求有利于自己观念的例证，虽然有太多的反证，人们却视而不见，置若罔闻。这在心理学上称为"证实偏见"。这种证实偏见会进一步强化人们对技术的消极反应和态度，强化人们的恐惧情绪。交通技术恐惧正是基于交通事故的经验，比如，"9·11"事件之后，人们对飞机的恐惧加重；高铁或动车事故之后，人们乘坐高铁的心理负担加重。电梯恐惧也是发生于人们经验到一次又一次的电梯伤人事故之后。化学化工技术恐惧则是因为化学化工污染和危害、化学武器的巨大危害。显然，这些恐惧的背后，都隐藏着深层的原因，即引发这些技术事故的原因：技术的设计缺陷、技术运行过程中的人为因素、企业集团的管理和经营方式，甚至体制和制度因素都会被牵连其中。难怪"根据福门托的详细记录，交通狂躁危机状况的产生牵涉到大量个人和机构"[2]。

---

① F. 拉普. 1986. 技术哲学导论. 刘武，康荣平，吴明泰，等译. 沈阳：辽宁科学技术出版社：48.

② 丹·加德纳. 2009. 黑天鹅效应——你身边无处不在的风险与恐惧. 刘宁，冯斌译. 北京：中信出版社：159.

总之，技术恐惧存在的领域远比我们列举的技术种类要多，从理论上讲，任何技术只要其负面作用存在，不论是对自然的、对社会的还是对个人的，就都可以存在技术恐惧。

本 章 小 结

技术的本质、特点、类型和效应构成了技术恐惧的客体结构。就本质来看，技术巫术化、技术的意识形态化和技术工具理性的理解，都在不同程度上影响着人们对技术的认识和态度，从而影响着技术恐惧水平。就特点来看，技术的不确定性和风险性、技术的复杂性和易变性、技术的统治性和危害性等特征，都会作用于人们的技术心理和技术行为，影响人们的技术态度，与技术恐惧有着必然的联系。国外的技术恐惧研究比较多地锚定计算机与信息通信技术，因此相当多的研究成果都是计算机恐惧方面的，除此之外，其他技术类型也受到了一定的关注，并且其影响日益扩大，由此形成了生物技术恐惧、核技术恐惧、医疗技术恐惧等类型的技术恐惧研究。技术产生的经济、社会、生态、精神等方面的效应，对人们的技术心理和技术行为也有重要的影响，与技术恐惧之间存在着互动关系，在技术恐惧的研究中亦应受到关注和重视。

第五章
技术恐惧的社会语境结构

人与技术之间的关系形成于特定的社会历史条件中，不是抽象的、超越社会发展阶段的。科学技术的发展被一定的政治、经济、文化等因素促进或阻碍，人与技术的关系离不开它存在的社会背景。技术恐惧作为技术的一种伴生物，也有其存在的社会语境，即人与技术发生关系和技术恐惧存在的社会文化环境与条件。社会语境对技术恐惧的形成和存在状况有重要的影响，从社会建构论的角度看，其甚至对技术恐惧有决定性作用。

第一节　风险社会的认知功能及其对技术恐惧的影响

科学理性的扩张和垄断与资本逻辑的结合，导致现代社会工具理性与价值理性的错位和分裂，演绎出现代社会不同于传统工业社会的重要特征——风险社会，它是在现代性反思基础上对现代社会特征的理解和共识。现代性既是时代的主题又是时代的最大问题，风险社会就是这一问题的内容和结果。虽然对风险社会的性质尚存在一些争议和分歧，但风险社会作为现代社会的主要视角已经成为一种全球共识。风险社会不仅是对现代社会特征的理论认识，而且成为考察现代社会存在问题的一种视域和方法，因此，风险社会理论不仅仅是一种社会学理论，也是一种认识方法，具有认识论功能。

一、风险社会的理论内涵

1986 年，德国社会学家乌尔里希·贝克出版了《风险社会》（德文版）一书，首次提出了"风险社会"的概念，并阐释了其风险社会理论。1992 年，《风险社会》的英文版出版，引发了西方学者对风险社会的热烈讨论。此后，吉登斯、卢曼、道格拉斯（M. Douglas）、拉什（S. Lash）、沃特·阿赫特贝格（Wouter Achterberg）等都发表了自己关于风险社会的看法和观点，把风险社会的研究推向全面和深入，风险社会逐渐成为西方学者审视现代社会的独特视角。随着经济与社会发展的全球化，风险社会也出现了全球化趋势，"人类社会进入二十一世纪后不断出现的种种灾害和意外无一例外地警示我们：风险无处不在，一个以风险为特征的新型社会形态正在来临"①。

现代风险的全球化特征和风险社会的全球化趋势，使得风险社会理论跃出了西欧发达国家的边界，成为世界各国学者关注和研究的内容。不仅如此，风险社会理论还打破了学科界限，渗透到众多学科和研究领域，社会学、哲学、经济学、管理学、政治学、文学甚至自然科学技术等学科都在研究和关注风险社会理论。在这样一种背景下，国内学者也对风险社会理论产生了浓厚的兴趣，除了跟踪和解读西方的风险社会理论，也结合我国实际情况，从风险管理、风险经济到科技风险、风险机制、各种社会风险的治理等都取得了众多的理论成果。

在风险社会理论的研究中，最具代表性的学者是德国著名社会学家乌尔里希·贝克。1986 年，贝克在出版的德文版《风险社会》一书中，第一次提出了"风险社会"的概念。1999 年贝克又出版了《世界风险社会》一书，对风险社会理论进行了发展和完善。在以贝克为代表的一批社会学家的研究和推动下，风险社会的概念和理论被越来越多的学者所接受。按照

① 谢尔顿·克里姆斯基，多米尼克·戈尔丁. 2005. 风险的社会理论学说. 徐元玲，孟毓焕，徐玲，等译. 北京：北京出版社：1.

贝克的理解，风险社会理论是在后工业化或后现代化社会背景下，对现代性反思、批判和超越的一种社会形式，也称为"自反性现代化"，这种风险社会不是对现代性的终结，而是现代性的开始，"这是一种超越了古典工业设计的现代性"[①]。在贝克看来，工业社会可以看作是半现代化，而风险社会是工业社会连续性的中断，是一种自反性现代化。贝克是通过对风险概念的揭示来界定自反性现代化的风险社会的。其指出"风险可以被界定为系统地处理现代化自身引致的危险和不安全感的方式"[②]。风险，与早期的危险相对，是与现代化的威胁力量以及现代化引致的怀疑的全球化相关的一些后果。它们在政治上是反思性的。因此，贝克的风险社会是一种自反性现代化社会，这种自反性现代化，是"创造性地（自我）毁灭整整一个时代——工业社会时代——的可能性"[③]。概而言之，贝克所谓的"风险社会"有三层含义：第一，它是现代化自身制造的；第二，它不是具体的某些风险事件，而是抽象的、普世的、超越人之感知能力的、对人类具有毁灭性后果的；第三，它不是地方性的，而是全球化的、世界的，超越了民族国家的边界，风险面前，人人平等。

　　继贝克之后，英国社会学家吉登斯也对风险社会进行了界定，其理论主要反映在《现代性的后果》（*The Consequences of Modernity*）（1990 年）、《现代性与自我认同》（*Modernity and Self-Identity*）（1991 年）和《失控的世界》（*Runaway World*）（1999 年）等著作中。在吉登斯看来，所谓风险社会是指由新技术和全球化所产生的与早期工业社会不同的社会特性，它是现代性的一种后果。他还指出风险社会的危险不是来自外界，而是来自我们自己。风险社会生成的动力机制来源于现代化的自主性动力，正是工业社会的获利削弱了其自身的基础，才造就了风险社会的到来。吉登斯将现代化的自主性动力归结为三方面：时空分离、抽离化机制以及知识的反思性运用。[④]贝克与吉登斯对风险社会的认识也被称为制度主义的理解，除此之外，风险社会还有现实主义的和文化上的理解。

[①] 乌尔里希·贝克. 2004. 风险社会. 何博闻译. 南京: 译林出版社: 3.
[②] 乌尔里希·贝克. 2004. 风险社会. 何博闻译. 南京: 译林出版社: 19.
[③] 乌尔里希·贝克, 安东尼·吉登斯, 斯科特·拉什. 2001. 自反性现代化. 赵文书译. 北京: 商务印书馆: 5.
[④] 杨永伟, 夏玉珍. 2016. 风险社会的理论阐释——兼论风险治理. 学习与探索, (5): 35-40.

现实主义的理解以劳（C. Lau）的"新风险"理论为代表，其认为风险社会是新的、影响更大的风险和某些局部或突发事件引发的潜在社会灾难的结果。在现实主义者看来，风险社会是由风险的增大和增多导致的，至少在某些局部区域是这样形成的。这与制度主义的风险社会认知不同，在吉登斯看来，风险社会并非风险增多了，而是风险的方式发生了变化，我们所处的年代并不比以前更危险、更充满危机，但是危险的状况发生了变化。我们生活在这样一个社会里，危险更多地来自我们自己而不是来自外界。文化意义上认为风险社会的出现体现了人类对风险认识的加深，如凡·普里特威茨（von Prittwitz）的"灾难悖论"、拉什等的"风险文化"理论。他们认为，风险在现代社会中的突显是一种文化现象，而不是一种社会秩序。贝克和吉登斯等制度主义者认为现代社会的风险是由制度性结构造成的，有一定的秩序性，与社会制度密不可分，因此，他们把现代社会称为风险社会。拉什认为不应该叫风险社会，而应是风险文化，因为风险社会是规范有序的，而风险文化是混乱无序的，呈现出一种横向分布的无结构状态，并且是以关注社会公共事务为基础的，因此风险文化更符合现代风险的实际。

因此，对于风险社会的理解既有制度层面的风险社会，也有文化层面的风险社会，只有把二者结合起来，才能全面认识风险社会的含义，强调一方面而忽视另一方面只能是对风险社会的片面理解。尽管对风险社会有不同的理解，但无论哪种观点，都看到了现代社会的风险特征和风险视角，都把对现代社会的这样一种认知，作为思考和解决现代社会问题的重要背景与切入点，为正确认识现代性和现代社会问题奠定了理论基础。

启蒙运动对理性的复兴也唤醒了科技的强力意志，工具理性和资本逻辑催生的工业社会无限放大了人的物欲和控制欲，对自然环境的强力干预和控制也给人类带来了前所未有的发展危机，古典工业社会的生产、生活模式越来越成为现代社会的风险源，从而引发了贝克、吉登斯、拉什等西方学者率先对传统工业社会和现代化进行批判性思考，形成了风险社会理论。围绕工业社会和现代化带来的问题，风险社会理论主要探讨了以下基本问题：理性裂变与自反性现代化、自然与传统的终结、现代风险的人为性、现代风险的"飞去来器"效应、知识与权力共谋、失信的专家系统、现代风险后果的有组织不负责任、下层聚集与平均分配的风险分配逻辑、个体化与扁平化的风险社会结构、现代风险的全球化，等等。[①]

二、风险社会理论的认识论功能

人们从 20 世纪 50 年代就开始讨论现代风险，主要针对的是环境风险事件。此后不断有人研究风险问题，研究人的风险意识和风险感知能力的变化，从科技、文化、人类学等视角对现代风险进行了研究。贝克的风险社会理论改变了人们研究风险的路径，从社会学的视角研究现代风险，这种独特的视角，为人们更好地认识和理解当今社会并制定相应的制度与政策提供了重要的参考价值。风险社会理论已经从制度上和文化上改变了传统现代社会的运行逻辑，改变了人们的行为方式和现代认知。因此，风险社会理论不仅仅是一种社会学理论的出现，更是人们考察现代性问题的认知方法，具有重要的认识论功能。

首先，风险社会理论的认识论功能体现在用社会学方法研究风险问题上。20 世纪二三十年代，社会学逐渐关注科学与知识问题，从而产生了科学社会学和知识社会学，它们分别从社会学的视角研究科学知识、思想认识等与政治、经济、文化等社会因素的关系，并按照社会学的研究框架解读科学知识与思想认识等内容。科学社会学与知识社会学的诞生和发展使得社会学的研究范式日趋成熟，正是在这样的背景下，人们把社会学的研究范式和方法引向了与科学知识密切相关的风险问题研究，形成了风险社会理论。风险社会的提出与风险社会理论的建构，其主旨并非在于丰富和发展社会学理论，而是在于认识社会的风险特征和唤起人们的风险意识，给人们认识和理解现代社会问题提供一个视角与背景。

其次，风险社会理论的认识论功能体现在反思性的认知方法上。贝克、吉登斯等风险社会的研究者，都把风险社会看作是现代化的直接后果，它不同于传统意义上的现代化，而是一种反思性现代化。反思性是风险社会理论的核心范畴，也是风险社会的重要认知方法。在贝克看来，风险社会

[①] 张广利，王伯承. 2016. 西方风险社会理论十个基本命题解析及启示. 华东理工大学学报（社会科学版），(3): 48-59.

是现代性的一部分，是古典工业社会向反思性现代化的转化，"现代性正从古典工业社会的轮廓中脱颖而出，正在形成一种崭新的形式——（工业的）'风险社会'"①。"今天，在21世纪的门槛上，在发达的西方世界中，现代化业已耗尽了和丧失了它的他者，如今正在破坏它自身作为工业社会连同其功能原理的前提。处于前现代性经验视域之中的现代化，正在为反思性现代化所取代。"②贝克在界定风险时同样也使用了反思性概念，指出"风险的概念直接与反思性现代化的概念相关。风险可以被界定为系统地处理现代化自身引致的危险和不安全感的方式。风险，与早期的危险相对，是与现代化的威胁力量以及现代化引致的怀疑的全球化相关的一些后果。它们在政治上是反思性的"③。吉登斯也认为风险社会是现代化的后果，是资本主义生产方式对自然的破坏，从而对人们寻求安全的精神领地造成威胁而使世界成为"失控的世界"。而走出风险社会的路径就是反思性现代化。吉登斯认为："反思性现代化可以在不断重建传统的历史发展中获取化解当代社会风险的文化资源，从而生产出足够的风险意识和反思批判精神，以此来校正现代性的发展方向从而避免误入歧途。"④根据贝克、吉登斯等的反思性现代化思想，反思性现代化包含着通过现代化本身各种矛盾、问题的自我批判、自我反思、自我解构，到自我回归、建构，并形成一种新的现代化的过程。所以风险社会的目的并非抛弃现代化、脱离现代化，而是实现更高层次的现代化。风险社会仍然是现代社会，并且是一种反思性现代社会，在这一点上它们与后现代思潮超越现代化的理论不同。而反思性正是风险社会形成的手段和方法，对于认识和解决其他社会问题同样具有认识论意义。

最后，风险社会理论的认识论功能还体现在风险社会研究从问题到视域的转变上。综观风险社会理论，其研究过程经历了从问题到视域的转变。从20世纪中叶人们关注风险问题开始，就是从研究问题开始的，最初只是对环境风险问题的关注。到20世纪80年代正式提出风险社会的概念和理

---

① 乌尔里希·贝克. 2004. 风险社会. 何博闻译. 南京：译林出版社：2.
② 乌尔里希·贝克. 2004. 风险社会. 何博闻译. 南京：译林出版社：3.
③ 乌尔里希·贝克. 2004. 风险社会. 何博闻译. 南京：译林出版社：19.
④ 刘岩. 2009. 风险意识启蒙与反思性现代化. 江海学刊，(1): 143-148.

论，贝克、吉登斯等还是以关注风险问题为主，结合风险的实践进行研究，如疯牛病问题、核泄漏问题、农药风险问题、光化学烟雾问题等。问题研究或研究问题并非一般科学意义上的以问题为导向的研究，而是指以研究具体的风险为题、为切入点，通过具体风险案例（问题）发现其背后的风险本质、特点、运行规律、治理途径等理论问题。随着全球化的发展和科学技术的传播，现代风险问题越来越复杂和抽象，风险的全球性、关联性、不确定性、科学技术性、建构性等特点推动着风险的研究从具体问题开始走向整体视域，人们越来越关注整体的、抽象的风险，风险社会的研究开始由问题关照转向视域关照。[①]风险社会的风险是现实性与非现实性的统一，非现实性的风险很难对应具体的风险问题，而只能从一般意义上、整体上进行视域关照。"所谓视阈关照就是从特定的研究视野出发对风险现象和风险社会给予全面的综合的深度反思，不仅研究个别风险现象更强调对所有风险问题的综合反思，不仅研究风险现象本身更强调把风险问题放置于更为宏观的语境中给予考察，不仅思考风险应对与规避问题也对防范和化解风险的方式方法进行反思，不仅重视风险的危害及其规避更重视风险现象的社会意义的研究。"[②]风险社会研究从问题到视域的转变，给人们提供了一种新的认知方式，很多现代社会现象和问题都可以从全球风险社会这个视域出发进行研究。

风险社会并不属于人类社会发展的某种独立社会形态或社会阶段，而是在人类社会全球化发展背景下，社会风险成为考察社会的主要视角的现代社会发展阶段。原因如下：一是作为一种社会形态，应该有与该种社会形态划分标准相一致的其他社会形态，即承前形态和继后形态，显然，在风险社会的各种理论中，我们既没有发现这样的划分标准，也没有看到风险社会的承前社会形态和继后社会形态。尽管一些风险社会理论注意到了当前风险社会与工业社会或现代社会之间的关联性，将其看作是工业社会或现代社会自反性的结果，并把后工业或后现代社会视为后继社会形态；

---

① 庄友刚. 2008. 风险社会研究：问题与视阈——关于风险社会研究的方法论回顾. 实事求是, (6): 11-14.
② 庄友刚. 2008. 风险社会研究：问题与视阈——关于风险社会研究的方法论回顾. 实事求是, (6): 11-14.

但是，工业社会或现代社会与后工业、后现代社会在总的社会发展脉络中与风险社会并无逻辑上的关联性。二是作为一种社会形态，应该有与该社会形态相统一的系统结构，如生产方式、生产力（或科学技术发展）水平、人的发展状况及社会关系、经济制度、政治制度、价值观念等，并区别于其他社会形态。反观风险社会理论，虽然有制度上的风险、文化上的风险、心理上的风险等不同描述，但并没有围绕风险形成的各种特殊的社会结构。三是综观各种风险社会理论，其出发点也并非将风险社会看作一种全新的社会形态，或者是人类社会发展总体进程的一个阶段，而是对现代社会（当下社会）较为突出的风险特征的描述和概括，目的在于通过对现代社会风险特征的揭示，为认识和理解现代社会、解决现代社会问题提供一个新的视角。

贝克、吉登斯等社会学家在研究风险社会时，都非常重视风险实践，通过实践形成理论认识，这也比较符合马克思主义的认识与实践的关系原理，符合马克思主义的认识论研究。风险社会理论尽管还存在一些争议，并非那么完美，也存在着诸多的理论缺陷，但其关注社会现实问题，关注实践，通过反思性形成的风险社会，却能够为人们认识社会现象和社会问题提供一种认知方法和视角。正是基于风险社会研究的此种特点和功能，风险社会理论才能够为研究现代技术恐惧问题提供一些理论基础和研究视域。

三、风险社会对技术恐惧的影响

风险社会的到来，已经从各个方面给现代社会带来了影响和变化，风险投资、风险营销等风险经济的曙光已初见端倪。风险社会的政治影响也日益显现：风险全球化下的政治合作，亚政治、生态政治等形式也开始被尝试和验证，风险形成的团结、民主和平等，风险对阶级矛盾、社会矛盾的遮蔽，风险体制和制度的形成，等等，为风险政治理论的建构提供了素材。在文化方面，风险特征更是耳目昭彰，人们津津乐道的灾难影视，充斥在媒体报端的风险事故，各种风险文化形式层出不穷。作为一种社会和文化现象，技术恐惧也必然会受到风险社会的影响，伴随着风险社会的到来和风险社会理论的传播，技术恐惧的内涵和特点、内容和表现形式及其影响都会发生一些新的变化。同时，风险社会理论也为技术恐惧的研究提供了新的依据和视域。

通过对风险社会理论和风险特征的考察，会发现科技风险或源于科学技术的风险是风险社会最主要的风险形式，也是风险社会理论家讨论得比较多的风险问题。科学技术进步导致的现代社会转型是风险社会理论形成的社会依据，从人们开始关注的环境风险，到贝克的文明的风险、理性断裂的风险，再到吉登斯疯狂的世界都揭示了现代风险的科技根源。贝克指出，现代风险具有对知识的依赖性，"在现代化进程中，生产力的指数式增长，使危险和潜在威胁的释放达到了一个我们前所未知的程度"[①]。吉登斯认为，风险社会主要是指"被制造出来的风险"，"所谓被制造出来的风险，指的是由我们不断发展的知识对这个世界的影响所产生的风险，是指我们没有多少历史经验的情况下所产生的风险"[②]。卢曼从技术层面研究现代社会的风险问题，提出了关于风险的社会系统理论，他认为，我们生活在一个没有选择的社会，我们不得不面对风险，它们不可能从根本上得到解决；越来越突出的科技风险是现代社会最近发生的重大变革的标志，太多的不确定性和决策意识形成了我们的未来，产生了明天的结果。因此现代社会预示着充满风险的未来。科学技术具有两面性，就建设性而言，科学的精神是最强的力量；就破坏性而言，它也是最强的力量。因此，面对全球风险社会的趋势，我们主要关注的就是其科技风险。

首先，风险社会与技术恐惧有着内涵上的一致性，风险社会是在从传统风险向现代风险的转化中而生成的。"在今天，文明的风险一般是不被感知的，并且只出现在物理和化学的方程式中（比如食物中的毒素或核威胁）……过去，危险能够追究到医疗技术的缺乏上。今天，它们的基础是工业的过度生产。因而今天的风险和危险，在一个关键的方面，即它们的威胁的全球性（人类、动物和植物）以及它们的现代起因，与中世纪表面上类似的东西有本质的区别。它们是现代化的风险。它们是工业化的一种大规模产品，而且系统地随着它的全球化而加剧。"[③]现代风险又主要表现为科技风险，意即风险社会主要就是科技风险社会；而技术恐惧尤其是

① 乌尔里希·贝克. 2004. 风险社会. 何博闻译. 南京: 译林出版社: 15.
② 安东尼·吉登斯. 2001. 失控的世界. 周红云译. 南昌: 江西人民出版社: 29.
③ 乌尔里希·贝克. 2004. 风险社会. 何博闻译. 南京: 译林出版社: 18-19.

现代技术恐惧主要就是对现代科技风险的恐惧。

其次，二者相互作用、相辅相成。一方面，风险社会的到来，加剧了人们的技术恐惧。风险与恐惧有着天然的联系，一般而言，风险会引发人们的恐惧，恐惧也表征某种风险的存在。风险并不是现代性的发明，古已有之，恐惧也是人与生俱来的一种情绪。技术恐惧是伴随技术发展的一种历史悠久的社会现象。只是到现代社会，针对现代科技风险产生了现代技术恐惧。贝克指出："风险研究不无困窘地伴随着吁请它加以遏制的'技术恐惧症'的脚步，而且近些年来它从'技术恐惧症'中得到了一种做梦也没有想到的物质支持。公众的批评和焦虑主要来自于专家和反专家的辩证法。没有科学论证和对科学论证的科学批判，它们仍旧是乏味的；确实，公众甚至无法感受到他们批评和担忧的'不可见'的对象和事件。这里我们可以修改一条著名的谚语：没有社会理性的科学理性是空洞的，但没有科学理性的社会理性是盲目的。"①另一方面，技术恐惧既是风险社会的重要标志和内容，又通过放大风险效应和人们的风险感知能力，为风险社会呐喊和提供现实依据。风险社会与工业社会的最大区别在于：工业社会的动力机制是基于财富生产与分配的社会不平等，而风险社会的动力机制则是面临社会风险威胁的一种共同的恐惧感。在工业社会，社会的驱动力可以概括为一句话——"我饿"；而风险社会的驱动力可以表达为"我害怕"。②显然，风险社会就是一个令人们感到恐惧和害怕的社会，其中最重要的恐惧对象就是科技风险，恐惧最主要的表现形式就是技术恐惧。

再次，风险社会的反思性方法对技术恐惧产生影响。反思性有时也被称为自反性，它是风险社会的基本认知方法，也是风险社会的生成逻辑，风险社会的生成过程就是现代化的反思过程。按照贝克和吉登斯的理解，风险社会产生于现代化内部，是现代化自我否定的结果，是一种更高层次的现代化，也就是反思性或自反性现代化。反思性的认知方法对于认识技术恐惧有重要影响。技术本来是人们寻求确定性、解决风险问题的手段，但其在发展过程中却走向了反面，尤其是到了现代社会，技术成为风险的制造者，成为重要的风险源，成为人们恐惧的对象，这不能不令人们反思

---

① 乌尔里希·贝克. 2004. 风险社会. 何博闻译. 南京: 译林出版社: 30.
② 张文霞, 赵延东. 2011. 风险社会: 概念的提出及研究进展. 科学与社会, 1(2): 53-63.

自己的技术行为和技术后果。技术也经历了一个自反性的过程，技术一开始是寻求确定性的一种手段，但到了现代科技社会，技术发展尤其是高技术发展带来了越来越多的不确定性。人的目的是通过技术强化人的能力和人性，增强人的独立性、自由性，而在现代社会的科技发展中，技术性越来越背离人性，人被技术控制，在技术面前越来越丧失自我独立性、越来越不自由。技术也从传统社会的生存手段、工具变为现代社会的"座架"，人类从淳朴的自然人变成技术化生存的技术人。通过技术的反思，我们可以看出，风险社会的自反性与技术社会的自反性具有相关性和同步性，自反性的原因都是工具理性的扩张和对价值理性的忽视，甚至工具理性取代价值理性，导致人与技术的异化。伴随而来的就是风险社会与现代技术恐惧。不仅如此，自反性还是走出风险社会和技术恐惧的共同步骤。在人们饱尝了现代性的后果、被自然界报复之后，人文关怀和价值理性会重新复苏，人们对精神安放和对自然的需求会越来越强烈。对于这种救赎的自反性，悲观论者认为最终技术会走向自我毁灭，人类复归原始和自然；乐观论者则认为通过改变技术的形式，如人性化技术、绿色技术等，可以实现技术与人的和谐发展。不管走哪条道路，解救之道都应该隐含在风险社会和技术恐惧之中，通过其本身的自我批判、自我否定和自我发展实现人与技术的融合，迈向更高层次、更美好的社会。

最后，风险社会对技术恐惧的影响还反映在风险的建构论-实在论模式对技术恐惧的影响上。无论是贝克、吉登斯的制度风险社会理论，还是道格拉斯等的文化风险社会理论，他们都认识到了风险的现实性或非现实性，或者说现代风险具有实在性和社会建构性，是实在论和建构论的统一。也就是说，风险社会的到来并非现代社会风险的规模与数量增大和增多了，而是人们的风险意识和风险感知能力增强了，人们对风险的识别和接受发生了重大变化。传统社会人们担心的更多的是外部的自然风险，为了解决饥饿问题，常常会忽视内部的人为风险。随着科技手段的增强，不仅人们的饥饿不再是主要矛盾，而且人们对安全的需要比以往任何时候都更加强烈和突出，人们对生活的条件和环境要求非常高，这就使人们对风险的关注从外部转向内部，更加关注人为和科技风险，这种心理上的过分关注，就会导致人为放大风险的事实的出现。适应这一变化，社会文化、新闻媒体、专家学者、政府企业等也会拿风险说事，根据自己的需要和利益，放大或缩小各种风险事实，这也就是风险社会的建构论。另外，风险社会理论者又从自然环境的变化和人化自然等事实出发，指出现代社会科技和制度风险存在的客观事实。风险社会研究者都从实践出发，列举了大量风险事件，揭示了现代社会人造或人为风险的多样性、普遍性和复杂性，并指出现代风险全球化存在的事实，为此全球已进入风险社会。这就是风险社会的实在论。建构论和实在论是科学哲学上的一对相对应的理论范畴，人们也把其用在风险社会的研究上，从建构论和实在论的视角来认识风险社会的两面性，尽管当前的研究对这两种观点存在争议和不同的批判，但总的来看风险社会存在着建构论-实在论模式。

风险社会的实在论和建构论模式对于认识现代技术恐惧有着重要的方法论意义，科技风险的不同性质也决定了技术恐惧的不同样态。风险的实在论或实在风险、现实风险，引发的技术恐惧是一种合理性技术恐惧，解决这类问题应该与科技风险的治理密切相连，风险的消失或安全保障是应对这类技术恐惧的有效方法。而风险的建构论除了会导致理性技术恐惧之外，还会导致非理性的技术恐惧，即不知道恐惧的具体对象和原因，就是处在一种紧张和焦虑之中，与风险的联想和想象有重大关联性。这种技术恐惧主要来源于风险社会各种因素对风险的渲染和夸大，它针对的是一种非现实的、虚拟的或想象的风险。因此，对于这种技术恐惧，不单单是安全科技和风险治理的问题，更重要的是心理的调适、社会文化的建构和社会治理。所以，与风险社会理论密切相关，技术恐惧也可以分为建构论和实在论，也就是说，技术恐惧有实在的、现实的恐惧，也有社会建构出来的恐惧。总之，风险社会理论，无论是建构论还是实在论，都会激发人们的风险意识，都会扩大人们的安全诉求，而这两者之间的矛盾就成为技术恐惧的生成动力和催化剂。

第二节　技术恐惧的文化启蒙和传播

文化既是社会语境的一个重要组成部分，又具有一定的独立性，即能够按照传统和业已形成的世界观、价值观对社会施加影响，影响社会的历史发展进程和社会的各种建制、体系。因此，科学技术的发展以及人们对科技的认识和态度也会受到文化的影响，尤其是在文化变革的关键时刻，对于科技进步的影响更是意义深远。"技术很大程度上就是它的文化的结果。"①探讨文化启蒙对技术恐惧的影响正是基于技术与文化的此种逻辑关联性。

一、文化启蒙对永恒性技术恐惧的消解

此处提及的文化启蒙是以 14～16 世纪欧洲的文艺复兴运动为背景的，"泛指西方近代以来思想家们所倡导的理性至上、知识崇拜以及人可以利用科学技术征服自然等的思想启蒙运动。启蒙运动是要消除神话，用知识来代替想象；启蒙精神的实质就是古希腊传统理性与现代科学技术结合而成的技术理性主义"②。从研究技术恐惧的视角看，文化启蒙主要是指科学文化的建立及其对人们科学技术观念的影响，在此也可以当作是技术启蒙，即通过这样一个运动兴起的科学文化，去除了人们对技术的原始的和蒙昧的认识，而形成一种科学认识，并形成一种新的技术观。

通过文化启蒙，人们重新认识了技术的本质、作用及其社会地位，改变了人们对技术的传统观念，对于消解永恒性技术恐惧有着重要的作用。如前所述，永恒性技术恐惧主要是在现代科学技术诞生之前，由于人们对技术的无知、误解，再加上当时的宗教和哲学文化背景，形成的人们贬低、轻视、排斥技术及其活动的现象。永恒性技术恐惧的存在与当时人们的技术观有着逻辑关联性。人们最终形成的对人与技术关系的观念可以概括为"技术是不好，但是必需的。或者更谨慎地被陈述为：技术（即技巧的研究）是必须的但却是危险的"③。因而就形成了人们离不开技术，技术既在为人类卖命，又为哲学家和上层社会所不齿与蔑视的社会现实。概而言之，

① Boehme-Neßler V. 2011. Caught between technophilia and technophobia: culture, technology and the law//Boehme-Neßler V. Pictorial Law: Modern Law and the Power of Pictures. Berlin: Springer: 1-18.
② 朱春艳. 2006. 费恩伯格技术批判理论研究. 沈阳：东北大学出版社：35.
③ 卡尔·米切姆. 2008. 通过技术思考：工程与哲学之间的道路. 陈凡，朱春燕译. 沈阳：东北大学出版社：378.

古代对技术的批判包括四个方面的观点："（1）达到技术的意志或者技术意图通常包括一种从对自然的或上帝的信仰或信任的离开的转向；（2）丰富的技术和伴随的变化过程逐渐削弱了个人追求完美和社会稳定的奋斗；（3）技术知识同样的促进人同世界的相互交流，并且使人对世界的超越变得难以理解；（4）技术物体远不如自然物体真实。"①从这四点来看，在古代社会，"技术并不被认为是独立自主的，技术受到社会体制或宗教体制的管束"②。这四个方面有着内在的逻辑层次，是一个严密的体系。从第一点可以看出，技术作为人造物或对自然的改造当然与自然存在着对立的一面，而这一点就被认为是违反自然的，而自然又是上帝创造的，由此可以导出技术也是违背上帝的意愿的，因而是偏离自然和上帝的。第二点的逻辑就是技术能够创造财富，而拥有了财富就会使人安逸，而安逸和完美又是对立的，因而技术就会使人堕落，远离完美。第三点是告诉人们，技术作为人与自然的一个中介手段，或者说人凭借技术手段对世界进行改造和超越，但其实质并不是使世界或者社会走向更高层次，而认为是"由于技术关注的是弥补世界的缺点，所以技术的定位总是朝向更低微或更软弱的部分"③。这一点难以理解。这一点还包括对于技术对自然的破坏感到不能理解。第四点还是赞美自然物，通过对自然物的赞美而寻找与上帝的一致性，同时也是宣扬哲学上所宣扬的真善美。古希腊哲学家们认为只有哲学所进行的理论思维活动才能最终抓住普遍的实有，也就是实物的本质，即真。而技术活动具有不确定性，与真是没有交集的。从这四点可以看出，在古希腊哲人看来，技术是远离自然、远离真善美的，反向思维的话就是技术能把人带入邪恶，因而被人所鄙视。

　　文化启蒙的社会大背景是倡导理性、人性，反对神学和宗教对人的思想的禁锢，倡导自由和人权，反对神权和封建压迫。因而，在这样的运动中兴起的文化，改变了传统人们对技术的认识和看法，同时也纠正了人们对技术的不合理的批判。文艺复兴时期的著名哲学家弗兰西斯·培根就认

① 卡尔·米切姆. 2008. 通过技术思考：工程与哲学之间的道路. 陈凡, 朱春燕译. 沈阳：东北大学出版社：385.
② 尼尔·波斯曼. 2007. 技术垄断：文化向技术投降. 何道宽译. 北京：北京大学出版社：12.
③ 卡尔·米切姆. 2008. 通过技术思考：工程与哲学之间的道路. 陈凡, 朱春燕译. 沈阳：东北大学出版社：383.

为，"上帝赐予在世间的人们明确的使命，即去追求技术作为改善人类在世的一种途径……人的王国，应建立在科学的基础之上，而绝不是天堂的王国之上"①。技术本身就是善的，并不是技术而是对道德问题空洞的不务实的哲学思考导致了堕落。由于技术的误用或技术的设计缺陷，技术可能存在着危险性，但这只是个别的、偶然的，而不是技术的必然特征。不管技术是否会带来危险的后果，人们追求技术的行为都是合理的。因为"人类脱离技术简直就无法生存"，"社会不应该贬低那为社会提供服务的人类的手"。②也就是说，技术虽然存在着偶然的风险，但是技术作为社会发展的动力，不应该受到贬低和蔑视。培根的追随者还进一步驳斥了古代社会对技术远离道德和完美的偏见，论证了技术对道德的积极作用。那些对追求物质幸福持批评态度的人认为它破坏了道德，而辩护者则回应道，只有过度的追求才会导致奢华。这两种观点都不正确。在我们今天看来，财富是中性的。历史研究表明奢华"并没有破坏道德"，道德上的奢华是可行的，它能够提升人们的道德水准。③不仅如此，"国家应该鼓励它的公民做制造商而非农民或士兵，认为前者通过追求'奢华的艺术而推动了国家的繁华'"④。可见技术不仅不会破坏道德，而且能够提升道德的水平，并能推动社会向前发展。"技术活动的道德意义不只局限于它的社会化影响。技术既有智力的优点，理性同时也有道德的优点，因为它是获得真知的一种途径。"⑤所以说，技术也不像先哲论述的那样，不能把握事物的本质，不能形成真的认识，实际上技术并没有偏离真理，在培根看来，能产生效力的就是真知，这一点正好符合技术的特点，因而技术能够导出真知。自然与技术也不像先哲认为的那样是对立的，而是有着天

① 卡尔·米切姆. 2008. 通过技术思考：工程与哲学之间的道路. 陈凡，朱春燕译. 沈阳：东北大学出版社：387-388.
② 卡尔·米切姆. 2008. 通过技术思考：工程与哲学之间的道路. 陈凡，朱春燕译. 沈阳：东北大学出版社：389.
③ 卡尔·米切姆. 2008. 通过技术思考：工程与哲学之间的道路. 陈凡，朱春燕译. 沈阳：东北大学出版社：391.
④ 卡尔·米切姆. 2008. 通过技术思考：工程与哲学之间的道路. 陈凡，朱春燕译. 沈阳：东北大学出版社：391.
⑤ 卡尔·米切姆. 2008. 通过技术思考：工程与哲学之间的道路. 陈凡，朱春燕译. 沈阳：东北大学出版社：392.

然的联系，甚至是一体的，"整个自然都是一门艺术，不过你没有领悟到"①。技术并不是远离自然的，也是自然的内在要求。由此看来，古人对技术的轻视贬低，是没有正确认识到技术的本质和功能，因而带有一定的偏见。文化启蒙通过对科技知识的认识和澄明，使人们认清了技术的真善美特质，揭示了永恒性技术恐惧的历史和文化根源以及认识的局限性，从而消解了永恒性技术恐惧，为技术发展打开了方便之门。因此，康德认为"启蒙运动是人类从自我庇护中的解放"②。

二、文化启蒙对现代技术恐惧的催生

培根等对技术的启蒙，去除了人们对技术的蒙昧认识和技术偏见，揭示了技术本质的善，把人们的注意力引向了科技的强力意志。培根赞美知识就是力量，技术是社会进步的源泉，"印刷术改变了文学，火药改变了战争，磁针改变了航海。由此产生了无数的变化；在此，没有一个帝国、一个教派、一颗星球对人类事务施加的力量和影响，堪与这些变化一比高低"③。此后，人们不断为技术的发展进行论证，寻求支持，加油呐喊。康德指出，"自然希望人类通过自己的努力，生产出一切以打破原始生存环境的技术秩序；只有凭借人类自身独立的直觉创造取得的成就才最令人欣喜，或者说是完美的"④。这告诉了人们，技术是由自然赋予的，符合自然发展的逻辑并把人们和社会引向完美。人类应该发展技术，技术就是人类力量的象征。休谟也是极力推崇技术，认为科学技术越发达，人们就变得越友好。因为技术和工业的发达，会使人们有固定的工作，并享受工作带来的报酬和乐趣，也就是说，技术能够使人安居乐业，因此就会有融洽的人际关系和安定的社会环境。在哲学家和理论家的极力论证与大力鼓吹倡导下，文化启蒙对技术的影响很快收到了效果。科学革命和技术创新

---

① 卡尔·米切姆. 2008. 通过技术思考：工程与哲学之间的道路. 陈凡，朱春燕译. 沈阳：东北大学出版社：394.
② 卡尔·米切姆. 2008. 通过技术思考：工程与哲学之间的道路. 陈凡，朱春燕译. 沈阳：东北大学出版社：389.
③ 尼尔·波斯曼. 2007. 技术垄断：文化向技术投降. 何道宽译. 北京：北京大学出版社：20.
④ 卡尔·米切姆. 2008. 通过技术思考：工程与哲学之间的道路. 陈凡，朱春燕译. 沈阳：东北大学出版社：389.

彼此推动，很快把人类推进到了工业社会，难怪马克思说："资产阶级在它的不到一百年的阶级统治中所创造的生产力，比过去一切世代创造的全部生产力还要多，还要大。"①这也印证了培根所说的知识就是力量。

人们见证了技术的伟大力量，新技术改变了人们的思想观念，"新技术改变我们的'知识'观念和'真理'观念，改变深藏于内心的思维习惯"②，经过文化启蒙，人们对技术的态度发生了根本的变化，从蔑视、贬低和排斥转变为极力赞美与推崇，这不仅反映在思想观念中，而且反映在人的行为和活动中，新机器每年都在发明并持续改造革新，工厂变得更多，更先进的铁路等都在诉说着技术的优点。机械装置成了真正的造物主，西方世界俨然已经成为技术统治论的世界。但是这种高歌猛进的技术发展和机器隆隆的工业繁荣表面下，却掩盖着自然的破坏、环境的污染、工人生活状况的恶化和精神的迷失。对技术的不顾后果的崇拜带来了严重的问题，并最终显现为技术与人的异化。因此，启蒙运动带来的技术大发展、大繁荣之后不久，就有人开始为此担心，"然而欣喜之余 我难过，当黑暗的一面关于我亲眼见到的变化；看上去 对自然是那么地残忍"③，这是威廉·华兹华斯（William Wordsworth）通过诗歌表达的自己对技术创造的担忧之情。卢梭也激烈地控诉科技进步导致的道德堕落，他称赞自然人性，鄙视人工物和他生活时代法国社会的伪善。浪漫主义看到了工业革命和新技术对自然与人类精神的伤害："浓烟滚滚的烟囱、河流的污染，工业中心不仅破坏了自然，而且造成了拥挤、不健康的生活状况；重复的劳动、贫困的工人，工厂主对财富贪婪的追求使其人性毁灭。"④马修·阿诺德（Matthew Arnold）还警告说："'对机器的信仰'就是对人类最大的威胁。"⑤很多人还抨击技术进步导致的精神的堕落、空虚和贫乏。对技术的担忧不仅体现在一些作品和言论中，而且展现为人们的现实活动。比如，以破坏机器为主要

① 马克思，恩格斯. 1995. 马克思恩格斯选集（第一卷）. 中共中央马克思恩格斯列宁斯大林著作编译局译. 北京：人民出版社：277.
② 尼尔·波斯曼. 2007. 技术垄断：文化向技术投降. 何道宽译. 北京：北京大学出版社：6.
③ 卡尔·米切姆. 2008. 通过技术思考：工程与哲学之间的道路. 陈凡，朱春燕译. 沈阳：东北大学出版社：397.
④ Dusek V. 2006. Philosophy of Technology: An Introduction. Oxford: Blackwell Publishing Ltd: 181.
⑤ 尼尔·波斯曼. 2007. 技术垄断：文化向技术投降. 何道宽译. 北京：北京大学出版社：24-25.

内容的卢德运动，通过罢工和打碎机器的形式抵制技术，反对机器对人的统治和给工人带来的生活环境的堕落。这正是现代技术恐惧的早期表现形式。因而文化启蒙不仅消解了古代技术恐惧，而且孕育了现代技术恐惧。

三、文化对技术恐惧的传播

文化对技术恐惧的影响还表现在现代社会通过各种文化形式对技术和工业社会的批判，改变着人们的技术认知和态度，影响着人们的技术行为，以及现代文化传媒对技术风险的宣传导致的人们技术心理和技术行为的变化。

现代社会通过文化表达对技术的批判和讽刺的思想，是对启蒙运动后浪漫主义思想的一种承袭和发展。启蒙运动后，各种形式的浪漫主义，通过诗歌、哲学、艺术等形式抨击技术革新和工业革命给人类带来的负面影响，反对机器文明，他们讴歌古代的生活方式。在芒福德看来，浪漫主义对机器时代的抵制有很多形式，典型的表现形式有三种，即对历史的崇拜、对大自然的崇拜和对原始的崇拜。因为机器体系讲求标准化和统一性，这导致机器时代消弭了民族特色和丰富的个性语言，忘记了过去，是对历史和民族的遗忘，"新机器文明既不尊重地域性也不尊重历史。在它所激起的反对声中，地域性和历史性成为两个格外强调的因素"①。技术倾向于把人同他的历史和自然界分离开，因而浪漫主义者通过自己的创作和对机器的批判，揭示了古老的欧洲生活方式的趣味性和健康，并引起人们对地方语言的重视，通过文学创作的方式使其复活。由此还引发了地方主义运动，以批判和回应工业至上主义对传统与社区生活意义的否认，抵制机器文明及其带来的完全标准化。同时，回归乡村、回归自然的运动与地方主义运动遥相呼应，以反对机器体系和工业化带来的污染，以及城市化的拥挤和喧嚣导致的人们精神的贫乏和空虚。这些思想的影响一直持续到 20世纪，美国的利奥波德（A. Leopold）的《沙乡年鉴》（*Sand County Almanac*）揭露了机器和工业化带来的土地荒漠化；蕾切尔·卡逊（Rachel Carson）

---

① 刘易斯·芒福德. 2009. 技术与文明. 陈允明，王克仁，李华山译. 北京：中国建筑工业出版社：254.

的《寂静的春天》（*Silent Spring*）则向人们展示了工业化对环境的污染、对生态的破坏，本应鸟语花香的春天却变得死寂沉沉，毫无生机。这些都反映了人们对美好环境的向往和追求。"新技术是一个经济上的胜利——但它也是一个生态学上的失败。"[①]所以，罗马俱乐部的《增长的极限》（*Limits to Growth*）向人们发出警告，技术再发展将导致人类毁灭，地球已经达到了其承载力的极限，号召人们应该放弃发展，向传统和自然回归。这些文化的宣传和传播，虽然多少带有技术悲观主义的文化色彩，但是它们却都源于人们对技术的理性分析和把握，充满着人们对技术的忧虑和恐惧。

技术风险和技术恐惧已经成为现代文化宣传的一个重要主题，这不仅体现在异常火爆的灾难影视和文学作品中，如《黑客帝国》（*The Matrix*）、《终结者》（*The Terminator*）、《科学怪人》（*Frankenstein*）、《侏罗纪公园》（*Jurassic Park*）、《阿凡达》（*Avatar*）、《地球停转之日》（*The Day the Earth Stood Still*）等，而且网络和报纸也总是跟着渲染与传播技术恐惧情绪。历史学家兼记者迈克尔·伊格纳蒂夫（Michael Ignatieff）指出："在20世纪，人类的共性与其说是对生活的希望，不如说是对未来的恐惧；与其说是对自身能够行善的信心，不如说是对自身能够作恶的害怕；与其说是自视为历史的创造者，不如说是将人类看做自相残杀的狼群。"[②]肖恩·柯林斯（Sean Collins）讲："人类有一种倾听并讲述奇闻异事的本能欲望。"[③]现代文化传媒迎合了人的好奇心，为自己开拓了市场，因而一个个的灾难大片令人津津乐道，报端和网页的风险、危害和恐怖事件也每每抓人眼球。

人们对风险和恐惧的关注还有一个原因，就是人们过于关注自己的健康和安全，因此遇到各种风险时就会更加关注，以期能采取一定的有效措施。或者即使找不到合理的对策，至少自己有了一定的心理准备。这样，文化传播就与人们的愿望和需要有机地结合在一起，既带来了技术恐惧文化的盛行，又传播和放大了技术恐惧情绪。这样就为文化传媒开辟了一个广阔的市场，有时为了经济效益，为了扩大知名度，有些媒体就夸大其词，

① 巴里·康芒纳. 1997. 封闭的循环——自然、人和技术. 侯文蕙译. 长春: 吉林人民出版社: 120.
② 拉斯·史文德森. 2010. 恐惧的哲学. 范晶晶译. 北京: 北京大学出版社: 122.
③ 丹·加德纳. 2009. 黑天鹅效应——你身边无处不在的风险与恐惧. 刘宁，冯斌译. 北京: 中信出版社: 149.

不可靠的统计数字和失实事件在媒体上随处可见。文化传媒既反映了社会上存在着大量的技术恐惧现象，同时也催生了更为强烈的技术恐惧。"向人们描述的此类事件的报道越来越多，这也激发了人们更为强烈的情感反应。公众关注度不断提高，记者们更为频繁地报道此类事件。报道越多，引发的恐慌就越发严重；恐慌越发严重，相反报道就越多。反馈回路已经建立起来，而且恐惧在稳步加重。"①由此可以看出文化对技术恐惧影响的重要性，技术恐惧一方面来源于技术风险或者技术本身，另一方面文化又在其中起到了催化和发酵作用，从此意义上看，文化对技术恐惧有着建构作用。

第三节　技术恐惧的政治建构

自从人类进入阶级社会以来，一切事物、社会现象和过程就都与国家和政治联系起来，或者说我们都是在一定的国家和政治语境下谈论事物和现象的，技术和技术恐惧也不例外。政治指的是上层建筑中各种权力维护自己利益的行为以及权力角逐所构成的某种关系。政治在希腊语中的原意是城堡，后来引申出国家，所以国家可以看作是政治的实体，国家的政治法律制度及国家机器都可以看作是政治的构成部分。"国家间相互干涉形成的影响，在今天技术和工程的发展中仍发挥着作用。"②

一、技术恐惧中的政治干预

政治的实质是权力，是统治，技术的本性是控制或统治，二者的结合是历史的必然。政治对技术的干预和技术的政治化，是政治发展的前提和内在要求。同时政治又对技术的发展施加着影响。芒福德用"巨机器"来指称古代的君主统治，道出了政治与技术之间的玄机。"它几乎完全是由不同的人所组成的。这些人聚合在一种等级组织中，由一个独裁的君主所统治。

---

① 丹·加德纳. 2009. 黑天鹅效应——你身边无处不在的风险与恐惧. 刘宁，冯斌译. 北京：中信出版社：159.

② Boehme-Neßler V. 2011. Caught between technophilia and technophobia: culture, technology and the law//Boehme-Neßler V. Pictorial Law: Modern Law and the Power of Pictures. Berlin: Springer: 1-18.

君主的命令由僧侣联盟、武装军队和官僚体制所支撑，保障机器的所有成分服从统一的命令。我们称这种原型的集合机器为巨机器（megamachine），这是人类为以后所有的特定机器所建立的模型。"①在芒福德看来，这种"巨机器"是当时最先进的机器。正是有了这种高性能机器，才有了埃及的金字塔，才有了中国的长城等古代社会的巨大工程。在此种意义上看，政治本身就是技术。政治用权力实现着技术的控制和统治职能，同时政治又寻求技术手段和技术途径为政治权力及统治谋取合理性。这样，过度的权力和生产力，与同样过度的暴力和破坏之间就走向了联姻，政治追求权力，技术追求生产力，政治通过暴力实现着剥削、压迫，技术通过破坏实现着征服和控制，其结果就是导致人和环境的遭殃。"权力根据自身的逻辑取得的成功，必然会破坏所有物种和群落之间的共生合作，而这种共生合作对于人的生存和发展来说是非常重要的……科学和技术的手段完全是理性的，但是最终的结果却是疯狂的。"②技术的意识形态偏向更为政治干预技术提供了理论上的可能性，虽然技术自主论和社会建构论仍存有争议，尽管技术发展有自身的逻辑，但社会对技术的建构作用是不可否认的。政治干预就是社会对技术建构的表现形式之一。丹尼尔·贝尔提到："事实上，技术问题很难同政治问题分开，而进入政治舞台的科学家们必须既是鼓吹者又是技术顾问。但是这一方面不能掩盖另一方面……都必须在公开和详尽的政治辩论后才能作出技术决策。"③正是技术与政治存在的这种天然的联系，使得很多技术问题变成了政治问题。不仅技术问题的产生有着深刻的政治根源，技术问题的解决也对政治有很大的依赖性。比如，克隆人的问题、核利用的问题、技术发展带来的全球变暖问题、臭氧层空洞问题、太空垃圾问题等，都有赖于政治的论辩和谈判、国际上的协调和统一、法律法规的规范和完善。技术依赖于政治的原因还有一个，就是"许多技术属于公共部门的一部分：如果要改变交通、公共卫生、教育和军事领域中所使用的技术，先要得到政治上的批准；因为它们属于先验的市场

① 吴国盛. 2008. 技术哲学经典读本. 上海: 上海交通大学出版社: 502.
② 吴国盛. 2008. 技术哲学经典读本. 上海: 上海交通大学出版社: 505.
③ 丹尼尔·贝尔. 1997. 后工业社会的来临. 北京: 新华出版社: 438.

失灵领域"①。也就是说，市场无法参与领域的技术更有赖于政治决策，"支持和阻碍技术发展是欧共体很重要的一个政策领域"②。

政治对技术的干预会影响到技术恐惧领域，政治与技术之间的张力对技术恐惧有着一定的调节作用。一方面，政治权力和影响是建立在一定的技术水平之上的，这种情况存在于整个社会历史发展的过程中，在今天尤为突出。技术就是话语权，技术就是影响力，技术就是政治。因此，政治会为技术让路，哪怕会带来风险和危害。有时风险和危害的存在是政治增强凝聚力的一种手段，"恐惧也有凝聚作用——在个人主义至上的时代。可以重建已经丧失的集体观"③。因此，有人认为现代技术或许应该被重新界定为社会和政治的公债，在从我们的星球掠夺资源。另一方面，政治又需要稳定和安定的环境，技术风险和危害带来的恐惧会给政治权力带来损害，会降低政府的公信力，因为政府应该有这种保护公民人身免受伤害的义务和能力，否则将会导致社会矛盾激化，威胁到政权的存在，同时会使其在国际舆论和事务中丧失话语权。因此，政府又会努力规范和限制技术发展，降低技术恐惧的水平。当然，这种对技术的干预和对技术恐惧水平的降低是有限度的，因为一方面，适当的恐惧会带来政治收益。"一个聪明的君主，必须让他的民众随时随地都感到需要他、需要他的政府。这样民众就会对君主永远忠心不二。"④而技术风险及其引发的恐惧无疑是保证民众需要政府的有效手段。因而，技术恐惧会被一些政治家所利用。不仅如此，在美国恐惧还可以带来经济利益。比如，"在美国，各州内恐怖袭击的目标的数量，大致上决定了这个州能得到多少打击恐怖主义的资金"⑤。这也难怪美国各州为了多争取经费，就虚报恐怖数目。另一方面，政治的技术化发展也使得政治需要技术。在现代，社会技术不仅改变着国家政治，对政治制度、政治民主、政治决策等有深刻的影响；而且改变着国际政治格局，影响着综合国力、国家主权、公民世界范围

---

① 乔尔·莫基尔. 2011. 雅典娜的礼物: 知识经济的历史起源. 段异兵, 唐乐译. 北京: 科学出版社: 247.
② Boehme-Neßler V. 2011. Caught between technophilia and technophobia: culture, technology and the law//Boehme-Neßler V. Pictorial Law: Modern Law and the Power of Pictures. Berlin: Springer: 1-18.
③ 拉斯·史文德森. 2010. 恐惧的哲学. 范晶晶译. 北京: 北京大学出版社: 123.
④ 拉斯·史文德森. 2010. 恐惧的哲学. 范晶晶译. 北京: 北京大学出版社: 126.
⑤ 拉斯·史文德森. 2010. 恐惧的哲学. 范晶晶译. 北京: 北京大学出版社: 125.

内的自由平等交流等。政治的技术化本身就会给某些公民个体带来技术恐惧，这与技术恐惧的政治治理是相矛盾的。政治与技术之间的风险博弈，导致了政治对技术恐惧态度的两面性。技术恐惧就游走于政治的这种限制和放纵之间。

二、军事影响下的技术恐惧

军事也是政治的一个重要构成部分，属于国家机器的范畴，国家的作用在军事技术领域尤其显著。军事技术既是政治与技术之间关系的一个表现层面，又表征着军事与技术之间的密切关联。从技术恐惧的层面上看，军事技术可能最能反映政治因素与技术恐惧之间的关系。这是因为，军事技术的根本目的，极端一点说就是为了战争，战争就会带来伤害。战争和伤害是最能引起人们的恐惧的，由此军事技术本身就是一种恐惧技术，只有令对方恐惧，才能达到军事的目的。正如我们无法完全控制技术一样，我们也无法完全控制军事技术，这就意味着我们无法完全控制军事技术的危害后果，这恐怕就使得恐惧军事技术的不仅仅是对方或敌人，尤其是面对大规模的现代武器的毁灭性，社会公众都成了军事技术恐惧的主体。

军事需要历来是技术发展的重要动力，尤其是现代技术更体现了军事的拉动作用，作为现代科技核心的计算机的诞生，就奠基于军事领域复杂运算的需要，并且计算机最初也主要用于军事和科研领域。核技术更是直接产生于第二次世界大战期间原子弹的研制，没有战争的催化，恐怕核技术的发展还要延后一段时间。航空航天技术也是军事技术需要和发展的结果。军事催生了现代高科技，也孵化了军事技术恐惧。首先，军事技术通过战争显示并放大了技术的风险性和危害性，引发了严重的技术恐惧现象。从中国近代社会的发展现实看，中国最先了解的是西方的船坚炮利，最早给中国带来耻辱和令中国害怕的也是西方的军事技术。第二次世界大战中日本广岛原子弹的爆炸，更使人进一步领略了军事技术的恐怖性。"1945年核武器的研制与使用彻底击碎了许多热爱和平的知识分子的幻想，并导致了人们普遍反感技术的情绪。"[①]如果这时的战争和军事技术还不能足

---

① 乔尔·莫基尔. 2011. 雅典娜的礼物: 知识经济的历史起源. 段异兵, 唐乐译. 北京: 科学出版社: 245.

以令公众恐惧的话，那么海湾战争、伊拉克战争、阿富汗战争等现代战争，让人充分认识了现代军事技术的威力。现代军事技术装备下的战争是无后方、全方位、立体式的打击，海、陆、空的有效配合以及空间和信息技术的综合运用，使得处于战争笼罩下的人们感到根本不存在安全的地方，因而生活在恐怖和忧虑之中。其次，现代技术在军事中的重要地位，导致了技术对人的控制和约束，人在军事系统中沦为技术的附庸。在传统战争中，人决定着战役的成败，技术是作为人的武器而存在的，或者说技术是依附于人的。但从现代军事战争来看，人似乎被归入武器系统，而且他们的功能是从属于技术工具的，也就是说，要根据技术力量和状况、根据军事技术系统的结构和特点配备人员，人是依附于技术的。现代军队的命名，如火箭军、装甲部队、海军航空兵、机械化步兵师、潜艇部队、航母编队等，都富有技术特色，突出了技术的核心地位，人处于次要的、从属的低位。因此，决定现代战争的因素是技术。这一点也会令人对人与技术的关系担忧，萌发技术恐惧。最后，军事技术的发展，大规模的杀伤性武器，如核武器、生化武器等的存在，还会引发对人类前途命运的担忧。另外，军事技术领域的军备竞赛，也会在一定程度上制造紧张和恐怖氛围，加重公众和社会的心理负担，影响人们对技术的态度和行为。当然，军事技术的发展也有可能在一定程度上缓解技术恐惧气氛。比如，军事技术的发展可以提供一些就业岗位，可以孵化出民用技术，或军事技术的民用化，解决一些社会和人的发展问题，这对于改善人与技术的关系起着一定的作用。同时，军事技术对于暴力犯罪、对于打击国际恐怖主义也起着至关重要的作用。但从根本上讲，军事技术的风险性和危害性还是其主要方面。

三、制度框架对技术恐惧的影响

从政治层面理解，制度框架指的是政治结构，包括政治、经济、法律制度以及运行体制和规则。一切社会事务和现象都是在一定的社会制度框架下发生、发展的。其会受制度框架的影响和约束，同时也会作用于制度框架，对于解构和建构制度框架有着一定的影响。现代科技已经成为制度框架的一部分，称为科技体制或制度，同时，科技体制又受大的制度框架的约束和规范，并服务于一定的制度框架。也可以从制度框架与技术之间的相互关联中发现对技术恐惧的深层影响。

制度框架与技术之间的相互关联可以通过社会对技术的选择过程反映出来。社会对技术的选择依赖于一定的规则，也就是说，社会接受或拒绝某种技术发明需要一定的依据和标准，这种依据和标准构成了制度框架的一部分。比如，价值观念、法律法规、组织结构、市场机制、习俗和道德等都会参与技术的选择与评判。"社会的不同群体的利益、文化上的选择、价值上的取向和权力的格局等都决定着技术的轨迹和状况。"[①]"技术的任何变化都不可避免地引起某些人福利水平的改善与某些人状况的恶化。"[②]这样势必有些人欢迎新技术，有些人则反对和拒绝新技术。这时社会就会通过制度框架平衡各种利益关系，评估技术对社会各种各样的效应，最后做出选择。一般来讲，技术的选择过程主要有两条途径，即市场和制度框架，市场对技术的选择主要依据的是经济效益，而制度框架就是通过综合评价实现对技术的选择和监管。由于市场存在着盲目性和不确定性，随着技术复杂程度和不确定性程度的提高，技术选择越来越依赖于制度框架。因此，制度框架对技术就存在着正反两方面的作用，赞同新技术或反对新技术。这有赖于制度框架的特征、技术的特征以及技术与制度框架的契合度。总体来看，分权制度比集权制度更有利于技术进步和创新。比如，中央集权的官僚组织具有保守性，对新技术就存在抵触情绪。"对任何官僚组织而言，惯例与标准操作程序是其长久生存的核心，对惯例的任何偏离都被极力制止和根除。"[③]制度框架的这种稳固性，也带来了技术革新的艰难性，组织机构的集权程度越高、控制力越强，就越阻碍技术革新和进步。相反，"软弱无能的政府难以强制执行限制性法规；从这个角度看，相对于强大专政的政府而言，技术进步偏爱软弱无能的政府"[④]。

在制度框架的技术选择过程中，政治游说起着重要的作用。因为技术

① 刘大椿. 2005. 科学技术哲学导论. 北京: 中国人民大学出版社: 359.
② 乔尔·莫基尔. 2011. 雅典娜的礼物: 知识经济的历史起源. 段异兵, 唐乐译. 北京: 科学出版社: 236-237.
③ 乔尔·莫基尔. 2011. 雅典娜的礼物: 知识经济的历史起源. 段异兵, 唐乐译. 北京: 科学出版社: 243.
④ 乔尔·莫基尔. 2011. 雅典娜的礼物: 知识经济的历史起源. 段异兵, 唐乐译. 北京: 科学出版社: 244.

选择会威胁或巩固现存的政治结构。政客和相关利益集团都会为了某种目的在社会上游说接受或反对某种创新和发明。具体到政治因素，可能为了拉选票、为了打击反对者、为了政治地位的稳固等都会去游说，会人为放大技术的某个优点和缺点，制造一定的紧张和恐怖气氛，唆使人们接受或反对新技术。这也是增强统治权力的比较简便可行的一条路径，因为"说服别人相信一项新技术会对全社会产生可能的危险要比收取租金容易得多"①。显然，这时的制度框架会影响到技术恐惧现象。制度框架还会直接作用于技术恐惧，表现如下：第一，资本主义制度带来的资本对利润最大化的追求，会导致不顾工人生活和健康状况，片面强调技术的经济效益的情况，这种制度的直接结果就是工人罢工、反对技术革新，甚至承受不了压力而选择自杀等。典型的就是卢德运动。第二，好战或军国主义政府或制度会引发人们对技术的反对和抵制，特别是对军事技术。第三，法律法规的健全、完善与否也会对技术恐惧产生直接的影响。比如，食品药品的市场准入制度，以及相关的法律法规，会在一定程度上降低人们对食品和药品技术的恐惧。反之，法律法规不健全和不完善，政府监管缺失，就会带来人们对该技术的恐慌。第四，制度框架的现代性会强化技术对人的控制，而技术上落后的社会则不愿意引进更为先进的技术，这种制度与技术的悖论，也为技术恐惧留下了发展的空间。社会的现代性对技术的依赖性程度高，显现了人相对于技术的从属性，以及技术对人的统治性，这是引发技术恐惧的一个主要内容。而落后的社会制度因为惧怕外来的政治统治和文化霸权，排斥和抵制采用新技术的行为，又反映了一种古老的技术恐惧心态。因而，制度框架的现代与落后都会对技术恐惧产生影响。

第四节　技术恐惧的经济动因

经济作为生产关系的总和，是上层建筑建立的基础；作为国民经济体系，是社会再生产的整个过程，是生产、分配、交换和消费过程的有机结合。不论从何种意义上讲，技术与经济间都存在着密切的关系，二者既相互联系、

---

① 乔尔·莫基尔. 2011. 雅典娜的礼物：知识经济的历史起源. 段异兵, 唐乐译. 北京: 科学出版社: 245.

相互依存、协同发展，同时又存在着差异和分歧，在实践活动中有时会出现矛盾和背离现象。经济与技术之间的这种辩证关系，会影响人们的技术态度，会带来以经济为目标的对技术的迷恋或批判，会形成对技术恐惧的消解或者建构。此处，笔者在本书中并非跟踪整个经济活动过程探求技术恐惧现象，而是结合具有经济属性的几个因素，分析技术恐惧的经济根源。

一、经济与技术的辩证关系及其对技术恐惧的影响

经济与技术之间存在着对立统一的辩证关系，一方面，经济与技术之间具有内在一致性。从某种意义上讲，技术与经济都是社会实践不同层面的反映，二者具有同构性，都属于社会实践的范畴。生产是经济与技术的结合点，代表着经济与技术的交集，生产既是经济活动的一个环节，又是一个技术过程。从此种意义上讲，技术就是经济，经济就是技术。人们把人类经历的几次技术革命也叫产业革命，并不单单是因为技术革命带来了产业革命，而是二者具有共同的实践本质，具有同一性。从宏观上来讲，技术与经济之间存在着相互推动的关系，技术是经济发展的前提和手段，经济又为进一步的发明创造奠定基础和提供物质条件，经济上的需要构成了技术进步的主要动力。"经济因素在技术进步和发展中起着至关重要的作用，马克思和马克斯·韦伯都承认这一点。"[1]因而，综观古今中外，技术与经济的发展具有同步性，技术创新和技术发展比较迅速的阶段，也必然伴随着生产方式的转变和经济的快速发展。技术发达的国家和地区，也必然是经济比较发达的国家和地区。上述过程反之亦然。从微观的角度看，技术发明和创造为企业与个人提供产品及生产手段，古代的技术发明又都是源于直接从事生产活动的工匠之手，现代的技术发明和创新也主要孵化在企业中，或者企业与研发机构横向联合。技术的研发和使用过程就是一个经济过程，技术产品的生产就是技术的消费，技术的消费过程也就是经济的生产过程、技术的交流和传播过程，就是经济上的分配和交换过程。从技术与经济的价值目标来看，技术追求有效性，与经济上追求的利

---

[1] Boehme-Neßler V. 2011. Caught between technophilia and technophobia: culture, technology and the law//Boehme-Neßler V. Pictorial Law: Modern Law and the Power of Pictures. Berlin: Springer: 1-18.

润最大化即经济效益之间也具有内在一致性，也就是说，经济与技术存在着合目的性。从经济的内涵演变来看，经济已经从原初意义上的持家，演变为治理国家、经世济民，又发展为全球化经济系统；其系统也从单纯的物质生产、分配、交换和消费过程，发展为人流、物流、信息流有序运行，产业结构、产品结构和技术结构优化重组，物质、能量和信息交换互补的动态、开放系统，被现代人称为大经济，这种大经济具有科技化、信息化和系统化的特点，充分体现了经济与技术的一体化。

另一方面，经济与技术作为不同的实践活动，经济活动或经济因素会给技术及其进步制造一定的矛盾和麻烦，这又体现了经济与技术之间的差异性。首先，经济与技术之间具有相互制约性。任何发明创造和技术产品的开发都需要一定的经济投入，尤其是现代高新技术的研发，需要投入的经费会更大，对于一些落后国家、地区和企业而言，经费相对缺乏，就制约了技术水平的发展。这一矛盾还体现在，有限的经费投入技术研发还是投入扩大再生产。反过来，技术水平落后，又是经济发展的一个瓶颈。其次，科学标准与经济标准的差异，隐含着技术与经济之间的对立和分歧。科学追求创新，与科学标准相一致的是技术的先进性和创新性，这是科研部门所要求的；经济追求利润最大化，讲求以最少的投入获得最多的产出，与经济标准相一致的技术属性是实用性，这是企业所想要的。但是新颖、先进的技术，未必是最实用的；实用性强的技术也未必符合先进性和创新性，这些属性之间的矛盾反映了经济与技术之间的背离性。这种背离会使得先进技术的研发和推广遭受企业的冷遇，从而给技术进步带来阻力。再次，技术风险与技术投资的期望收益之间的矛盾。投资技术用于提高劳动生产率、换取经济效益历来是经济投资的一个重要内容，尤其是在现代企业中，研发经费在经费预算中占有很大比重。之所以如此，是高技术产业、高技术项目已经成为经济增长的核心和支点，企业投资技术主要期望给其带来很高的回报。但技术的风险性往往会打破企业家的美梦，使投资化为乌有或不能带来预期的回报。技术研发的失败、市场评估的误差、产品的质量缺陷、市场运作存在的问题、批量生产的技术瓶颈等都可能使技术显得不那么完美和差强人意，就会影响产品的生产和销售，并最终影响经济收益。此种情况就会使技术投资失去信心，从而影响技术的发展。最后，军事技术既能拉动需求，为经济发展开拓新的市场和方向，同时又对经济具有一定的破坏性。从整个人类发展的视角来看军事技术的实质，其是与经济相背离的。即便该技术能够直接带来经济的快速发展，这种发展也并不是健康的、持续的，也不符合人类发展的根本目标。此外，经济发展需要稳定的环境，而军事技术只有在不稳定因素加强、形势紧张时才能实现市场化和带来较大的经济收益。因而军事技术与经济的本质是矛盾的。

此处之所以要探讨经济与技术的辩证关系，是因为经济与技术的关系是人与技术关系的一个方面，是人与技术关系在经济领域的显现，反过来经济与技术的关系又影响着人与技术的关系，并进而对技术恐惧产生重大影响。经济与技术的一致性，导致人们会把经济原则用于技术，使技术以追求利润最大化为目的，而忽视或者轻视技术对人的发展的影响，异化人与物的关系，并导致人与技术关系的紧张，引发技术恐惧现象。同时，经济与技术的一致性，彰显了技术的强大经济功能，在技术和社会转型期，各产业、行业、企业都会选用新技术武装自己。比如，信息技术在传统产业的推广利用，就会给企业员工，甚至企业、行业本身带来技术压力，从而影响员工对技术的态度和行为，诱使某些员工和企业抵制与排斥技术革新，拒绝采用新技术。而经济与技术的矛盾，又会带来企业及其员工对技术投资的担心和焦虑，对技术风险也充满着忧虑，也会积累汇聚成技术恐惧现象。技术与经济之间的矛盾性还会形成技术决策恐惧，一方面，企业需要通过技术来实现经济收益，但技术恐惧显示的员工排斥、抵制技术的现象，又会降低技术的经济收益，从而导致企业本身技术行为和态度的犹豫与怀疑；另一方面，企业要拒绝技术革新、消除技术恐惧的话，就会面临丧失市场竞争力和降低生产效率的风险，这种对技术恐惧的考虑会形成新的技术决策恐惧。

二、技术恐惧的市场导向

市场是经济活动的场所，在完全市场经济条件下，资源配置、产品分配、交换和消费都是通过市场来完成的。技术投资以及新技术的研发、传播、推广利用也是以市场为导向的。新技术常常能带来一系列的经济利益，同时也暗含着巨大的风险。每次技术革新或革命，都会造就一批成功者，同时也会带来一群失败者。例如，在电子行业晶体管技术对真空管技术的淘汰。那么，人们凭借什么来判断技术创新的接受或拒绝呢？从经济的视角看，主要依靠市场集结做出决策，除此之外，在市场作用不到或市场失灵的领域，比如有关人类共同利益的重大国际民生项目，需要政府的干预或宏观调控。政府干预在前面的政治与技术中已经提到，不再赘述。此处仅论证新技术接受和推广使用的市场导向。在没有政府干预的前提下，或者在完全市场条件下，市场就像一只看不见的手，调节着生产和流通，调节着人们的经济行为和活动。市场集结主要是指市场活动的主体，包括企业和个人，为了组织和个人的经济利益或目标，向市场的某个环节、领域、产品等方面漂移和聚集。市场集结就是市场做出的决策，市场集结代表着市场的导向。市场主体根据一定的原则，对技术的期望收益、技术的机会损失、自然状态的变化、利益和风险的概率、损益值等指标体系进行权衡，形成对技术利益和风险的评估，从而做出决策是采用还是拒绝技术创新。

因为技术革新或新技术及其产品在市场上带来的利益和风险有一个展开的过程，因此，在技术革新或新技术及其产品出现的初期，人们对其利益和风险缺乏理解，认识不全面。这样，对技术革新与新技术利益和风险的评估就存在着摇摆与不确定的特点，存在着放大或缩小的现象。新技术也就会出现搁浅或被市场接受的结果，搁浅意味着新技术的预期收益较低、风险较大而没有形成市场集结。对新技术接受，包括自愿接受和被迫接受，是因为该技术得到的市场评估利益要远大于风险，从而形成市场集结，对市场主体形成一种导向，即使少数主体不看好该技术，但在市场导向下也被迫做出接受决定。这里就存在一个问题，当一项新技术问世时，总是首先得到少数人的认可。如何才能实现少数人向多数人的转变，就需要少数的接受者对技术利益进行宣传和推介，在经济领域称作市场运作。通过市场运作，通过广告宣传，实现市场主体向该技术的集结。这也就是市场假象或市场的盲目性，这种假象和盲目性会使得新技术给公众带来损失，包括财产损失和环境损失。相反，如果这种市场假象和盲目性被技术拒绝者所利用，那么带来的就是技术革新和新技术产品的夭折，这同样会带来损失，既有经济损失又有技术损失。显然，技术的市场集结和导向，会影响和改变人们对技术的态度与行为，当市场向技术的风险性集结时，就会放大技术的风险性，形成极化认知效应，并产生技术恐惧现象。当市场向技术的利益集结时，人们过于期望得到经济利益，就会导致一部分人自愿或被迫接受新技术。不论哪种情况，新技术的采用都会改变原来的生活和工作方式，或者因为技术压力，或者因为非自愿地接受新技术，给企业或员工带来某种程度上的不适应，或者形成员工对新技术的抵制和破坏，即形成技术恐惧现象。例如，18世纪的英国卢德运动、20世纪的反核抗议活动，以及当今社会的计算机和信息技术压力等。

三、经济效益下的技术恐惧

经济效益是所有经济活动追求的核心目标。其指的是投入与产出之间的比例关系，或者称为一定的投入所产生的经济收益。经济效益与投入或者成本之间成反比，与产出或收入之间成正比。因而为了追求利润最大化，或最大的经济效益，经济活动的主体就会尽量压低投入，提高产出。而能实现企业家这一目标的就是科学技术，因为科学技术是第一生产力，科技在经济活动中具有乘法效应，甚至是指数效应。也就是说，生产力中劳动者、劳动资料和劳动对象等要素一旦与科学技术结合，收益就会成倍增长，甚至是成指数增长。尤其是现代社会，高技术产业与技术密集型企业成为新的经济生长点，技术创新成为企业提供经济效益的最有效的途径和保障。因此，"在西方世界，技术进步绝大部分是私人企业的责任"[①]。新技术必须能够增加收益和降低成本，企业或生产者才愿意采用它们。技术所带来的投入与产出之间的比例关系的变化我们称为技术经济效益，也就是说，投资技术所带来的高额回报形成的经济效益的提高。技术与经济的一致性决定了技术与经济效益之间存在着正比关系，这已经为社会发展的历史和现实所证实。

但是，技术与经济效益之间也并不总是保持一致的，二者有时也会出现矛盾，甚至背离现象，这表现在，首先，经济效益与技术进步具有不完全同步性：第一，技术进步要转化为实际的经济效益，需要一个过程，这

---

① 乔尔·莫基尔.2011. 雅典娜的礼物：知识经济的历史起源. 段异兵，唐乐译. 北京：科学出版社：227.

个过程的长短与技术的特点和社会对该技术的接受程度有关。与此相关，新技术在企业或产业中的推广也需要一个过程，开始新技术的采用可能会出现与经济效益成反比的情况，因为员工的熟练程度，以及技术与产业、企业的融合程度等都会直接影响经济效益，开始阶段一般会造成资源、人员、资本的浪费，甚至带来损失，这些都会计入成本，因而效益会下降。第二，技术进步造就的经济和社会的扁平化，会削弱垄断企业或优势企业的中心地位，会使其利润平均化，这些企业的经济效益与技术革新前的原有生产模式产生的经济效益相比反降不升。第三，习惯于旧的生产方式和技术传统的企业、员工，对技术进步和创新会有抵触情绪，甚至破坏技术创新，这样会降低劳动生产率，影响经济效益。其次，技术进步过程中经济效益与社会效益和生态效益的矛盾。技术作为经济、社会、自然和生态关系的中介，也是矛盾的集结地，当技术追求经济效益时，可能会损害其社会效益和生态效益。反过来，如果为了提高社会效益和生态效益而创新技术，可能会带来经济效益的降低。尤其是现代技术服务于经济发展和满足人们物质需要的目标，已经引发了严重的社会发展和生态环境问题，这应该是经济给现代技术制造的最大麻烦。因此，在这样的社会背景下，技术的功能可能更多地转向社会的科学发展，以及生态环境的保护，而其经济功能日益减少和弱化。最后，技术的风险性和不确定性也会给经济效益带来不确定性。高技术产业虽然存在着高回报率，但也存在着高风险性。包括技术研发的失败带来的投资损失、高技术的危害性造成的经济补偿等都会增加生产成本，而经济效益并不增加甚至反而减少。

经济效益的目标驱动，会成为技术恐惧的孵化器。快速、高额的经济回报会使一些人铤而走险，置技术风险和危害性于不顾，结果会带来资源的浪费、环境的污染、生态的破坏、人的身体健康状况下降甚至危及生命，人在技术面前主体性的丧失、人际关系异化为物质关系、在高技术的重压下人的工作和生活水平的紧张与恶化等现象成为现代经济社会的生存样态，为此引发了一部分人对技术的不满和担忧，抵制技术、破坏技术、抗议技术创新等技术恐惧现象也伴随着技术的经济化骤然而至。因此，我们在进行经济效益与技术的评价和评估时，也应该把技术所带来的环境和资源成本、人的健康成本等核算在内，这样才不至于对技术的利益和风险评估出现过高或过低的估计。

四、风险营销带来的技术恐惧

风险营销原本是指企业在面对各种营销风险时采取的特殊营销措施，以期最大限度地减少不利因素给企业营销效果造成的不良影响，包括来自经销商、竞争对手、顾客、企业本身等方面的风险。在技术语境下探讨风险营销，主要是指与技术有关的风险引发的营销策略改变，包括针对技术风险性采取的营销策略，以及风险环境的技术营销策略。从此种意义上讲，风险营销能够变不利条件为有利条件，使企业获得意外的或高额的收益，并能改变人们对技术的观点和态度，从而对技术恐惧产生影响。技术风险激发的人们的恐惧感，可以变成巨大的商机和利润，因此风险营销、恐惧营销成为风险社会非常重要的营销策略。

技术风险性与当今社会的技术化相融合，形成了当今的风险社会。之所以称风险社会并不是因为风险仅存在于现代社会中，而是指生活在现代社会中的人们人人都无法逃避风险的困扰，没有人可以置身事外，比如原子弹的威胁、全球气候变暖、生态灾难等。"在这样的环境中，再也没有什么'旁观者'，参战者和那些没有卷入战争的人都会深受其害。"[1]这就是风险社会的特征。"在现代化进程中，生产力的指数式增长，使危险和潜在威胁的释放达到了一个我们前所未知的程度。"[2]现代社会，科技是开启财富之门的钥匙，同时也是引发风险的导火索。科技在成倍地提高生产力的同时，也不断提高风险系数。因此，技术的经济化，或经济活动的技术变量也充满了风险和不确定性。这些就会引发人们对技术产品、对企业的技术行为产生怀疑或不信任，就会使得技术产品和服务出现滞销、缺乏市场竞争力或者没有市场的情况，从而降低经济效益。技术风险性造就的风险营销，就是要改变人们对技术风险的认识，采取一定的策略使客户和经销商接受技术产品与服务，正确理解风险，尤其是要使其认识到长期的对风险的焦虑要远远大于风险对于人们的伤害。比如，美国"9·11"

---

[1] 安东尼·吉登斯. 2000. 现代性的后果. 田禾译. 南京：译林出版社：111.
[2] 乌尔里希·贝克. 2004. 风险社会. 何博闻译. 南京：译林出版社：15.

事件后带来的航运业的萧条，航空公司的营销策略就是以一些真实的数据向公众表明，在各种交通方式中，航空是事故率最低、最安全的。风险营销还在于用一种技术手段弥补另一种技术缺陷。比如，人们对转基因食品的恐惧，就带来了无公害农产品的畅销；人们对西药副作用的担心，换来了中医和中药的发展生机；等等。人们利用风险社会和风险环境带来的心理与行为影响，进行技术产品和服务的营销也属于风险营销。比如，人们对辐射的担心，诞生了一些防辐射产品，这些产品的营销策略就是放大辐射对人们的危害范围和程度，使人们不得不接受其产品。计算机病毒的存在，也催生了抗病毒软件的开发。环境污染和工业危害给人带来的心理暗示，使人们相信自然的就是好的，公众比较喜欢天然产品，因此，"公司行销人员乐于吹嘘销售的产品属'天然制造'，因为他们明白'天然的'即健康的、有营养的和安全的。'人们都有这么一种观念，即如果一件东西是天然的，那么它肯定无害。这种想法听起来有些天真'"①。比如，有人兜售木炭块，且宣传自己的木炭是纯天然的，绝对无人工添加剂等，不管其销量如何，但有一点是肯定的，这种木炭绝对是致癌物。

　　风险营销一方面淡化和弱化技术风险，或者使人们理性地看待技术及其产品，这在一定程度上可以降低人们技术恐惧的水平；另一方面，风险营销又存在放大技术风险和危害的宣传，使人们笼罩在技术风险中，惶惶不可终日。不仅生产技术产品的企业采取这种风险营销，而且一些新闻媒体为了引起人们的注意，以及引起轰动效应，从而为企业带来广告收入，也会进行多少带有煽动性质或暗示公众的风险传播。"许多社会活动者、政客、企业家真正关心的并不是如何进行理性风险管理，而是惊吓众人。毕竟，通过制造紧张气氛还可以得到捐款、选票和销售收入。"②这样就会强化人们的风险意识，加重人们对技术及其产品和服务的心理负担，从而引发技术恐惧以及提升其水平。

---

① 丹·加德纳. 2009. 黑天鹅效应——你身边无处不在的风险与恐惧. 刘宁，冯斌译. 北京：中信出版社：208-209.

② 丹·加德纳. 2009. 黑天鹅效应——你身边无处不在的风险与恐惧. 刘宁，冯斌译. 北京：中信出版社：221.

第五节　技术恐惧的伦理审视

随着技术哲学的经验转向，伦理越来越成为技术哲学重视的对象，技术也越来越成为伦理考量的主题。这不仅因为技术哲学更加关注实际和经验的问题，而且因为技术与伦理之间确实存在着密切的关联性。这种技术与伦理之间的内在联系，也会影响和反映到技术恐惧层面。

一、技术与伦理的关联性简析

伦理关注技术或技术哲学的伦理转向，源于技术引发的环境和生态问题，这一研究转向催生了一个新的研究领域和内容，即技术伦理学。技术伦理学可以看作是应用伦理学与技术哲学的一门交叉学科。

伦理指的是人与人之间、人与自然之间关系的规则，也就是人与人、人与自然之间发生关系应该遵循的一些规范准则。从本体论来看，人与人、人与自然在生成的过程中形成了一定的关系，这种关系秩序不应该被随意打乱，否则就是违背伦理的。基于此种情况的伦理研究也被称为自然法理论，意味着伦理是自然形成的，是先在的。从认识论的角度看，人与人、人与自然之间应该建立一种关系，有利于人与人、人与社会、人与自然的和谐发展，也就是能建构一种"善"，这样的关系就是合乎伦理的，否则就是恶的，就是违反伦理的。显然，这种理论相对于前者而言，人与人、人与自然的关系是建构出来的，已经预设了人的价值理念。这种理论也被称为功利主义理论。不论伦理是先在的，还是建构的，其对人们的行为都具有一定的规范和约束力。伦理关系的规范化和现实体现就是道德。因此，人们常常把伦理和道德结合在一起使用。相对于道德而言，伦理更具有本体意义，道德是对伦理的认识和反映，也可以看作是伦理的一种现实实践。伦理道德作为人与人、人与自然之间的关系，会寓于人的各种交往实践和活动中。

技术作为人类的一种活动，也必然会被打上伦理的烙印。在谈到为什么技术会成为伦理学的对象，或者伦理为什么要关注技术时，汉斯·约纳斯认为，"技术是人的权力的表现，是行动的一种形式，一切人类行动都受道德的检验"①。但同时，约纳斯也想到了另一面，即技术会不会制造一种特殊情况，使伦理思想做出努力和改进。并且约纳斯的答案是肯定的。其实这两方面正是伦理与技术的相互关系：一方面，技术要受到伦理的约束和规范，伦理制约着技术的发展；另一方面，技术作为一种创新实践，又会不断地冲破伦理的束缚，创造新的伦理关系，不断改变着人们的善恶观念。技术的伦理性并不是直接判断技术的善、恶这么简单。因为技术本身具有二重性，是把双刃剑，技术的使用意图和结果之间的善恶关系充满着复杂性与矛盾性，善意可以带来恶果，所以伦理不仅要考察技术的恶意使用及其后果，即使善意的发明和使用，其伦理性和合法性也是需要考虑与规范的。技术具有风险性，技术的风险性使人焦虑、恐慌，究竟多大的风险才值得、多大的风险才是道德所许可的，这些定性和定量的问题也向传统伦理学提出了严重挑战。不仅如此，技术不断拓宽人们的视野和实践范围，从而就会不断有新的伦理问题呈现，甚至现有的伦理学根本没有思考和面对过此类问题，如核伦理、环境伦理、生物技术伦理、计算机伦理、网络伦理等。伦理学的研究对象越来越具有技术特征，技术各领域也越来越多地受到伦理的考问和检验。如果伦理学不做出努力，只寄希望于技术在伦理划定的圈子里活动显然是不合理的，也是不可能的，因为"科学并不忠诚于人类，而是忠诚于真理——它自身的真理，科学的法则并不是善的法则——即人类所谓的善、道德、崇高、人道的含义上的法则，而是可能获胜者的法则"②。技术的自主性告诉我们，技术有其自身发展的逻辑，它并不完全按照人们给它设定的伦理路径前进，但技术又有其发展的社会语境，也不能完全置伦理于不顾，否则会面对诸多的伦理瓶颈和制约。

二、伦理失范和失灵形成的技术恐惧

技术及其进步带来的诸多问题，不仅造成了实际的风险和危害，比如，对环境的污染，对生态的破坏，资源的浪费，全球气候恶化，核灾难，网络黑客，人的生命、健康、财产受到严重影响和威胁，等等；而且带来了

① 汉斯·约纳斯. 2008. 技术、医学与伦理学——责任原理的实践. 张荣译. 上海：上海译文出版社：24.
② 巴里·康芒纳. 1997. 封闭的循环——自然、人和技术. 侯文蕙译. 长春：吉林人民出版社：143.

诸多的伦理问题，使现有道德规范出现滞后和缺失现象，给人类带来了间接的和潜在的风险与威胁。这正是技术恐惧的伦理根源所在。

技术恐惧不仅表现在人们对直接的、现实的危害和灾难性后果的忧虑，而且表现在人们对技术造成的道德失范和失灵的担心与害怕，道德失范和失灵会使技术失去道德约束，而使人们感到担惊受怕、感到精神无所安抚和寄托。作为人际关系和人与自然关系规则的伦理给予了人类秩序及规律偏好。在伦理的作用下，人伦纲常得以建立，社会长幼有序、关系调理，事物分门别类，秩序井然，体现了人类的理性、社会的有序性和自然的规律性。技术却以理性的形式，打破了这种有序和宁静，带来了非理性的后果，使原有的道德规范表现出无力和疲软，甚至失效。已经习惯于固有的社会关系和天人秩序的人们，面对这一变化了的形式，势必感到慌乱和迷惘，因而会把这种结果归咎于技术，这正是伦理引发的技术恐惧。

伦理失范和失灵之所以会引发技术恐惧，究其原因主要有：其一，对失去伦理约束的技术风险感到恐惧。与伦理相联系的是责任，伦理对关系的约定，形成了关系主体的责任。在黑格尔看来，伦理中的责任并不是外在赋予的义务和要求，而是伦理关系的主体与生俱来的，具有本体性，或者说是先验的，这种责任会在现实角色中具体体现出来。就像人生来就处在一定的伦理关系中，与这种伦理关系相与为一的就是主体的责任，这一点是不容选择的。失去了伦理的约束，就不能进行负责任的技术创新，也就无法保证技术的善意和善行，更无法保证技术带来善的结果。例如，核技术包括核武器与核动力，在核技术刚问世时，是缺失相应的核技术伦理的，即使现在，核技术伦理学仍不完善和健全。"从更严格的角度讲，存在威慑理论的道德地位问题，以及与核武器与核动力两个方面相关的，对当代和未来几代人的风险及责任的恰当分担问题。"①实用主义支持一直发展核技术，但公众又认为核技术的格言就是毁灭，一旦道德规范不到位，失去伦理约束或者伦理失灵，核技术的相关责任就无法得到正确的履行，核技术风险就会扩散，当然令人不寒而栗。

其二，现有伦理观念受到冲击造成的心里慌乱和茫然，导致人们不能

---

① 卡尔·米切姆. 2008. 通过技术思考：工程与哲学之间的道路. 陈凡，朱春燕译. 沈阳：东北大学出版社：128.

接受新技术。一定的社会语境有相应的伦理传统和伦理体系，并内化为人们的一种自觉和习惯，这也是社会稳定和人际关系和谐的基本条件。新技术的出现常常会打破这种稳定和宁静，要么直接违反现有伦理关系和观念，要么现有伦理作用不到该领域，出现伦理失灵，这些都会直接冲击人们固有的伦理观念，使人感到不适应和恐慌。例如，现代生殖技术对传统生育观念的违背，从最初的堕胎、人工授精到试管婴儿、克隆技术等；器官移植技术及其引发的器官捐献，对传统的身体的完整观念是一大冲击；克隆人技术对传统人伦关系的打乱，使传统伦理学感到无奈；安乐死以及医患知情权问题使人陷入两难境地；信息技术带来的伦理冲突；机器人、电子人的伦理问题；人类对信息的需求及信息污染问题；网络中人的隐私权的保护问题；等等。从手工工具的地域性发展到现代技术的全球性，又带来了区域伦理与普世伦理之间的矛盾。这些新技术与由之引发的伦理争论，长期以来一直困扰着人们，当新技术造成的伦理缺失和冲突不被人们接受时，就会引发人们抵制和排斥该项新技术，或者新技术给人们带来沉重的心理负担和焦虑情绪，这些都可以形成技术恐惧。另外，伦理与技术之间的矛盾和冲突，也会引发人们对技术的担心。因为技术追求有效性，伦理讲究秩序、规范，因而就存在着技术为追求有效性，而破坏秩序和规范、不遵守秩序和规范的情形。例如，有的科学家就说："我们经常会发现自己处于一种双重道德约束中，并且没有任何解脱的办法。我们中的每一个人只能在有效和诚实之间找到平衡与合适的选择。我希望有效和诚实能够兼顾。"[①]技术与伦理兼顾是一种理想的状态，但事实却并不尽如人意。

其三，新的伦理观念对技术的抵制和排斥。"由于技术的发展和它带给人类的巨大能量，传统的伦理学理论一直应用于与现代技术密切相关的职业，现在伦理学自身的范围不断在扩大，包含了人类与非人类世界诸如动物、自然甚至是人工物的联系。"[②]技术伦理学的建立不仅使伦理学覆盖了各种技术领域，而且延伸到技术活动的影响结果。伦理学研究范围的

---

① 丹·加德纳. 2009. 黑天鹅效应——你身边无处不在的风险与恐惧. 刘宁, 冯斌译. 北京: 中信出版社: 132.
② 卡尔·米切姆. 2008. 通过技术思考: 工程与哲学之间的道路. 陈凡, 朱春燕译. 沈阳: 东北大学出版社: 127.

扩展，也创新了人的伦理观念。传统伦理的核心是人，人是万物的尺度，被称为人类中心主义伦理学。这样一种尺度、这样一种伦理，使得技术在指向自然和其他物种时，把自然和其他物种看作是为人类服务的，是人天然的作用对象，而并没有把人的伦理延伸到自然和其他物种身上，或者人之外根本就没有伦理可言，因而人可以凭借技术，践踏自然、破坏环境、毁灭物种，造成严重的全球生存和发展问题。正如约纳斯所言的："人类义务的对象是人，在极端情况下，就是人类，在地球上绝无其他（通常，伦理视野要狭窄得多，例如在'邻人之爱'中）。但现在，地球上的整个生物圈以及新近揭露的所有大量物种受到人的过度侵袭，易受伤害的状态应该受到关注。这种关注是那些自身就具有目的的东西——所有有机体都应该获得的。"① 人对人的道德在对其他物种的技术行为中丧失殆尽，长此以往，我们的地球将会变得荒芜和死寂，出于对未来和后代的责任也不容许这样发展，更何况人类也没有权利剥夺其他物种的生存权利。因此，人的伦理观念开始转变，人对人的尊重和顾念也延伸到其他物种及领域，因此有了环境伦理、太空伦理、大地伦理、动物伦理、生态伦理等新的伦理领域和内容。这些伦理在很大程度上是针对环境保护和人类的技术行为的，对技术的发展有着限制和约束作用。一旦技术触碰到这些伦理规范，就会引起人们对技术的抵制和反对。环境保护主义者对此还非常敏感，甚至有时对技术发展要求过于苛刻，比如，罗马俱乐部甚至要求人类终止技术行为。

因此，伦理对技术的关照和技术的伦理化，还有大量的问题需要研究和解决，并且这一领域是开放的，技术每前进一步，伦理就会跟进一步。不仅如此，伦理的研究还应该走在技术的前面，针对技术的发展趋势和潜在的问题，提前介入技术，这样才可以弥补滞后的缺陷。具体到技术恐惧的研究，通过伦理的约束可以适当减小技术危害、降低技术恐惧水平，但伦理也会引发和加剧技术恐惧。因此，针对技术恐惧，我们不仅要解决技术问题，还要不断更新伦理观念，寻找伦理与技术的最佳契合点。

---

① 汉斯·约纳斯. 2008. 技术、医学与伦理学——责任原理的实践. 张荣译. 上海: 上海译文出版社: 28.

本 章 小 结

　　技术恐惧的社会语境结构是技术恐惧形成和发展的社会文化环境与条件，主要包括文化启蒙、政治建构、经济动因和伦理审视四个方面。文化启蒙既消解了永恒性技术恐惧，同时又催生了现代技术恐惧，并导致了技术恐惧的传播和蔓延。政治参与技术活动形成了技术恐惧的政治干预，政权的建立和巩固、军事竞争、法律等各项制度及政治体制的运行需要等都会影响人与技术的关系，构成技术恐惧的政治环境。经济与技术之间存在着内在的一致性和必然联系，因而经济目标、市场体制、经营模式等都会对技术发展有一定的导向作用，会缩小或放大技术的各种风险和危害，增大或减小技术的不确定性和控制性，这正是技术恐惧的经济动因。技术恐惧与伦理之间也有着重要的联系，不同的伦理观和道德规范，会影响人们对技术的态度和人与技术的关系。应对技术恐惧问题不仅需要伦理对技术行为的规范和约束，而且需要不断改变伦理观念，建构适应时代发展的新型伦理。

第六章
技术恐惧的表现形态

技术恐惧作为人对技术的一种反应，伴随着技术一路走来，已经成为现代技术社会的一种普遍现象和文化存在，这种现象可以反映在社会生活的多个方面。概而观之，可以把技术恐惧的表现分为三大层面，即个体层面的技术恐惧、社会层面的技术恐惧和哲学层面的技术恐惧。技术恐惧的表现形态就是指技术恐惧在个人、社会和哲学等方面的影响与反映，通过表现形态的分析，可以发现技术恐惧的存在规模和程度，为技术恐惧现象的研究提供现实依据。

第一节　个体层面的技术恐惧

个体层面的技术恐惧指的是作为技术恐惧主体的个人所表现出来的技术恐惧。技术恐惧的主体是人或者说用户，包括个人和群体，个人是最典型、最基本的主体，技术恐惧首先要在个体的心理和行为中表现出来。新技术在改变世界的同时，也使人们对其做出反应。1970年美国做了一次国家范围内的调查，该调查表明大多数个体对新技术持消极态度。[①]有人就把技术恐惧界定为个人有机会使用电脑时却抵制或拒绝使用，直接针对的就

---

① Brosnan M J. 1998. Technophobia: The Psychological Impact of Information Technology. London and New York: Routledge: 11.

是个人的表现。技术恐惧在个体层面的表现，可以反映在心理、生理和行为等方面。

一、个体技术恐惧的心理反应

在国外的技术恐惧研究中，研究者或研究成果首先是出现在心理学领域，也就是从心理学的视角研究技术恐惧。例如，影响比较大的研究者杰伊、罗森和韦尔等就都是心理学家，布鲁斯南的著作《技术恐惧：信息技术的心理影响》(*Technophobia: The Psychological Impact of Information Technology*)，更是从心理学视角研究技术恐惧的典型代表。这大概与恐惧的性质有关，恐惧作为人类与生俱来的一种情绪，本来就属于心理学研究的范畴。因此，技术恐惧也首先应该在个体的心理方面有所反应和表现。从技术恐惧的定义来看，有的人把技术恐惧界定为心理适应性疾病，有的人则认为技术恐惧不应该被看作疾病，而是技术对人的心理、态度、行为、想法造成的消极影响。显然，此类定义都注意到了技术恐惧对心理造成的影响和心理症状。还有一些定义则认为，技术恐惧是对技术的焦虑或严重焦虑、忍受经常的焦虑、对技术感到压力等，这里的焦虑、压力显然也是主体的心理反应。从对技术恐惧进行的实证调查研究来看，其也确实影响到了个体的心理，或者说有着典型的心理反应。"技术不仅会产生物理上的副作用，同样还会产生感情和精神上的影响。"①这里精神上的影响也是心理上的影响，因为心理可以通过精神来表达和表现，同时精神和心理都是与生理和身体相对应的范畴。比如，2002年的一项研究表明，36.3%的从事视频显示终端(visual display terminals, VDT)工作的人感觉精神疲劳。②并且该研究把VDT引起的视觉疲劳分为两类，即生理疲劳和心理疲劳。生理疲劳主要指手和脚的疼痛；心理疲劳则表现为感觉呆滞、不舒服等。这进一步说明了精神与心理的同层次性，也表达了技术恐惧在心理或精神方面的反应症状。技术恐惧在心理方面的反应有一个逐步深化的过

① F. 拉普. 1986. 技术哲学导论. 刘武，康荣平，吴明泰，等译. 沈阳: 辽宁科学技术出版社: 48.
② Fukuta K, Koyama T, Uozumi T. 2005. Representation of visual fatigue during VDT work using bayesian network//Abraham A, Dote Y, Furuhashi T, et al. Soft Computing as Transdisciplinary Science and Technology. Advances in Soft Computing. Vol. 29. Berlin: Springer: 581-590.

程，"开始表现为对技术的不安情绪，进而导致焦虑，最后形成压力"①。随着技术恐惧的水平不断提高，心理反应程度不断提高。反过来，心理反应程度又佐证着技术恐惧的水平。有人描述了技术恐惧症的典型症状，认为技术恐惧症患者在使用技术时有以下反应：感到害怕和恐慌、自动或无法控制的反应、心跳加速、呼吸急促、发抖、极度逃避等。这里提到的害怕、恐慌以及无法控制的反应就是技术恐惧对心理方面的影响，当然，对心理的影响是与对生理的影响紧密联系在一起的。计算机的利用确实引起了对心理的不健康影响，尤其是压力。"其症状包括不能集中精力于单个问题，容易发怒和情绪失控等。"②钱皮恩（S. Champion）强调技术压力是一种疾病，也列出了它的几个心理方面的症状：恐慌、焦虑、心理疲劳、偏执和完美主义等。③有人通过信息超载和信息污染研究技术压力，认为人们对信息污染会感到焦虑。信息太多超出了我们的处理能力。信息超载对人的危害比较典型的表现就是技术压力。典型的技术压力表现为：沮丧、焦虑、受打击的感觉，极端情况下会表现为恐慌。④这些表现同样是技术恐惧在心理方面的反应。另外，技术恐惧与性别的关系研究也表明，心理性别不同，对技术恐惧的影响不同，反过来，技术恐惧在性别上的差异，也印证了技术恐惧对心理的影响。比如，有研究表明，女性比男性的技术恐惧水平高，也就是说，女性对技术恐惧的心理反应更为强烈和明显。

心理反应既是技术恐惧对个体的心理影响，或者说技术恐惧在个体心理方面表现出来的症状，又是判断技术恐惧和测量技术恐惧水平的一个重要指标。因此，很多的技术恐惧实证研究所做的量表都包括心理方面的一些问题。比如，在使用 ATM 情况的问卷调查中，问题就有"我期望能更

① Aida R, Azlina A B, Balqis M. 2007. Techno stress: a study among academic and non academic staff//Dainoff M J. Ergonomics and Health Aspects of Work with Computers. Lecture Notes in Computer Science. Vol. 4566. Berlin: Springer: 118-124.

② Aida R, Azlina A B, Balqis M. 2007. Techno stress: a study among academic and non academic staff//Dainoff M J. Ergonomics and Health Aspects of Work with Computers. Lecture Notes in Computer Science. Vol. 4566. Berlin: Springer: 118-124.

③ Çoklar A N, Sahin Y L. 2011. Technostress levels of social network users based on ICTs in Turkey. European Journal of Social Sciences, 23(2): 171-182.

④ Himma K E. 2007. The concept of information overload: a preliminary step in understanding the nature of a harmful information-related condition. Ethics and Information Technology, 9(4): 259-272.

熟练地使用 ATM；我担心使用 ATM 时会犯错误；我使用 ATM 时感到沮丧；我认为大多数人使用 ATM 都比我好；我接近 ATM 时感到焦虑；ATM 会使我不安；我不相信 ATM"[①]等，这些问题实际上检测的就是个体对技术的心理方面的反应，以此为参照，来判定技术恐惧及其水平高低。技术恐惧有典型的心理反应，这符合人们接触外物或与其他事物发生关系的规律，虽然恐惧事物作用于我们的感官，首先引起的是生理的反应，这一点人与动物的恐惧过程是一致的，但人区别于动物的地方是人有意识，因此人的恐惧常常是认知性的，尤其是恐惧的对象变成技术这种高层次的活动或复杂性事物时，认知引发的恐惧更是占有绝对优势。当我们的身体或生理方面出现一些不良反应时，比如心跳加速、脸红、呼吸急促、身体微微颤抖等，如果没有认知我们并不能断定这一定是恐惧所致，也有可能是其他情绪状态，如过于激动和兴奋。我们之所以能断定经历的是恐惧，是因为我们对风险有认知，能够判断我们正身处危险，具有恐惧的认知能力。而认知和理性思维活动与人们的心理密切相关，也就是说，技术恐惧引发的心理反应是认知或理性思维的结果。正因为如此，人们对没有经验到的危险或未来的、远处的、潜在的危险都会产生心理反应。同时，我们经验过的危险恐惧，又会形成心理习惯，当置身于相同情境时，不管有无风险，都会诱发心理反应。另外，继发性条件反应催生和加剧着技术恐惧症，也是对人们心理产生影响的一个重要原因。继发性条件反应就是避免恐惧的种种防御反应，它重重防御着预期恐惧心理，而恰恰是预期性恐惧，使得患者内心产生无限重复的恐惧性担心，由此形成越是担心、担心就越重的恶性循环。技术恐惧的心理反应还与人们对技术的不合理的心理期望有关，一项对医护人员的研究中就列举了不合理的心理期望，包括寄希望于技术能解决古老的程序问题、技术可以使组织有利可图、神奇地提高护理质量、提供证明职员公正的数据、缩短患者的住院时间、缩减员工数量、确保医护人员和病人都遵循法规等。一旦技术不能满足这些期望，人们就对技术产生厌恶和抵制情绪，形成技术恐惧，当然首先也会反映在心理层面。

---

① Sinkovics R R, Stöttinger B, Schlegelmilch B B, et al. 2002. Reluctance to use technology-related products: development of a technophobia scale. Thunderbird International Business Review, 44(4): 477-494.

二、个体技术恐惧的生理和行为反应

技术恐惧不仅对个体的心理有重大影响,还影响着个体的生理和行为,亦即技术恐惧还会引发个体的生理和行为反应。虽然恐惧对象首先刺激的是个体的生理结构,如神经系统或感官,但这种感官接受的恐惧信息会通过神经系统首先传递给心理,也就是首先引起心理反应,也可以说,技术恐惧的心理反应是相对较为初级的阶段。技术恐惧还会进一步引发生理或身体的反应,使身体器官感到不适和出现症状,最后心理的和生理的联合反应会引起个体行为的变化,即上升为行为反应,这是技术恐惧对个体影响的高级阶段。

在对图书馆管理员和媒体中心工作人员的技术压力研究中,研究者把技术压力分为三种,即行为的压力、生理的压力和心理的压力。行为方面的典型表现是食欲失调、乱用酒和药物;生理方面的表现是肌肉紧张,尤其是肩膀和脖子;而典型的心理表现是退却、畏惧。三方面结合的结果,就是工作过度,但效率低下,犯一些不正常的错误,与监管发生冲突。[①]也有人认为技术压力会降低职业效能。这说明了技术恐惧的心理、生理和行为反应的相互关系。还有研究通过恐惧症的症状说明技术恐惧引发的身体反应,"恐惧症通常与强烈的焦虑或悲痛有关,症状一般包括出汗、颤抖、脸红、心悸,有时伴随着腹痛"[②]。这些症状相比于心理的反应,显然更加明显和突出。一项手机恐惧的研究表明,经常发送手机信息,会增加肌肉的不舒服症状。83%的被调查者手和脖子疼。[③]这是手机引发的身体反应,同样可以使一些人对手机产生恐惧,从而抵制和排斥手机。克莱格也描述了技术压力带来的身体或生理的症状,如肌肉痉挛、头疼、关节疼、失眠等,布里尔哈特(P. E. Brillhart)也认为,技术压力可以导致头疼、狂暴、

① Hickey K D. 1992. Technostress in libraries and media centers: case studies and coping strategies. Tech Trends: Linking Research and Practice to Improving Learning, 37(2): 17-20.

② Sinkovics R R, Stöttinger B, Schlegelmilch B B, et al. 2002. Reluctance to use technology-related products: development of a technophobia scale. Thunderbird International Business Review, 44(4): 477-494.

③ Lin I M, Peper E. 2009. Psychophysiological patterns during cell phone text messaging: a preliminary study. Applied Psychophysiology and Biofeedback, 34(1): 53-57.

肠胃疾病、心脏疾病发作、高血压等。①同样，关于信息超载的研究也证明了信息技术对身体的影响，或者人们对信息超载产生的生理和行为反应。信息超载、信息泛滥会影响到身体健康。由信息超载引起的压力影响除了有心理的状况外，还包括以下非认知方面的状况，如食欲下降、失眠，以及被公认为是压力次生效应的对免疫功能的抑制。②从应对技术恐惧的策略研究来看，多数的研究也都注意到了，心理和行为两方面的影响与反应，提出了有针对性的两方面的解决策略。例如，有研究提出，应对技术压力的策略包括两方面，即心理的和行为的。心理的策略就是情绪集中化策略；行为的策略则是问题集中化策略。情绪集中化策略被看作间接方法，问题集中化策略被看作直接方法。③各种关于心理的和生理的反应，最终会通过行为的反应表达出来，就是形成被迫接受新技术、不愿意使用新技术、抵制和拒绝使用新技术的现实行动。因为任何恐惧都是对风险和不安全条件产生的反应，因此，"对应恐惧的典型行为模式是逃避——尽可能远离恐惧对象，使自己置身于危险之外"④。很明显，技术恐惧对行为的影响，或者技术恐惧的行为反应也有一个从缓和到冲突、由弱到强的行进和发展过程。大量的实证研究都证明，排斥和抵制新技术或拒绝使用新技术产品的个体存在相当普遍。比如，在对教师技术恐惧的研究中，有证据表明，很多国家的教师在使用电脑时没有信心，在其教学过程中排斥信息技术的使用，有些教师回避使用网络和移动教学模式。⑤在一项对食品技术的调查中，超过 50%的受访者对技术含量较高的食品没有信心。⑥这些都是技术恐惧在行为方面的反应。当然，这些行为反应也同样证明了技术恐惧的存在状况。

---

① Çoklar A N, Sahin Y L. 2011. Technostress levels of social network users based on ICTs in Turkey. European Journal of Social Sciences, 23(2): 171-182.

② Himma K E. 2007. The concept of information overload: a preliminary step in understanding the nature of a harmful information-related condition. Ethics and Information Technology, 9(4): 259-272.

③ Koo C, Wati Y. 2011. What factors do really influence the level of technostress in organizations? An empirical study. New Challenges for Intelligent Information and Database Systems, 14(11): 339-348.

④ 拉斯·史文德森. 2010. 恐惧的哲学. 范晶晶译. 北京: 北京大学出版社: 27.

⑤ Brosnan M J. 1998. Technophobia: The Psychological Impact of Information Technology. London and New York: Routledge: 11.

⑥ Coppola A, Verneau F. 2014. An empirical analysis on technophobia/technophilia in consumer market segmentation. Agricultural and Food Economics, 2(1):1-16.

正如人的心理和生理存在着密切的联系一样，技术恐惧引起的心理、生理和行为反应也紧密地结合在一起，并不是孤立的存在。甚至有时某些反应同时具有心理和生理的双重特征，因而，把技术恐惧的反应分开来分析论证，并不意味着其都有明确的界限，只是说明了技术恐惧会引发心理、生理和行为方面的反应，但这三方面又是纠缠在一起的，共同受技术恐惧的影响，也共同作为技术恐惧的判断依据。技术恐惧在三方面的反应只是对技术恐惧的影响进行了定性，或者说只是能够从性质上说明心理、生理和行为反应与技术恐惧之间的相互成就关系。但从量的方面看，究竟一个人心理、生理和行为的反应达到什么程度才能叫作技术恐惧症患者，目前的研究并没有给出确定的标准。目前技术恐惧的水平，以及技术恐惧在心理、生理和行为方面的反应程度，在国外的研究中主要通过量表获得数据分析。但是，人们对测量技术恐惧水平的量表也存在不同的认识和分歧，这一领域还存在较大的研究空白，有待制定更为科学合理的量表和标准。

第二节 社会层面的技术恐惧

技术恐惧的主体不只是个体，还包括群体、集团和社会。因此，技术恐惧的影响也不会局限于个人，还包括集群和社会，即技术恐惧可以表现在集群和社会层面。因为集群可以视为一个个小的社会，与社会有着较多的共性，因此，此处仅探讨社会层面的技术恐惧。社会层面的技术恐惧主要反映在三个方面：社会心理层面、社会运动层面和社会文化层面。

一、社会心理层面的技术恐惧

作为技术恐惧主体的社会有机体，也有心理和行为方面的特征。社会心理指的是在特定的社会发展阶段，弥漫在社会及其群体中的整个社会心理状态，是整个社会的情绪基调、共识和价值取向的总和。社会心理是人们对社会现象的普遍感受和理解，是社会意识的一种形式，表现于人们普遍的生活情绪、态度、言论和习惯之中。社会心理是由社会现实生活和现象对人们的刺激引发的人们对现实生活与社会现象的理解及感受。技术作为人们的一种存在和生活方式，作为一种社会现象，也必然会引发人们的社会心理取向，即引发人们对技术的态度和反应，这里面当然就包含着技术恐惧。

（一）技术恐惧的社会认知反应

从技术的社会心理反应视角来看，"社会认知是指人们对技术形象的认识和理解，对技术价值的认同和评价"[①]。技术的社会认知因社会背景、对象和主体的不同而有所差异，因此，在不同的社会发展阶段，不同的社会主体对不同的技术形式和种类会形成不同的态度与反应。其中形成的对技术的消极的认知和态度或负反应就是技术恐惧。古代社会人们视技术为巫术，导致了技术的神秘化，从而使社会对其抱有畏惧之感。同时，人们还把技术视为卑贱的活动，在中国甚至被视为奇技淫巧，从而使技术为哲学所不齿，遭受社会的鄙视和排斥。启蒙运动时期，知识就是力量，技术成为"救世主"，带来的是工业的发展和城市的繁荣，同时引发了人与自然之间的矛盾，技术恐惧表现为社会对生活环境、工作条件以及工人生活状况和健康状况的担忧。随着自然的报复和全球化问题的产生，社会认知也发生了微妙的变化，技术从"救世主"慢慢变为罪恶之源，成为人们打击报复的对象。落后国家和地区不愿接受新技术，因为他们认为新技术代表的是西方发达国家的价值观，如果接受新技术或许会被西方国家所奴役，或成为西方世界的附庸。不同的技术社会认知也会不同，引发的技术恐惧水平也不一样，一般而言，军事等风险性比较高、破坏性比较强的技术比较容易引起社会的消极认知，催生技术恐惧；生活技术则比较容易得到社会的接受和认可，形成积极的认知。

技术恐惧虽然是现代社会的一种普遍现象，但具体到不同国家和地区，其存在水平又有所差别。总的来看，发达国家和地区技术恐惧现象较为普遍与突出，这也是技术恐惧的研究主要集中在发达国家和地区的原因。这一方面，可以看出这些国家对技术的重视；另一方面，技术发展水平高，技术所带来的风险就高，技术矛盾就突出，技术恐惧水平也高。这也正体

---

① 陈凡，刘玉劲. 1993. 社会公众的技术心理及其调适——论技术社会化过程中的社会心理问题. 自然辩证法通讯，(2): 33-42.

现了技术的高效益和高风险并存的特征。

（二）技术恐惧的社会情感反应

社会情感是伴随社会心理过程产生的心理体验和心理感受。社会情感作为比较内隐的意识活动要通过情绪表达出来，表现在社会激情、社会热情、赞赏与爱好、厌恶和鄙视，以及社会形成的道德感、责任感、理智感和审美感等方面。从技术的角度看，通过社会情感可以看出社会对技术的爱与憎、接受与排斥的程度。社会心理层面的技术恐惧就可以通过社会情感的形式，表现为社会对技术的消极情感取向。比如，认为技术缺乏人情和人文关怀，疏远技术；对技术感到枯燥乏味，厌恶、鄙视技术，形成技术悲观情绪和思潮等。社会情感比社会认知更能反映与表达技术恐惧，因为技术恐惧本身就是一种情绪，而情感也表达为情绪，只不过技术恐惧表达出来的是一种消极情绪和一种否定性情感。如果说通过对技术的社会认知形成的技术恐惧还带有一定的理性把握、还处在隐性或潜在层面的话，那么社会情感对技术恐惧的表达则变成了显性和显在，变成了一种社会现实。

社会情感作为一种情感同样与理智存在着对立关系，那么通过社会情感表达出来的技术恐惧是否就显示为一种非理性的，或者不合乎逻辑的焦虑、担心和害怕呢？这似乎又回到了界定技术恐惧概念的阶段。其实并非如此，因为社会情感是建立在对技术的社会认知基础之上的，社会情感对技术恐惧的表达并没有完全摆脱技术的社会认知，只是把认知层面的技术恐惧向现实情绪化推进了一步，尽管有时社会情感表达的技术恐惧会带有非理性的特征，令人感到莫名其妙，但其中也包含着建立在理性认知基础上的合理的情感表达。这也同样说明了技术恐惧兼具理性和非理性的双重特点。

（三）技术恐惧的社会动机反应

社会动机是社会心理的又一重要构成部分，是指社会行为在心理方面形成的思维路径，是社会行动的内在动因。具体到技术恐惧的社会心理层面，社会动机则表达了社会技术恐惧形成的内在动因。"社会动机的形成是人们对技术的需要和技术目标对人们的激发这两种因素共同作用的结果。"①同样，人们对技术的需要，以及技术目标对社会的刺激也会催化技术恐惧，这可以从两点加以说明：第一，社会需要和所要达到的技术目标使技术发展成为一种必然，这种必然也形成了技术压力，尤其是对于落后国家和地区来说。比如，棱镜门爆出的窃听丑闻就可以说明问题，美国凭借其技术优势，窃听和盗取全球其他国家的机密与信息，而落后国家和地区对其无可奈何。所以，2015 年 12 月 16 日，习近平总书记在第二届世界互联网大会开幕式上指出："各国应该携手努力，共同遏制信息技术滥用，反对网络监听和网络攻击，反对网络空间军备竞赛。"②一方面，落后国家和地区需要发展技术，扭转这种技术的被动态势；另一方面，技术的发展和落后局面的改观又非朝夕之功，不能一蹴而就。所以其面对各种新技术只能感到有压力和恐惧，对于引进的技术慑于泄密的危险，也使用得战战兢兢，甚至干脆就抵制和拒绝使用新技术。而这样又使得其技术更加落后，国家发展更加被动，更加重了社会心理负担。第二，对于危及人类生命财产安全和破坏生态环境的技术，一方面，国家间的竞争需要发展此类技术；另一方面，其危害性又使人堪忧。比如，国家间的核军备竞赛，一方面，增强了国家的军事实力，为在未来战争中处于主动和主导地位创造了条件；另一方面，大量核武器的存在与核技术的推广又使人们笼罩在核风险的恐怖之中。此外，从社会动机来看，如果社会过分关注生活的环境，也会引发技术恐惧。例如，德国由于对环保的过于苛求，而产生了技术恐惧症，"在德国绿色运动看来，自然就是善，对回归自然运动充满怀旧之情，而对新技术对生活的干预深表疑虑，把科技视同'冷酷'，认为科学家被资本家主子贿赂，无视科技所造成的灾害"③。

"因为新技术的到来将无情地导致人们原有技能过时和失效，因此，对技术进步的抵制不会只存在于那些保卫其地盘、技能的工会和奥尔森·曼库尔（Olson Mancur）所说的利益集团的游说活动中。有时惧怕、排斥技术的行为动机纯粹是出于保守、守旧。"④社会的开放程度以及运行和管

① 陈凡，刘玉劲. 1993. 社会公众的技术心理及其调适——论技术社会化过程中的社会心理问题. 自然辩证法通讯, (2): 33-42.

② 习近平. 2017. 习近平谈治国理政(第二卷). 北京: 外文出版社: 535.

③ 杨景原. 2010. "环保热"被异化 德国人患上"技术恐惧症". 环球财经, (4): 30-31.

④ 乔尔·莫基尔. 2011. 雅典娜的礼物: 知识经济的历史起源. 段异兵，唐乐译. 北京: 科学出版社: 243.

理体系方面的保守特征，会通过社会动机反映在技术恐惧现象中。技术恐惧还通过社会动机传递着放弃发展技术、抵制技术的信号。正如技术恐惧所表现出来的心理和行为反应一样，技术恐惧现象和行为的动机就是为了远离技术给社会带来的压力与焦虑，远离技术给社会带来的风险和危害，为此就要反对技术革新、抵制和拒绝使用新技术及其产品，甚至破坏机器和新技术。只有这样，社会也才能免受技术恐惧的困扰。由此可见，技术恐惧的存在是为了不恐惧，而其防范技术恐惧的方法会导致进一步的恐惧。这也反映了动机与后果之间的循环和矛盾特征。

（四）技术恐惧的社会态度反应

社会认知、社会情感和社会动机的有机结合就构成了人们对待技术的社会态度，即社会对技术的心理倾向。社会态度更能反映社会的技术恐惧存在状况，因为从一定的意义看，技术恐惧就是人们表现出来的一种技术态度，当然是一种消极和否定态度。社会认知、社会情感和社会动机有时一致，比如，都对技术表现出积极、正向的心理取向，把技术看成是社会发展的动力，赞扬和奖励技术及其工作，大力推动技术进步，最终也形成积极的态度。但有时三者并不一致，虽然对技术的认知是正向的，但却反映出对技术的消极情感，并形成冷淡，甚至敌对的态度，出现不一致一般与特定的社会环境和技术特征有关。比如，虽然人们认为核能是一种清洁环保能源，但如果在某一地区建核电站，还是会遭遇不同程度的反对，这与人们经验到的核电站事故有密切的关系。但不论这三者的关系是否一致，最后形成的社会态度表现着技术恐惧的水平和存在情况。

现代社会对技术的认知日趋复杂和多样，形成的技术态度也各不相同。面对日新月异的技术发展，部分人欢呼雀跃，被称为技术爱慕者（technophilia），有些人则排斥、抵制，甚至恐慌，成为技术恐惧者（technophobia）。对不同的技术类别，人们的认知和反应也不一样，社会普遍对核技术存有戒心，感到恐怖，将其视为毁灭者。人们对转基因食品也同样怀有不安和犹豫的情绪。而对于信息与通信技术，人们则喜忧参半，既有人沉浸于其中的方便和快捷，也有人对之感到有压力与不堪，甚至将其视为未来社会的主宰，担心人类被奴役。社会对技术态度的差异性，也表明了技术恐惧存在的普遍性程度和水平的不同，但不管怎么说，对技术的消极态度，以及形成的负面的心理取向既是技术恐惧的影响结果，同时也是对技术恐惧的一种反应和表达。社会心理层面的技术恐惧极易发酵，并形成"群体极化效应"，即"当一部分持有某种观点的人聚集在一起时，他们会更坚持自己的观点，从而变得更加极端"①。也就是技术恐惧通过群体的相互感染和传播，会加重技术恐惧的水平，扩大技术恐惧的影响范围。

二、社会运动层面的技术恐惧

技术恐惧不仅表现在社会心理层面，还表现在社会行为方面。技术恐惧最直接、最主要的社会行为表现就是社会运动。以社会运动的形式表达对技术的不满和反对，在不同国家和不同社会历史时期都有不同样式的表现，这也被人们看成是社会运动层面的技术恐惧。

社会运动层面的技术恐惧在很多的技术哲学著作和研究中都有所涉及，也被称为"反技术运动"。从总体上对技术持批判和悲观态度、反对技术革新和抵制新技术的社会运动，主要包括三类，即浪漫主义运动、卢德运动和新卢德主义、生态保护运动。其中又包括各国不同形式的具体的反技术运动。

（一）浪漫主义运动

浪漫主义运动出现在 18 世纪后期和 19 世纪早期，主要通过诗歌、哲学和艺术来反对工业革命给人类带来的污染、城市贫困及社会阴暗。"从莎士比亚到威廉·莫里斯，从歌德和格林兄弟到尼采，从罗素和夏多勃里昂到雨果，都不接受机器的中心地位，他们企图恢复人类的重要活动在新体系中的中心地位，而且认为浪漫主义价值观是终极的和绝对的。"②浪漫主义还反对崇拜理性、诋毁情感。作为浪漫主义运动先驱的法国哲学家和教育理论家，卢梭在其著作《论科学和艺术》中指出"科技对社会和道

---

① 丹·加德纳. 2009. 黑天鹅效应——你身边无处不在的风险与恐惧. 刘宁，冯斌译. 北京：中信出版社：20.
② 刘易斯·芒福德. 2009. 技术与文明. 陈允明，王克仁，李华山译. 北京：中国建筑工业出版社：254.

德是有害的，赞扬古代文明及其好战的英勇气概"①。他还认为，教育应该在自然条件下、在森林或土地上进行，而不是在教室里。这反映了卢梭对古代生活的怀念和对自然的崇尚，以及对现代工业的厌恶。"浪漫主义反对牛顿力学，提出了有机自然论；反对科学的唯理性，推崇想象和感觉的合理性和重要性。"②浪漫主义还反对分析方法和原子论方法，赞扬自然人性，认为自然的比人造的更有价值。而物理学家则把自然看成是原子和几何构成的毫无生机的抽象。他们还把技术看作是罪恶的根源，是对环境的污染、对道德的破坏、对人性的异化。柯贝特（W. Cobbett）认为"新的工业体系是社会不平等和贫苦的根源，是雇主与雇员之间关系日益分化的来源，也是非常反常、很不人性化的事情"③。技术本身——蒸汽机、铁路、工厂——经常被看作罪犯，布莱克（W. Blake）的著名诗篇中也用到了"黑暗邪恶的工厂"④的表述。"浪漫主义反映了对技术使用的焦虑。"⑤当然，也是技术恐惧在社会运动层面的表达。

浪漫主义反对机器文明，其抵制工业革命采取的形式主要有历史崇拜和国家主义、对大自然的崇拜和对原始的崇拜等，所以浪漫主义运动又包括"回归自然运动""地方主义运动"等形式，其影响一直延续到19世纪英国的文艺运动、20世纪早期德国的青年运动。19世纪末期，德国出现了一场声势浩大的反现代主义运动，他们"不是试图调整自己以适应已经出现的现代社会，而是抱有一种空想，以保护他们免受技术之害"⑥。甚至20世纪60年代的反主流文化运动以及后来的生态运动也都继承了浪漫主义赞扬野生自然、批判人工物和怀疑技术的思想传统。⑦"作为机器体系的一种替代方式的浪漫主义是不现实的，其实它从来也没有现实过。但浪漫主

---

① Dusek V. 2006. Philosophy of Technology: An Introduction. Oxford: Blackwell Publishing Ltd: 177.
② 卡尔·米切姆. 2008. 通过技术思考：工程与哲学之间的道路. 陈凡，朱春燕译. 沈阳：东北大学出版社: 396.
③ 乔尔·莫基尔. 2011. 雅典娜的礼物：知识经济的历史起源. 段异兵，唐乐译. 北京：科学出版社: 276.
④ Dusek V. 2006. Philosophy of Technology: An Introduction. Oxford: Blackwell Publishing Ltd: 181.
⑤ 卡尔·米切姆. 2008. 通过技术思考：工程与哲学之间的道路. 陈凡，朱春燕译. 沈阳：东北大学出版社: 396.
⑥ 乔尔·莫基尔. 2011. 雅典娜的礼物：知识经济的历史起源. 段异兵，唐乐译. 北京：科学出版社: 277.
⑦ Dusek V. 2006. Philosophy of Technology: An Introduction. Oxford: Blackwell Publishing Ltd: 181.

义曾一度代表过的力量和理想却是新文明的必要组成元素,今天需要的是把它翻译成可以在现实生活中体现出来的模式,而不是让它退化到过去的旧形式继续生存,因为退化到过去的形式只能在幻想中实现。"①

(二)卢德运动和新卢德主义

卢德运动(Luddite movement)是指英国工人以破坏机器为手段的反对工厂主剥削压迫的自发工人运动。由于最初是织袜厂的一个叫卢德的工人第一个捣毁织袜机来反对工厂主的压迫,因而后来的以捣毁机器为反抗手段的工人被称为"卢德分子",把运动的首领称为"卢德王",这种运动就称为"卢德运动"。18 世纪末 19 世纪初,纺织机和纺纱厂代替了原来的家庭手工作坊,使工人失业、生活状况恶化,工人把这一切都归咎于技术革命,归罪于机器,因而在运动中就通过破坏机器来迫使企业主改善待遇、提高工资,但不允许伤害人身。尽管政府当局采用了较为严厉的镇压措施,但这种运动在 19 世纪初期时有发生,并蔓延到美国和法国。如果说浪漫主义是从理想层面或理论上通过文学艺术等形式反对技术革新和机器时代、讴歌自然和生活的话,那么卢德运动则从现实层面,通过实际手段来反对机器和技术对生活的破坏、对人性的压制、对道德的破坏,争取美好自由的生活。虽然卢德运动因为政府的镇压和运动缺乏统一性而多以失败告终,但其作为人类的反技术运动被载入历史,影响深远,意义重大。卢德运动在一定程度上反映了人们抵制新技术和不适应新技术的心理与情绪,因此也属于社会运动形态的技术恐惧。

后来,"卢德"一词被普遍用于抵制和蔑视技术的行为。技术保护者也把反核技术、反现代信息与通信技术,甚至一切技术批判者都统称为卢德分子,或卢德主义。并将其与保守、落伍和消极联系起来,形成了具有贬义的卢德意象。20 世纪末期,一些生态运动的成员和其他一些视技术为祸害、批判和反对技术者也高调自称为"新卢德主义"。1990 年美国心理学家格兰蒂宁(C. Glendinning)还发表了《新卢德宣言》,正式确立了新卢德主义的名称。新卢德主义不再局限于破坏和捣毁机器,而是通过多种

---

① 刘易斯·芒福德. 2009. 技术与文明. 陈允明, 王克仁, 李华山译. 北京: 中国建筑工业出版社: 255.

途径，反对贫穷，反对机器压迫，反对技术造成的污染和对社会道德的破坏，争取提高生活条件，改善生活质量。新卢德主义不再是贬义的保守和落伍意象，而是代表着对现代文明的积极审视和批判、对工业危机的理性认识和担忧，以及对全球化问题和人类前途命运的认真思考与关注。"总的说来，虽然美国的当代新卢德分子具有最强的自我意识，但其实当代新卢德存在于世界范围内，其组成成分非常广泛，有关心狭窄的单个技术问题的，也有对技术进行广泛哲学分析的，有从厌恶技术到反抗技术直至采取破坏活动的，更多地是在两极之间。"[①]卢德运动和新卢德主义，通过现实的途径表达了对技术的厌恶和反抗，也表达了对公平、公正和健康生活的向往。

（三）生态保护运动

"生态"一词是 1866 年由德国进化论者欧内斯特·海克尔（Ernst Haeckel）首先提出的，用于处理自然有机体系统成员之间的相互关系。20世纪初期传入美国，主要用来指一个区域动物和植物群落的连续体，比如从池塘到沼泽地到森林的连续体。早期的生态学理论还把植物和动物群落视为有机体，像社会有机体和人一样。可以看出，早期的生态理论与整体主义思想有较强的联系。[②]生态术语曾被纳粹主义所借用，到 20 世纪 60年代末发展成绿色运动，主要源于人们对把人当作顶级群落，而凌驾于其他有机体之上观念的批判。莫斯科维奇（S. Moscovici）发表的题为"绿色阴谋"的文章，被看作是生态运动萌芽的标志。到 20 世纪 70 年代，绿色运动和生态运动开始作为政治运动反对科学共同体，倡导回到原始和谐的自然概念。生态学后来又发展出深层生态学，是由挪威哲学家阿恩奈斯首先提出的，其认为一般的生态学方法和环境运动太过于肤浅，它们只是把自然作为人类的客体，为人类的利益服务，而实际应该从自然本身的价值看待自然，脱离开任何人的利用目的。这才是生态的深层状态。显然，深层生态运动倡导的是把自然和其他物种作为与人类完全并存的生命或物种，而不是服务于人的需要的，更没有主客体之分。

在技术进步和工业发展过程中，环境污染和生态破坏问题日趋严重，

---

① 陈红兵. 2008. 新卢德主义评析. 沈阳: 东北大学出版社: 17.
② Dusek V. 2006. Philosophy of Technology: An Introduction. Oxford: Blackwell Publishing Ltd: 183.

为保护环境和生态平衡，1968 年美国加利福尼亚大学的学生发起生态运动。其主要是通过变革生产、消费、生活方式调整生态系统，即在保护生态系统平衡的前提下谋求社会发展。1970 年 4 月 22 日，美国 2000 多万人进行了大规模的游行，要求政府重视环境保护，根治污染危害。生态运动作为一种思潮迅速向欧美各国扩展，结合 20 世纪六七十年代世界风行的反战、反核运动，许多国家出现绿色和平组织或绿党等民间组织或政党或学术团体，使生态运动在世界范围内蓬勃发展。形势亦日趋多种多样，例如，1988 年法国、英国、比利时、瑞士等国家的保护生态青年组织联合组成西欧保护生态青年组织，民主德国的青年组成自由德国青年组织，奥地利出现生态医生，意大利生产生态汽车。

法国生态运动主要立足于对城市化和工业化危害进行批判，通过电影《摩登时代》的描述可以看出人们对技术和城市化的厌恶与反对，"所谓摩登时代，首先而且主要是一个技术时代，它剥夺人固有的特质，它是一个组织的时代，将个人和社会生活切分得支离破碎；它也是一个智能的时代，俯首帖耳地崇拜重复。结果是即使创造的冲动在其他领域占上风，但在工业领域却只剩下多次毁灭后的残骸，到处都充斥着污蚀、丑陋和垃圾，这就是摩登时代的特征"①。生态主义者敢于把自然看成是自身遵循的标准。他们通过一系列活动，如讨论、骑自行车、参加反核游行、使用太阳能板等，向人们证明技术路径的依赖是可以打破的，应该让社会重新想起自然。生态主义者试图通过生态运动找到应对技术伤害的合理对策和能够提供庇护的价值观。德国环境运动也是全球生态运动的重要组成部分。德国公众感慨于工业化带来的严重环境问题，受到人们对增长极限讨论的启发，以及核威慑与核伤害的严重刺激，这是德国环境运动的社会根源。"基于公众对'增长的极限'和威胁性生态灾难的广泛讨论的背景，这种新的所有政党的'增长联盟'激发了一个强大的、以成千上万地方草根团体为基础的环境运动的出现。"②环境运动通过广泛建立绿色组织和政党，开展绿

---

① 莫斯科维奇. 2005. 还自然之魅：对生态运动的思考. 庄晨燕, 邱寅晨译. 北京：生活·读书·新知三联书店：16-17.

② 克里斯托弗·卢茨. 2005. 西方环境运动：地方、国家和全球向度. 徐凯译. 济南：山东大学出版社：41.

色运动，倡导保护环境，反对核技术和其他危害社会环境的高新技术，并使德国成为环境保护运动最有影响的国家之一。

生态运动在当前已发展成为全球性的可持续发展运动。其始于 1972年在斯德哥尔摩召开的联合国环境问题研讨会。1987 年，世界环境与发展委员会出版《我们共同的未来》报告，将可持续发展明确界定为：既能满足当代人的需要，又不对后代人满足其需要的能力构成危害的发展。1992年 6 月，联合国在里约热内卢召开环境与发展大会，通过了以可持续发展为核心的《里约环境与发展宣言》《21 世纪议程》等文件。其后，各国也根据本国情况制定了具体的带有国家特色的 21 世纪发展议程。1997 年，中共十五大把可持续发展战略确定为我国"现代化建设中必须实施"的战略。可持续发展主要包括社会可持续发展、生态可持续发展、经济可持续发展。可持续发展旨在通过可持续的目标，来引导人们的发展行为，为了实现可持续，就要保护地球和环境，就要对人们的科技行为和路线进行反思与约束，就要考虑资源、能源等的永续利用。可持续发展正体现了一种生态战略。

生态保护运动尽管形式多样、思想和观点也有所区别，但其都有着保护生态和环境的思想，都存在着不同程度的对现代技术的批判和反对，也都反映了人们对技术风险和危害的隐忧与焦虑，因而也从运动层面彰显着技术恐惧。

三、社会文化层面的技术恐惧

社会层面的技术恐惧，还会通过社会文化的形式表现出来。社会文化层面的技术恐惧指的就是作为文化的技术恐惧，是技术恐惧在文化层面的表现和影响。前文中提到从作为文化存在的技术视角探讨技术恐惧的生成原因，侧重于解释技术作为一种文化如何影响和导致技术恐惧生成。而此处则侧重于澄明形成了的技术恐惧对文化的影响，探讨技术恐惧的文化表现。

技术恐惧有着悠久的历史，作为社会文化存在的技术恐惧亦是源远流长。古今中外都不乏技术恐惧文化，或者说都有技术恐惧的文化表现。在古希腊和古代中国,技术恐惧的文化表现主要反映在当时的鄙视体力劳动、轻视技术和崇尚理智的文化传统中。中国传统文化中儒、释、道三教长期并存，彼此既有互补又有冲突，但不论是儒家的入世、道家的忘世，还是佛教的出世，都对技术持轻视、蔑视甚至遗弃的观点。忘世、出世自不必说，本身就给人以消极情绪，对待技术亦是如此：道家强调自然无为状态，佛家讲究参禅悟空，这与技术的人工自然和对有效性的追求特点显然是南辕北辙的。儒家的入世虽然是一种积极的态度，但其积极性主要表现在对道德和修行的追求上，而对技术却不屑一顾。《论语》中讲"志于道，据于德，依于仁，游于艺"（《论语·述而》），正体现了儒家的这一思想。词语"汉阴机"讲的拒绝使用省力而见功的桔槔打水的典故，也同样表达了重视德行、鄙视技术的思想。其认为技术是投机取巧，会使道德沦丧。西方古代的技术恐惧文化，主要体现在哲学家对技术的不屑和中世纪宗教神学对技术的压制，古希腊先哲向往的要么是理智的社会，要么是自然状态，但绝不可以是工匠主导的社会，因为他们鄙视工匠及其技术活动。基督教要求顺应上帝，上帝才是造物主，技术是违背上帝的意志的，并宣扬服从命令、顺从自然的宿命论，这些都对技术进步是一种障碍和阻力。由于此类内容在前面的章节中有所涉及，此处就不再多叙。但从这些微的表现中，我们足以管窥到古代社会存在的技术恐惧文化。

上面提到的启蒙运动之后在技术的繁荣发展时期兴起的浪漫主义，既是一种社会运动，又是社会文化层面的技术恐惧，因为浪漫主义主要通过诗歌、文学、艺术等形式来表达自己的技术恐惧情感和思想。在中国近代亦有技术恐惧在文化上的表现，比如，因为一些人认为电报、铁路会破坏风水，惊扰祖先，从而抵制使用电报和修建铁路等文化现象。美国的阿米绪人拒绝现代的生活方式也是典型的技术恐惧文化。即使在现代化的今天，而且是在现代技术最发达的美国，阿米绪人仍旧坚持着自己传统的生活方式，比如，穿没有扣子和拉链的服装，用马车作为交通工具，等等。

现代技术恐惧文化的理论形态则是与技术乌托邦相对立的敌托邦文化，具体表现在哲学思想、文学作品、影视文化、报刊网络等方面。从赫胥黎的《美丽的新世界》，到蕾切尔·卡逊的《寂静的春天》，通过科学读物的形式反映了人们对技术造成的人性的扭曲、环境的毁坏、家园的丧失的担忧和焦虑。《黑客帝国》《阿凡达》《第六日》《克隆人的进攻》

等则以科幻电影的形式，控诉了现代技术的罪行，指出了现代技术将会带来的危险，把人类对未来的担忧表达得淋漓尽致。

后现代文化和后人类文化中也满载着对技术恐惧的深刻表达。后现代文化的内涵和形成根源还存在着一些分歧与争议，大体上是指兴起于 20世纪中期、以对现代文明的反思和批判为主题的文化思潮，存在于哲学、文学、艺术、社会学、教育等领域。后现代文化一是表现为超现代文化，即该文化是建立在充分发展之后的，是对现代文化的超越，或者说是比现代文化更高级的一种文化形态。二是表现为批判和解构现代文化，即在现代文明的基础上，通过批判和解构现代文明中存在的现实与突出问题，来建构后现代文化。比如，后现代文化中对理性的消解、对主体性的消解、对统一性和标准化的消解，而代之以非理性、主体多元性和张扬个性等。不论后现代文化多么前卫和富有未来元素，但我们仍旧生活在现代，这是不争的事实。讨论争执了这么多年的后现代文化，仍处于现代文化阶段，足可以显现人们对现代文明的不满，以及对美好的生活方式和生存环境的向往与期盼。技术理性在以非理性的形式伤害人类和环境，带来的是非理性的后果。极端的理性就是非理性。现代文明正越来越背离有机的生存环境，泯灭人性和个性。过度夸大的主体性，正在毁灭其他物种和生态环境，因此，这些成为后现代文化主要批判和超越的主题，在其中人们可以体悟到对现代技术文化的反对和担心。后人类文化是以高度发达的现代技术为理论背景，所畅想或预设的机器人、电子人时代的文化。在这种文化中，各种机器人、电子人取代了现代人类而成为社会的主体，自然人被边缘化和成为电子人统治的对象。后人类文化实际上是技术统治性的延续和发展，是一种科幻文化。人们亦可以从后人类文化中读出对技术统治和人类前途的担忧，显现出对技术笼罩下的人之殇的悲悯和慨叹。因此，后现代文化和后人类文化中都包含着技术恐惧的元素与表现。

第三节　哲学层面的技术恐惧

技术历来是哲学家关注的一个内容，其中也不乏对技术的副作用和危害的哲学思想与洞见，因而技术恐惧也会反映在哲学思想中，通过哲学观点和理论表达出来。如果说个人和社会分别作为技术恐惧的个体主体和群体主体，受到技术恐惧的影响，并表现出技术恐惧的特征，那么哲学则属于主体的思想观念和精神方面，仍要受到技术恐惧的影响，并通过理论观点的形式表现技术恐惧。

一、技术悲观主义

技术悲观主义是 19 世纪末 20 世纪初兴起的一种社会思潮，随着 20 世纪后半期全球化问题的产生，这种社会思潮风靡全球，影响到社会的各个层面。技术悲观主义思想由来已久，可以追溯到古代对技术的批判和对其危害后果的担忧。作为技术恐惧哲学反映的技术悲观主义包括所有的技术悲观思想。它以技术的负面作用和技术带来的危害性社会后果为批判对象，是对技术做出的一种消极评价，是对技术消极作用的哲学反思，表达了人们对技术及其发展的关切和忧虑。一般认为，技术悲观主义以海德格尔、法兰克福学派、罗马俱乐部等为代表，在此也包括其他一些哲学家对技术批判的悲观主义倾向。由于学术界对技术悲观主义的界定和论争存在较大分歧，而此处主要是为了论证技术恐惧的哲学存在，因此，本书对技术悲观主义的使用并不太严格，或者说根本就不存在大家都认可的技术悲观主义界定。从总的情况来看，技术悲观主义之悲，主要源于以下三个方面。

一是技术对人性背离，使人为道德与社会和谐所悲。法兰克福学派的霍克海默、马尔库塞等都对技术理性和工业社会中的人性扭曲及异化现象进行了揭示与批判，指出在这样的社会背景下，理性被简化为技术理性，生活等同于物质生活，人成了单向度的人，社会成了单向度的社会，人与社会没有了精神和道德。雅斯贝尔斯也认为："虽然劳动及其它领域的合理化和机械化如今已成为必不可少的东西，但是它们与大众社会相结合使一般人养成待人接物讲求实效的态度，同时又使人丧失了人格和个性。"[①]当技术被当作原则时，伦理和人性的后果就被有效性忘得一干二净，这不能不令人担忧和惶恐。

① F. 拉普. 1986. 技术哲学导论. 刘武, 康荣平, 吴明泰, 等译. 沈阳: 辽宁科学技术出版社: 8.

　　二是技术破坏性及灾难，使人为生存环境和健康安全所悲。工业革命以来，工业带来的大气污染、环境破坏就受到了有识之士的关注，随着 20 世纪科技的高度发达和经济的快速增长，环境问题已发展为全球化问题，生态环境的破坏、能源资源的浪费和近乎枯竭、全球气候变暖等问题已经变得空前突出与严重。技术带来的局部和具体的危害及灾难更是此起彼伏，种类繁多，严重威胁着人们的生命和财产安全。这些技术问题，普通公众都能感受和言说，更何况哲学家。格鲁尔指出："工业技术的这一辉煌胜利必将以一场浩劫而告终。保持现有的经济活动方式事实上等于有计划地自杀。"① "从而，我们不再仅仅关心利用自然或者将人类从传统的束缚中解放出来这样的问题，而是也要并主要地关注技术-经济发展本身产生的问题。"②另外，还有很多哲学家和学者指责技术是暴力的、破坏生态的、毁灭性的。这反映了哲学对人类生存环境和人类持续发展的焦虑与担心。

　　三是技术统治性，使人为人类的未来所悲。技术的统治性指的是技术通过其霸权实现的对人的束缚、控制和奴役。这已为理论和现实所证实。很多哲学家在这方面都有着富有启示性的论断。海德格尔把现代技术看作社会的座架或"集置"，它能摆置人，能促逼人。通过促逼，人包括其他事物都沦为技术的"持存物"。显然这里人成为技术的附属物，人在技术命令中被"订造"，完全失去了自我存在，而变成了一种"彼在"。字里行间透露着对人的地位和未来的担心。温纳也认为："技术是统治的源泉，它有效地统治各种形式的现代思想和行动。无论是通过固有的性质还是附带的情境装置，技术编织成难以承受的压力，给人类的自由形成直接的威胁。"③

　　技术悲观主义思想立足于对技术的理性认识和冷静思考，虽然其根本目的，至少有一部分，并不在于要人们反对和抵制技术，而是从对技术的批判中发现希望、找寻出路，或者说是为了警示人们更好地发展技术，但至少在这一问题解决之前，哲学家对技术是心存疑虑和感到有压力的，因此说技术悲观主义从哲学层面反映了技术恐惧，或者说是哲学形态的技术恐惧。

---

① F. 拉普. 1986. 技术哲学导论. 刘武, 康荣平, 吴明泰, 等译. 沈阳: 辽宁科学技术出版社: 15.

② 乌尔里希·贝克. 2004. 风险社会. 何博闻译. 南京: 译林出版社: 16.

③ Dinello D. 2005. Technophobia: Science Fiction Visions of Posthuman Technology. Austin: University of Texas Press: 6.

二、反技术主义

反技术主义就是强调技术的危害性和对人的统治性，反对一切形式的技术，才能解救人类的一种哲学观点。其核心思想就是反对技术，呼吁人们放弃技术。美国学者沙缪·C.福罗曼把反技术主义思想概括为六个方面：①技术是一种"物"或者是一种力量，它挣脱了人类的控制并且正在溺杀我们的生活；②技术迫使人去做那些乏味的并且使人降级的工作；③技术迫使人去消费他根本不需要消费的东西；④技术创造了一个精英阶层，正因如此，其剥夺了大众的权利；⑤技术通过割断人同他自己演化而来的自然世界之间的关系而使人变得残缺不全；⑥技术提供给人技术的转移，而这种技术转移摧毁了他自己作为一个人存在的感觉。①现在学界大都把反技术主义也看作是一种技术悲观主义，赵建军却对技术悲观主义与反技术主义做了区分，认为反技术主义是技术悲观主义的一种极端走向，但二者之间又存在着一些区别：首先，它们对待技术的态度不同。反技术主义主张完全抛弃技术、消除技术；技术悲观主义则主要是批判技术，并不放弃技术。其次，它们自身的表现方式不同。反技术主义把目标直指技术本身，只要是技术都是反对和抛弃的对象；技术悲观主义则把目标定位在技术的后果上，技术的负面效应才是他要批判和否定的对象。最后，它们在对未来的把握上也不同。反技术主义可以说是一种纯粹的非理性主义、虚无主义。反对技术就是反文明、反社会、反理性；技术悲观主义更多地表现出一种技术恐惧和技术压力，忧郁的背后蕴藏着一种拯救的力量。②

显然，与反技术主义盲目地否定一切技术相比，技术悲观主义更为理性地分析和预测技术风险及其危害，虽然其对于某些危害性大、风险性高的技术或技术的某种属性也存在着抵制和排斥的思想，但更多地是警示世人，注重技术的风险后果，及早做出决策，寻求技术发展的合理路径，从危险中得到解救。尽管反技术主义与技术悲观主义存在着一定的区别，但反技术主义同样反映出哲学家的技术恐惧情绪，也是技术恐惧在哲学层面的一种表现。就此点来看，反技术主义与技术悲观主义是一致的。这是因

---

① 赵建军. 2001. 追问技术悲观主义. 沈阳：东北大学出版社：154.
② 赵建军. 2001. 追问技术悲观主义. 沈阳：东北大学出版社：161-162.

为，从表现上来看，技术恐惧的表现之一就是反对技术创新、抵制和拒绝使用技术及其产品。反技术主义也是表达了一种反对技术、消除技术和放弃使用技术的思想。只不过技术恐惧有一定的针对性，针对特定的技术种类和技术属性，而反技术主义则是针对技术整体。但二者能够在某种技术或特定技术属性上形成统一。再从思想观点和情绪形成的原因来看，二者都指向技术的负面效应。技术的风险性、危害性、统治性等是技术恐惧和反技术主义形成的共同原因。同样，在技术恐惧者看来，这些消极影响和作用只不过是技术的部分特征或部分技术的特征，而在反技术主义那里，则被放大为技术的全部或全部技术。从其社会影响和后果来看，技术恐惧和反技术主义都会误导人们对技术的认识，并使公众产生心理负担和对公众产生消极影响，还可能会影响到公众的生理或身体和行为。因此，反技术主义也是技术恐惧在哲学领域的一种表现，是技术恐惧的一种哲学形态。

三、技术恐惧的乐观主义

技术悲观主义体现了技术恐惧思想，但其旨在唤醒技术狂热主义者，要人们更理性地对待和使用技术，其依然需要技术，或者并不必然地拒绝技术。反技术主义也表达了技术恐惧思想，但其使技术恐惧走向了绝对，反对一切技术形式和一切形式的技术。技术恐惧除了上述两方面的哲学表现外，还有一类哲学观点也表达了技术恐惧思想，但其又对技术抱有很大的信心，并把希望寄托在技术身上。我们称此类思想为技术恐惧的乐观主义。技术恐惧的乐观主义不仅对技术抱有信心和希望，而且对技术恐惧也主要持一种积极的态度，主要侧重于技术恐惧的积极作用。在这方面典型的代表就是汉斯·约纳斯。

首先，约纳斯批判了技术对人类的控制和危害，有着技术恐惧的哲学思想。"约纳斯既感到生命的脆弱、人之生存的乏力和无奈，又感觉存在一个异己的世界和在世的不安与恐惧。他怀着全球忧患意识，反思科学技术发展的伦理维度，极力倡导'恐惧启示法'，向世人敲响警钟，真诚地希望减少恐惧事实的发生。"①在约纳斯看来，由于技术的威胁，"人类的'形象'确然已经岌岌可危，而人类这个物种（或大部分人）的生存也很可能将濒临险境"②。现代技术就是命运，技术已经掌控了人们的生活。他还认为，"伴随重大技术每一次新的进步，我们已经置身于最亲近的人的压力，并把同样的压力遗留给后代，后代最后不得不为此埋单"③。这显现了约纳斯对技术风险以及遗留后果的担忧。而且技术不仅在制造风险，也肩负着消除风险的责任，技术作为一种人的行为必然要受到道德的考量，因此，约纳斯认为技术应该成为伦理学的对象，这也是自然而然的事实。为了防范技术风险和加强技术责任，约纳斯建构了责任伦理，他的伦理学"具有未来意义的整体视野。这种责任伦理表现出一种对未来的恐惧、担忧的特征"④。由此可以发现，不论从约纳斯的哲学思想，还是从学界对其的认识评价中，我们都可以领悟到其技术恐惧情结。

其次，约纳斯的技术恐惧情结是建立在对技术合理性的认识基础之上的。在约纳斯看来，技术进步是手段和目的辩证发展的一个过程，开始人的需要是目的，技术是达到人的需要的手段，新技术在满足人类发展需要的同时，也会启发新的目的出现，"技术增加了人类欲求的对象，包括为了技术本身发展所需的一些对象"⑤。这样，手段和目的之间的界限日趋模糊，甚至手段变成了目的。因此，技术进步是历史的必然，其发展的动力在于目的和手段的相互驱动、技术与社会的相互作用。现代技术尽管存在诸多的负面作用和双重效应，但这是符合事物发展的规律的，因为"事情的本性或者事物的序列法则是，后来的阶段总是会超越于先前的阶段"⑥。技术也是人与社会发展所必需的，这不仅体现在国家和社会的稳固依赖于技术上，而且技术激发了人们的热情和雄心，甚至改变着人的本质和意义。技术进步的意义不在于其维持事物的平衡上，而在于其不断打

---

① 刘科. 2011. 汉斯·约纳斯的技术恐惧观及其现代启示. 河南师范大学学报(哲学社会科学版), (2): 35-39.

② 吴国盛. 2008. 技术哲学经典读本. 上海: 上海交通大学出版社: 335.

③ 汉斯·约纳斯. 2008. 技术、医学与伦理学——责任原理的实践. 张荣译. 上海: 上海译文出版社: 32.

④ 汉斯·约纳斯. 2008. 技术、医学与伦理学——责任原理的实践. 张荣译. 上海: 上海译文出版社: 2.

⑤ 吴国盛. 2008. 技术哲学经典读本. 上海: 上海交通大学出版社: 324.

⑥ 吴国盛. 2008. 技术哲学经典读本. 上海: 上海交通大学出版社: 325.

破平衡、远离平衡，这才是一切事物前进发展的动力。为此技术才产生和引发一系列的问题。但是"进步能够无限期进行下去，因为总会有一些新的和更好的东西有待被发现"[①]。所以，这样看来，技术进步及其所带来的消极影响都是在合理的范围内的，是历史的必然过程，未来一定是美好的。

最后，约纳斯技术恐惧的哲学思想的目的在于用恐惧启示法警示世人，避免唯技术主义把技术引向歧途，而使技术及早步入正轨。这一点我们从约纳斯的言论中可以明确地感受到，"我们需要关于人的形象的凶兆（threat）——特别是各种具体的凶兆——通过对这些凶兆的畏惧来使我们自己确保人的真正形象……只有当我们知道某一事物处于危险时，我们才会去认识危险"[②]。显然，约纳斯之所以宣扬技术恐惧思想，其目的正是在于通过恐惧感，使那些技术狂热分子冷静下来，不要为技术忘乎所以，还要正视技术的消极作用及其带来的各种问题。这样才能强化工程师和科学家的责任感，才能以责任引导技术、用伦理约束技术。这恐怕才是约纳斯技术恐惧思想的目的所指和意义所在，他就是想通过技术恐惧开启一个更美好的技术世界。

本 章 小 结

技术恐惧的生成路径和系统构成向人们展示了技术恐惧的发生机制与构成的三大要素，说明了技术恐惧是如何产生的和各构成部分如何。那么技术恐惧又是如何存在的、其水平如何，就要通过技术恐惧的表现形态来揭晓。

技术恐惧有个体层面的表现、社会层面的表现和哲学层面的表现。个体层面主要表现在个体的心理、生理和行为方面，也就是技术恐惧对个人的影响会通过心理、生理和行为来表现或反映出来，比如，心理、生理的不适、病态，行为上对技术的抵制和反对，等等。社会层面的技术恐惧主要表现为社会心理、社会运动、社会文化等方面。社会心理方面的反应表

[①] 吴国盛. 2008. 技术哲学经典读本. 上海：上海交通大学出版社: 327.

[②] 刘科. 2011. 汉斯·约纳斯的技术恐惧观及其现代启示. 河南师范大学学报(哲学社会科学版), (2): 35-39.

现在社会认知、情感、动机和态度等方面。社会运动方面的表现包括浪漫主义运动、卢德运动和新卢德主义、生态保护运动等方面。在社会文化方面，传统文化、启蒙文化、敌托邦文化、后现代和后人类文化等都对技术恐惧有所表现和反映。哲学上的技术恐惧主要反映在技术悲观主义、反技术主义和技术恐惧的乐观主义等方面。

第七章

进路与困惑：技术恐惧的解救悖论

技术恐惧是人与社会对技术的感受和反应，反映了人与技术之间的一种负相关关系，表达的是人对技术的一种消极情绪。这种消极情绪在公众之间的震荡和弥漫，会发酵为具有一定普遍性的社会和文化现象。技术恐惧现象的形成和蔓延，既有人为的原因，也有技术本身的原因。认清了其产生的根源，就可以对症下药，找到技术恐惧的有效应对策略。但事与愿违，人与技术的纠缠关系及其发展规律和特点，决定了解决技术恐惧问题存在着难以跨越的"卡夫丁峡谷"。

第一节　技术恐惧归因

每种现象背后都有其产生的原因，技术恐惧也不例外。技术恐惧的形成原因在本书前面章节通过技术恐惧结构模型的建构，以及对其各构成部分的解析已经得到呈现，但却比较零碎和散乱。为了便于理解和把握，在此对其进行简要的梳理和总结。技术恐惧产生的原因主要包括三方面，即技术恐惧者的个人原因、技术方面的原因和社会语境方面的原因。

一、技术恐惧的个体根源

众多的技术恐惧的实证研究都承认和证实，技术恐惧主体的自身特点是技术恐惧的内生变量。当然，在诸多的研究中，针对主体个人自身特点的多样性，也呈现出了很多的分歧甚至是矛盾结果。在此笔者就学界比较认可的个体原因概括如下。

（1）主体性格是技术恐惧形成的最重要的个性原因。性格是主体长期形成的个性心理特点，是主体的遗传性特征、经验和文化等在主体心理层面的积淀与反映，是主体为人处事的动机、行为的直接发源地。性格对个人的成长与发展有着重要的影响，有时我们说"性格决定命运"，突显了性格的重要性和影响力。因此，性格对技术恐惧的形成和发展起着重要的作用。实证研究的结果表明，开放型、外向型性格，对生活较为积极，容易接受新事物，伴有较少的技术恐惧。相反，内向型、谨慎型性格对新生事物的态度较为消极，接受新事物格外谨慎，或者说新事物不容易走进他的生活，因而对新技术的接受也显得勉强，甚至有着排斥情绪，较容易形成技术恐惧。典型的例子就是神经过敏者是技术恐惧的高发人群。

（2）经验和能力是技术恐惧形成的又一个体原因。人们对经验存在着矛盾认识，一方面，经验为人们认识和接受技术提供了心理准备，可以消除人们恐新和无知造就的心理障碍。相反，如果缺乏技术经验，缺少相关的技术知识和技能储备，就会引发人们的技术恐惧。另一方面，技术风险的经验又会触动个体的神经和心理，并在心理层面沉淀、震荡和放大，促使其用一种消极的甚至是破坏性的情感应对技术。可见，拥有风险经历也可以成为技术恐惧的形成和加剧根源。比如，有研究表明，汽车司机的交通事故经历，尤其是重大交通事故，可以诱发驾驶恐惧，经历越多，恐惧水平越高。能力包括认知能力、创新能力和交往能力等方面，综合反映在技术层面就是技术自我效能，包括技术的学习、创新、操控以及处理人与技术关系等多种能力。驾驭技术的能力强，就感到应对技术游刃有余，从而产生成就感。相反，技术的自我效能低，个体对技术会感到压力和挫败感，这种压力和挫败感会阻碍人们去亲近技术，从而形成技术恐惧情绪。

（3）兴趣与偏好形成的技术恐惧。一般而言，兴趣与偏好有着共同的指向，但兴趣是主体的意志、情感和文化的综合取向，偏好更偏向于心理取向，或者说偏好是主体反映出来的心理倾向。兴趣是最好的老师，这已为世人所公认。技术兴趣和偏好，可以使个体跨越主体与技术之间的各种障碍，去亲近技术，由此产生的是技术爱慕者或技术迷。相反，如果对技术没有兴趣，反而偏好技术风险，这样就会走向另一面，导致技术恐惧。因为没有兴趣，甚至是厌恶，在与技术发生关系时就处在被动、消极或不情愿状态，这本身就已经是技术恐惧的反应。再加上稍微有点技术风险，这种被动和消极状态就会得到强化，从而形成对技术的抵制，甚至破坏。如果再有风险偏好，即对技术风险的感知力比较强或者神经过敏，在一般人看来无所谓的风险，甚至是没有风险，而在风险偏好者眼里却成了不能接受的大风险，那么风险就会被放大，人的心理负担就会加重，就会形成和增加技术恐惧。

（4）年龄和性别导致的技术恐惧。在现代技术恐惧的研究中，年龄和性别也被看作技术恐惧产生的原因。在最初的研究中，技术恐惧被预设为老年现象，认为只在老年人中才存在技术恐惧现象。其根据就是老年人错过了接受技术教育的时期，因而缺乏技术经验和能力，从而会引发技术恐惧。这也主要针对的是计算机技术恐惧。后来的研究发现，技术恐惧不仅存在于老年人群中，青年学生，甚至各年龄段的人群都有技术恐惧。但是诸多的研究还是发现，老年人的技术恐惧水平要高，并且技术恐惧有随年龄增长而升高的趋势。技术恐惧的性别研究发现，女性的技术恐惧水平较高，尤其是老年女性。这说明性别也影响技术恐惧。性别之所以能成为技术恐惧的影响因素，与人们把电脑归属于男性的认识传统、社会文化对女性的歧视和性别角色的分配、教育中女性专业的选择，以及女性的性格和生理特点有着密切的关系。

（5）职业对技术恐惧的影响。职业与技术恐惧之间也存在着一定的因果关系，特别是在现代技术恐惧背景下。从技术恐惧的历史发展来看，技术恐惧常常发生在技术革新与产业的结合点上，也就是首先采用新技术的行业。比如，18世纪英国的卢德运动，就是由纺织行业的技术革新导致的。20世纪后期的计算机恐惧则与部门、行业引进计算机、信息技术有直接的关系。因此，采用计算机的部门、企业的员工成为计算机技术恐惧的主要主体，而那些不利于技术革新和技术含量比较低的职业相对来说技术恐惧较少。这是因为，职业与工作的技术环境是同一的，技术环境又决定着职业角色面对的技术压力和技术风险，这也就把职业与技术风险和压力联系起来，因而成为技术恐惧的原因之一。当然，也有些技术恐惧是不具有这种职业特点的，或者职业性不强，如核恐惧，除了直接从事核技术工作的人之外，社会公众甚至整个地球都处在其威胁和笼罩下，因此，其职业影响并不很大。职业性可能最能体现技术恐惧与一般恐惧之间在形成原因上的区别。

另外，个人的宗教信仰、风俗习惯、民族文化和受教育状况等也对技术恐惧的形成有着不同程度的影响。在实证调查研究中，出现了不同的结果，甚至是截然相反的结果。但是归结到不同的个体，这些因素可能都可以成为技术恐惧产生的原因。因此，对此不能一概而论，而应综合分析多种因素，并且这些因素与技术恐惧之间直接的、现实的因果关系，还有待于进一步的研究来验证和澄清。

二、技术恐惧的技术根源

技术成为恐惧的对象，除了个人的原因外，还有技术本身的原因。一种事物成为恐惧的对象，或人们之所以会恐惧某一事物，肯定与该事物反映出来的性质、特点和属性有着密切的关系。对技术的恐惧亦是如此，技术因素是技术恐惧产生的客观原因，也就是说，不论主体承认与否，诱发恐惧的技术特征不会改变。

首先，技术进步和发展本身就能引发技术恐惧。因为新技术会改变人们原来的工作环境和生活习惯，这对于习惯于传统的工作和生活方式的人而言，就是一种促逼，就是压力，会带来其不适应。这种技术原因的技术恐惧主要表现为恐新和紧张情绪，并会产生对新技术的厌恶和排斥。这种原因引发的恐惧针对的不是技术的消极作用和风险性。

其次，技术的风险性和危害性是技术恐惧产生的主要原因。从技术恐惧的发展过程来看，技术的风险性和危害性是一直存在的一种技术恐惧根源。它主要威胁到人们的安全感和人们对确定性的寻求。"正是技术施诸人类自身而不是施诸自然物之上所产生的严重后果，促使人类最初萌生了对技术的警惕、忧患甚至恐惧。"[1]技术对人身的伤害、对环境的破坏等

---

① 邓联合. 2009. 老庄与现代技术批判. 北京: 中央编译出版社: 4.

都来自技术的危害性。这也是针对技术负面作用的技术恐惧，其表现为人们对技术的担心、焦虑和恐慌，并会反对和破坏技术。

再次，技术的复杂性和不确定性也会引发技术恐惧，因为技术的复杂和不确定，会使人对技术学习和掌握起来比较困难，这时技术恐惧会表现为一种畏难情绪的恐惧。同时，技术的不确定性还会使人们对其把握和控制比较困难，无法预知其后果，会给人带来比较茫然、不知所措的焦虑感。由于其不确定，所以人们就无法对其进行伦理的规范，使伦理对技术的约束感到疲软和失效，这样就会造成混乱和无序，也会诱发人们的恐慌情绪。

最后，技术的统治性会引发人们对自然和人类前途命运的担忧。技术的统治性表现为对自然的控制和对人的控制。对自然的控制又表现为自然相对于技术的对象性和服务性，这样一种技术属性会使得技术在改造和利用自然的过程中不计成本和后果，在这样一种逻辑推演下，自然环境的恶化和生态灾难就在情理之中了，这不能不令人震惊和担忧。同样，技术的统治性也不会放过人，在这样一种本性驱使下，人也会一步步变成技术的奴隶。在可以论证或可以预言的技术领域，技术统治的曙光已经依稀可见。"技术变成有自主权的了，它把一个遵循着其本身规律的世界变得无所不收，使这个世界抛弃了一切传统……技术一步步控制着文明的一切因素……人类自己也被技术击败，而成为它的附庸。"① 无论从对自然的控制，还是对人的控制来看，人们都不能不对人类乃至我们生活的地球的前途和命运感到忧虑与恐惧。

三、技术恐惧的社会根源

技术恐惧的社会根源是指技术恐惧形成的社会方面的原因,包括政治、经济和文化等方面的原因。任何社会现象都有其存在的社会背景，都是特定社会背景下的各种社会因素的折射和反映,也必然有其形成的社会动因。从社会原因来看，技术恐惧就是社会建构的结果。

从政治方面看，技术恐惧是政治统治的工具，是各种政治力量和政治因素博弈与角逐产生的效果。从各国内部的情况来看，政府为了实现国家

① 巴里·康芒纳. 1997. 封闭的循环——自然、人和技术. 侯文蕙译. 长春: 吉林人民出版社: 142-143.

繁荣富强会大力发展技术，这是技术恐惧产生的本初原因。政府为了统治的稳固，为了能使公众依赖于政府，也会制造适当的恐惧气氛，那么在现代化条件下，技术就是制造恐惧的最好工具。为此政客以及被国家控制的大众舆论就起到了推波助澜的作用。从国际竞争来看，国家也必须发展技术，尤其是具有威慑力和恐怖性的军事技术，因为落后就要挨打。不仅如此，现代技术还是国际事务的指挥棒和话语权，谁拥有了先进技术，谁就掌握了国际经济和政治事务的主动权。习近平总书记曾指出："目前，大国网络安全博弈，不单是技术博弈，还是理念博弈、话语权博弈。"[1]因此，各国都会采取各种措施促进技术发展，在这样一种形式下，国家会为技术的发展扫除各种障碍和干扰，包括体制的、法律的、伦理的，有时甚至是人性的和环境方面的障碍。比如，克隆人技术有的国家就限制，而有的国家则不管不问。核武器、化学武器、生物武器的研制和使用，在有的国家、有些时候也是被默许的。再如，美国无人机伤害平民的事件，尽管美国国内反对声不绝于耳，但并没有影响到该技术的发展和使用。这些都严重地威胁着人的健康和安全，威胁着人类的前途和命运，不能不令人担心和惧怕。

从经济方面看，技术恐惧是人们对利润追求导致的结果。技术与经济密不可分，科学技术是第一生产力，技术具有强大的经济效应，这也是技术发展的动力所在。社会对物质的需要以及技术活动对物质生活的满足就是技术经济化的过程。在这种需要与满足之间的循环运动中，经济效益成为衡量社会发展和技术评估的重要指标，有时甚至是唯一指标。资本的逻辑就是追求利润最大化，在此经济框架下的任何要素都要服从这一目标。市场以其为标准来筛选技术，企业以其为标准来决定技术投资，科学家和工程师也为之调整自己的研究方向，甚至国家也要为其进行政策倾斜。当技术列入生产要素，或成为经济活动的重要构成部分时，其发展路径即被锁定。因此，为了经济效应，为了利润最大化，技术风险被置之不理，环境代价被视而不见，人性和道德叛离听之任之。这样，技术进步造就的员工的相对贫困、员工的技术压力、公众对技术风险和技术危害的提心吊胆，

---

[1] 习近平. 2016. 在网络安全和信息化工作座谈会上的讲话. 北京: 人民出版社: 19.

以及环境堪忧、前途堪忧等技术恐惧情绪成为技术经济化的副产品。

从文化方面看，技术恐惧也是一种文化，并且这种文化与其他文化形式之间相互作用。文化价值观决定着人们对风险的态度，文化对技术恐惧有催生作用。前面提到的中西方古代文化对技术的蔑视和排斥，既是技术恐惧的一种文化表现，同时这样的文化又会进一步引发人们对技术的贬低和轻视，形成技术恐惧情绪。神话和巫术文化又会导致技术神秘化，从而令人敬畏和惧怕，宗教尤其是基督教宣扬的技术对上帝的违背也会使教徒对技术感到担忧和焦虑。启蒙文化赋予了技术应有的重要地位，在这样一种文化启蒙下，技术发展的实际已经远远超出了人们的想象，带来了一些社会和环境问题，引燃了技术恐惧的导火索。当前的计算机文化、网络文化等，一方面使生活在其中的人们感到压力，另一方面这些文化的消极影响也会成为技术恐惧的对象。不仅如此，当今的风险文化更是吸引人的眼球，目不暇接的技术事故、萦绕耳畔的恐怖事件、惊心动魄的科幻电影，各种技术风险和危害，潜在的和现实的、真实的和虚拟的、眼前的和未来的，等等，借助于文化传播，使得人们心神不定、焦头烂额。文化之所以能够成为技术恐惧的原因，是因为任何人都生活在一定的文化中，都是文化人，必然受其所处的文化背景和传统的影响，包括其心理、情感和行为等都不可能脱离开其存在的文化环境，正如齐曼（J. Ziman）所言，"每一个科学家都是在他那个时代的世界图景中成长起来的，他们并不会乐于接受任何有悖于他或她的世界观的看法，除非他们面对着强有力的证据"①。

从科学发展看，科学与技术的密切关系会促成科学和技术之间的协同发展，科学求知、求真、求解的旨趣会影射到技术中，使技术在某些领域也会不断跟进，而这些领域就包括具有风险性和社会危害性、具有伦理和道德争议的区域与层面。因此在科学好奇认知的拉动下，技术往往会忽略掉各种羁绊和枷锁的束缚，从而自主前行。在这样一种背景下，也会形成技术恐惧。科学与技术在社会历史的发展过程中一直如影随形，今天更是走向了联合和一体化。只要科学有需要，技术必然要满足；科学的发展也为技术进步铺平了道路。相对于技术而言，科学的善恶判断更为模糊和不

① 乔尔·莫基尔. 2011. 雅典娜的礼物：知识经济的历史起源. 段异兵，唐乐译. 北京：科学出版社: 227.

确定，很多人认为科学研究无禁区，因而只要科学上的研究条件具备（不是指的社会条件），那么科学的前行就会无禁忌和无止境。科学的这些属性，以及科学与技术之间不可分割的联系，导致了只要科学在前面带路、技术就跟着发展的社会现实。这种科学导引下的技术进步，会超越法律和道德的约束，不受社会的管控，这不能不令人担忧。

第二节 技术恐惧的应对策略

技术恐惧已经成为一种社会现实，尽管其存在着积极的作用和价值，比如，对醉心于技术的人的警醒作用和对技术发展道路的启示意义，但现代技术恐惧的研究主要是以否定性为理论视域的，技术恐惧定义的落脚点就是疾病、病态反应，或至少也是一种问题，从这些字眼中我们窥出的是负面和悲观情绪，感受到的是消极和失望。也正是技术恐惧现象透出了消极和悲观，才能起到启示和警醒作用。相对于此种以牺牲来换取技术健康发展的路径，人们更希望技术能够自觉地良性发展。或者至少也应该把人们付出的代价降到最低限度。为此，我们需要正确地应对技术恐惧，以消除或降低其消极影响。

一、技术恐惧的个人应对

技术恐惧的形成与个体心理特征和个性特点有着重要的因果联系，所以探讨技术恐惧的对策，也应该从其个性原因入手，对症下药，才会收到较好的效果。从个人方面来看，应对技术恐惧应该做好以下工作。

（1）转变观念，澄清认识，从思想上解决问题。对于技术我们应该清楚地看到，尽管其存在这样那样的风险和不足，但其进步的必然性以及对社会发展的决定性作用是不可否定的。技术发展的事实也证明，其给予人类的要远远大于其带来的风险和灾难。"我们是人类历史上最健康、最富有和最长寿的一代人。然而我们却生活在不断升级的恐惧之中。"[①]恐惧

[①] 丹·加德纳. 2009. 黑天鹅效应——你身边无处不在的风险与恐惧. 刘宁，冯斌译. 北京：中信出版社：16.

也是人很正常的一种情绪和体验，但我们不能夸大和为恐惧而恐惧。现代人对技术的恐惧，与其说是技术风险和危害造成的，不如说是技术给了我们健康、富足的生活条件，从而造就了人对技术更高的，甚至是苛刻的要求与现代技术发展水平之间的差距带来的一种心理失落感。我们很难想象，如果没有技术，我们现在的社会和生活会怎么样，我们更无法将其与现代社会做出全面的对比，以分出善恶和优劣。但有一点是肯定的，我们同样会面对风险，同样会恐惧，并且风险和恐惧丝毫不逊于现代社会。"虽然技术挖掉了一切传统制度和价值的基础，但其后果并不一定有害。"①因此，人们应该正确地看待技术和技术恐惧，相信技术带来的问题还需要技术来解决，也只有技术能解决。

（2）进行积极的心理和行为调适。健全和健康的心理对于个人的成长与发展起着至关重要的作用，包括我们对技术的态度和情感要积极乐观，对待和使用技术要有良好的动机，不能对技术吹毛求疵，否则只会怨天尤人，自乱阵脚，陷入恐惧之中，应该采取积极行动，合理地分析技术条件和我们的情势，发挥技术优势，扬长避短，使技术为我所用。过度联想和不合理的期望是造成技术恐惧的一大原因，因此，我们不要把任何风险、危害和问题都归罪于技术，也不要一面对技术，脑海中出现的就是风险和危害，自我制造紧张和恐怖气氛。同时，也不能寄希望于技术能解决任何问题。该技术承担的就需要技术承担，该技术解决的技术也终究会解决。但我们个人需要努力学习，需要尽职尽责，需要我们付出和承担的我们也一定要做到。

面对技术恐惧，我们还要学会行为调节，合理释放和排解压力有利于我们的心理健康。比如，运动、旅游和社交活动等有利于开放型性格的形成，也有利于缓解技术压力。我们不要把目标定得太高，适当地忙里偷闲，或者暂时放下手头工作、转移一下自己的注意力等都会起到减少或消除紧张、恐惧情绪的作用。健康的生活方式，比如，不沉溺于技术、多进行户外活动、不过分依赖于技术手段等，不仅有利于降低技术恐惧水平，而且也有利于我们的身心健康。这样我们的心理才会平衡、才会放松、才能积

---

① F. 拉普. 1986. 技术哲学导论. 刘武，康荣平，吴明泰，等译. 沈阳: 辽宁科学技术出版社: 8.

极地面对技术，也才能降低我们的技术恐惧水平。

（3）良好的道德观念和较强的社会责任感也是个人应对技术恐惧的有效手段。良好的道德观念和较强的社会责任感，是技术科学使用和无害化的重要保证，可以减少技术事故，对个人来讲也可以减少心理负担。良好的道德观念和较强的社会责任感还表现在，实事求是地判断技术风险和危害，不夸大不传谣，这样不仅有利于形成良好的社会氛围，而且可以降低技术恐惧的水平。我们要相信技术，看到技术有利的一面，研究证实，当人们把技术当作完成任务的必要手段，或者把技术当作任务、工作的一部分来完成，而不是停留在技术本身时，技术恐惧的水平会降低。当然，保质保量地完成任务，或者说对工作和任务认真负责本身就是良好的道德和社会责任感的体现。

二、技术方面应对技术恐惧的策略

技术方面，要解决技术恐惧问题，首先要弄清诱发技术恐惧的技术方面的原因是什么、技术为什么会成为恐惧的对象，以及人恐惧的都是技术的哪些方面，这些问题搞清楚了，就可以有的放矢，针对这些方面提出具体的改进措施。

第一，针对技术的风险性和危害性，主要在研发和设计上实现改进。改进技术的设计缺陷，使技术更加人性化，使人机界面更加和谐。从源头就要考虑技术研发的风险性和危害性，争取把技术对社会、对环境的危害消灭在襁褓中或降到最低程度。技术相对于科学而言，其重要的区别就是技术的目的性非常明确，也就是说，一项技术的研发，从开始就知道其去向和用途。因此，从研发和设计方面做到更加精益求精，以及充分考虑公众的身心健康、环境保护、社会的持续发展问题是完全可以做到的。

第二，针对技术的快速发展及其不确定性给人们带来的压力和造成的焦虑，技术要做的工作如下：一是力尽简便、便于学习、便于操作，这样才可能使处于激烈竞争中和生活压力不断增大的人们易于接近与接受新技术。因此技术要力求：该技术完成的，一定完成；不该技术完成的，也尽量多替用户完成，总之就是尽可能多地替用户着想，尽可能少地占用用户的时间和精力。这样的设计理念和工作态度，也必然会赢得用户的接纳，使用户免于技术恐惧的困扰。二是建立健全技术的评估和反馈机制，对于技术研发和使用过程中出现的问题及时纠正，对于不确定性的风险和后果要保证其一直处于被监视状态，每一个环节都不能脱离开管理者的视线，尤其是在试验阶段。工程技术人员虽然不能做到完全消除技术的不确定性和风险，但要能做到意外情况发生时及时做出应对，有着明确、有效的应急机制和反馈机制，及时抢救不确定性造成的损失和风险，及时改进技术设计和技术产品。这样也可以给用户以心理上的安慰，减少技术恐惧。

第三，技术伦理问题引发的技术恐惧，要充分考虑技术使用区域和范围内的文化传统、伦理道德、风俗习惯等因素。尽量避免与这些因素相冲突，应使技术的设计能够融入当地文化，与伦理道德相一致。如果冲突难以避免，或者稍有差距，也应该做好相应的说明和解释工作，尽力找到技术与伦理道德和文化的共同点。因为普通公众对技术不一定十分了解，通过宣传说明，使公众认识到技术的有利一面，认识到技术可以带来的帮助，也可以缓解技术与伦理的冲突，从而降低技术恐惧水平。比如，对于克隆人技术，一般公众认为该技术一旦推广使用，坏人得到克隆会危害社会，同时带来伦理和社会的混乱。这就需要澄清克隆人与被克隆人之间的关系，二者并不完全等同，尤其是在性格和本性方面都要受到社会环境的影响，并且克隆人与被克隆人之间有着年龄差距，并不能相互替代。这样可以打消人们的一些顾虑，避免和减少技术恐惧。当然，如果真是违背伦理道德的技术就需要暂时停止研发和推广，等待着技术与伦理达成一致。

技术应该对自己的行为和后果负责，技术产生的危害和风险，主要地还需要技术来解决。为了减少和降低公众对技术的恐惧，总的来看，未来应该大力发展绿色环保技术、无公害技术、有机技术或生态技术，使技术富有更多的人文关怀，使技术发展走出一条人性化道路。

三、技术恐惧的社会应对

解决技术恐惧问题还要消解技术恐惧的社会建构机制。从社会方面来看，要解决好技术恐惧问题，需要国家和政府、企业团体、社区组织，从政治、经济、文化等各方面入手，共同协作，综合治理。

第一，政治人性化和绿色政府。政治人性化是指大政方针的制定和推行、政治决策和政府管理、政治事务的处理和解决、政治体系的建立等都贯穿着人性化理念，以人为本，充分考虑公众的需要和利益，表现为执政理念的人性化、政治决策的民主化和法制化、政治运行的透明化、政府职能的社会化、政治管理的科学化、政治责任的明确化。政治人性化贯穿到技术领域，就是政府不穷兵黩武、滥用武力，不转嫁技术危机，不凭借先进的技术控制、剥削他国和奴役、愚弄本国公众，不制造紧张气氛和事端，通过政治导向，把技术引向解决国计民生和社会发展的问题。敢于承担政治带来的技术灾难和危害，遵守国际、国内法律和条约。履行国际和国内应尽的责任与义务。比如，不进行国际和国内禁止的科学研究，履行核不扩散条约，不进行违背人道的技术试验，等等。绿色政府是与人性化政治紧密联系在一起的，主要是指为人类的持续发展、为保护地球环境尽职尽责的政府，也称为生态政府。这样的政府积极投身解决全球化的生态和环境危机，解决各种全球性问题和人类的持续发展问题。政治人性化和绿色政府是消解技术恐惧的政治保障，其致力于从宏观上解决技术发展带来的人身伤害问题、社会和国家冲突问题、生态和环境问题等，可以减轻人们对技术事故、生态灾难和人类前途命运的担忧，起着消解技术恐惧的作用。

第二，经济效益、社会效益与生态效益的有机统一。人们对技术最原始的需要就体现在技术的经济性上，技术能够带来物质产品满足人们的生存和发展需要，并且经济效益也是技术发展最持久的驱动力。由于经济效益与社会效益和生态效益之间具有矛盾性、物质和精神之间具有矛盾性，因而在技术发展过程中，存在着为了追求经济效益而损害和降低社会效益、生态效益的情况，存在着对物质的追求导致的精神堕落和道德滑坡的社会现实，这也是技术恐惧的技术根源所在。因此，实现经济效益、社会效益与生态效益的有机统一，兼顾物质和精神两个层面就成为解决技术恐惧问题的关键所在。经济效益与社会效益、生态效益的统一，是要求在发展经济、追求利润的同时，兼顾好社会和生态，把给社会带来的不利影响，以及造成的环境和生态代价计入生产成本，这样来综合衡量企业的收入。对企业与社会发展的评价不仅仅依赖于一个指标，即经济增长，或者经济量的增长，而且要看经济的质怎么样，是否是一种健康的发展，还要有社会指标和环境指标，对环境的污染、对生态的破坏、对资源能源的利用和浪费、二氧化碳的排放量等情况，甚至经济增长带来的对人性的损害、对道德的破坏等也要换算成经济成本，都应该列入对企业、社会和经济发展的评价体系。这样的综合严格的评价指标，可以约束人们的技术行为，尤其是对生态环境破坏严重、对社会负面影响大的技术会得到限制和改善，从而减少和消除人们对生存环境与社会堕落的担心、焦虑。

　　第三，道德和法律对技术的双重约束。要消除和缓解人们的技术恐惧情绪，还要加强道德和法制建设，这也是消解技术恐惧的制度保障。道德可以看作是技术的软约束，法律则是技术的硬约束，双重的约束，可以规范人们的技术行为，对于违反者施以惩戒。道德失范本来就是产生技术恐惧的原因之一，加强道德建设，一是可以弥补道德缺失和道德失范造成的技术恐惧，二是可以约束和管制技术的风险及危害行为与后果，同样也可以消解人们的技术恐惧。法律与技术之间存在着密切的关系，法律作为国家的一种强制性规范，人们的技术活动当然位列其中。法律一方面约束技术行为，另一方面也为技术发展保驾护航。技术进步不断开辟新的法律体系，促进法制的健全和完善，因而法律是一直伴随着技术成长的，法律为技术发展提供了"可信赖的框架和明确的发展规划"[①]，法律可以预防技术发展偏离正确的轨道，可以通过其威慑力消除技术的社会危害性。例如，1831年普鲁士的技术安全法，就是对蒸汽机的使用和工业化开始的一种法制回应，对汽车技术回应的交通法，以及伴随现代高科技而产生的一系列法律、法规等，都表明了社会从制度方面对技术的监管，因为技术的风险性和危害性，法律也必须对其做出回应。道德和法律对技术的约束，可以换来人们心理的轻松和安慰，有利于缓解技术恐惧情绪。在此还要说明的是，加强道德和法律建设，还意味着道德和法律也要不断与时俱进，不断淘汰过时的、不适宜社会发展的道德和法律，建立新的、适应社会情势的道德和法律体系，也就是说，道德和法律有时也需要为技术做出改变，这对于缓解人与技术之间的紧张气氛也起着不可忽视的作用。

---

① Boehme-Neßler V. 2011. Caught between technophilia and technophobia: culture, technology and the law//Boehme-Neßler V. Pictorial Law: Modern Law and the Power of Pictures. Berlin: Springer: 1-18.

第四，诚信文化和良好的社会风气。文化和社会风气是技术社会环境的重要组成部分，对人与技术之间的关系有着重要的影响作用。"风险文化会降低社会的信任度。"①恐惧也意味着不信任，诚信缺失会导致更大的恐惧。在当今风险社会，要想缓解人们对风险的紧张情绪、消解人们的技术恐惧，诚信文化和良好的社会风气就显得尤为必要与重要。诚信不仅是人际和谐的重要前提，而且是人与技术之间和谐关系赖以存在的条件。诚信文化，意味着人与人之间的相互信任，意味着人与人之间的实事求是、坦诚相待。诚信文化的建立，有利于人与技术之间的真诚沟通。诚信文化体现在技术领域，就是专家系统与公众之间建立起相互信任的对话和沟通机制，保证信息的畅通与透明。比如，医疗技术领域医患纠纷和冲突产生的主要原因就在于信息不对称引起的相互间的信任缺失，这也是公众对医疗技术恐惧的重要根源。通过诚信文化的建立，专家把技术存在的风险和危害实事求是地告知公众，让公众做出选择，并接受公众和舆论监督，这样既有利于降低技术风险，也可以减少或避免技术恐惧。诚信文化和良好的社会风气还表现在正确的舆论导向、积极的文化传播、避免为了自身利益而虚假宣传以及故意制造紧张和恐怖气氛。公众之间相互信任，不欺诈，不传谣，舆论和各种媒体要弘扬社会核心价值观，传播正能量。融洽的人际关系和安定的社会环境是对抗技术恐惧的有效途径。

第五，社会和组织的关心帮助。对于技术恐惧症患者，或者有技术恐惧情绪的人来说，社会与组织的帮助无疑会使其感到温暖和关怀，对于学习和操作技术也会带来方便，因而会使其对技术的态度变得积极一些，有利于消解技术恐惧情绪。社会与组织的帮助体现在，做好科学普及和技术培训工作，举办一些公益性的技术讲座，使老年人或社会上学习技术不便者能够获得对技术的正确认知，能够掌握基本的操作技能，或增加一些技术经验，这样能够从心理上减轻对技术的排斥情绪，使其更容易接近新技术。研究证明，人们对未知风险的恐惧程度要远远大于对已知风险的恐惧，因而，通过这些帮助，即使不能实现对技术的熟练操控，在最低程度上也可以把技术风险从未知变成已知，同样可以降低技术恐惧水平。对于员工、

---

① 拉斯·史文德森. 2010. 恐惧的哲学. 范晶晶译. 北京：北京大学出版社：99.

企业等组织和团体，也要定期进行技术培训，使员工不断地学习和了解新技术，并尽量提高自己的知识技能，这是应对技术恐惧的心理资本，正所谓"艺高人胆大"。有了技能才有说话和行动的底气，也才可以抗拒恐惧情绪。同时，组织管理要人性化，比如，改善员工的工作条件，提高待遇，给予员工必要的假期放松心情。对员工进行人文和情感的关怀，比如，关心员工的生活和家庭问题与困难等，举办一些文体活动，制造良好的企业氛围和人际环境，这样能够缓解其技术压力和工作压力，减轻或消除员工的技术恐惧情绪。研究还证实，创新文化有利于减轻技术恐惧情绪，因而，企业和组织还要创造创新文化氛围，鼓励和奖励员工创新、创造，给予其物质和精神上的帮助，这样能够激发员工创新思想、转变观念、敢于尝试，可以化解员工与新技术之间的障碍和矛盾，从而消解技术恐惧情绪。

第三节　技术恐惧的现实难题

良好的初衷、可行的对策，为人们处理和应对技术恐惧问题提供了方法与路径上的可能性，从一定程度上说，也可以缓解技术压力和消解技术恐惧。但要真正解决技术恐惧问题并非易事，技术进步使生存变得越来越复杂，技术本身的诸多矛盾、人与技术的复杂关系和情感纠葛，都决定了技术恐惧问题的解决存在诸多的现实困难，并使得技术恐惧的解决成为悖论。

一、技术控制与控制技术悖论

技术理性的控制性或统治性是技术本身固有的属性和特征，这种属性和特征并不是现代技术的专利，而是一切技术的共性。霍克海默就认为，"控制自然或扩张人在世界中的力量是人类理性的普遍特征而不只是现代的标记"[①]。在他看来，理性对自然控制的冲动，以及现代技术向自然的扩张、对自然的奴役和破坏，被视为恐怖和毁灭文化的技术统治，早在原始社会人的对象性活动中就已经开始了，当第一个人把自然作为捕获猎物

---

① 威廉·莱斯. 1993. 自然的控制. 岳长龄, 李建华译. 重庆: 重庆出版社: 131.

的对象而使用石器时，就萌芽了技术理性对自然的控制。这种控制一路走来，从有限的实践范围扩张到小到分子、原子和夸克领域，大到整个地球、太阳系、银河系和河外星系等巨大甚至无限的领域和范围，不仅对自然进行控制，而且控制了人。人的技术能力与技术满足人的需要的能力之间有着必然的联系，技术首先挑起了人无限的需求和欲望，而要满足这些需求和欲望就必须提高技术能力。技术正是通过控制人的需要和欲望，使人沉溺于技术、依赖于技术、无法摆脱技术，从而实现对人的控制。

技术控制力的膨胀和增强与人的技术控制能力的萎缩和衰弱是同一过程。技术本来是人的产物，是人的创造和发明，是人操作和使用的对象，也应该是人能够控制的，但技术进步的逻辑却演绎出人对技术越来越感到无能为力。其实这也并不奇怪，因为每一项技术都隶属于特定的人，由于技术的复杂性，对于更多的人而言，技术超出了其认知和控制能力，尤其是在现代技术综合化和一体化的发展形势下，每个特定的个体甚至群体，相对于技术综合体或者技术整体而言，只能是无能为力。从逻辑上来看，这也证明了技术对人的控制和人对技术的乏力。逻辑证明了普遍对于特殊的权力，即普遍可以控制和决定特殊，个性要服从共性。逻辑概念是社会现实概念的抽象，人作为一种技术性存在，技术成为人存在的共性，技术作为一种普遍，就会对特殊的个人具有控制权力，个人在这样一种共性的促逼下，会放弃自己的其他属性而服从于技术性。这里的放弃存在着被迫和主动两种情况，但不管何种情况，都无法改变技术对人的统治的事实。同时这也表明了个人相对于技术而言只是个性，个性只能服从共性，是没有能力改变共性的。当然，这种逻辑上的推理和概念关系来自技术作为座架把人沦为持存物的事实，持存物对于座架则无可奈何。

这里就陷入了一种控制的循环悖论，技术首先是作为人的手段去控制自然的，是人的目的理性向自然的扩张，这时手段是受目的理性支配和控制的。但随着技术的发展，目的和手段的界限日趋模糊，手段通过引导目的，而逐渐使得目的无法摆脱手段，手段开始变为目的，控制目的理性。人这时再想控制技术就变得越来越困难和不可能。技术作为一种控制理性，面对自己的发展和扩张，面对出现的诸多理性和非理性的危害后果，却无法实施其控制性。也就是说，技术无法完成自己对自己的控制。这是由技术本身的复杂性和不确定性决定的。复杂性代表了技术本身是一个开放性、非线性和不确定性的系统，人们发明创造这样一种系统非常困难，是高层次的人类劳动，要想控制这样一个系统就更难，要依赖于更高级的技术系统。这也是技术控制悖论的又一表现，为了控制一项技术，人们会发明一项控制力更强的技术，每一项技术的控制，都意味着新的更高水平技术在等待着控制。总要有一种技术是最后的控制者也就是失控者，控制力越强，失控的程度越高，技术控制就是技术失控。技术控制的悖论，让人们对技术无法释怀，对人类前途无法释怀，因而，技术恐惧也无法消失。

二、确定性与不确定性悖论

技术恐惧是人们对风险恐惧的一种表现，人们对危险和不安全性的恐惧萌发于人的形成阶段，并贯穿人发展的始终。因而杜威认为，人们一直在寻求确定性，并且技术是寻求确定性的有效手段。在杜威那里，确定性有着本真、实有的意思，代表着人们对事物形成的真理性的认识和本质的认识。通过对事物确定性的认识，能够把握和预测与其相伴的事物的不确定性，不确定性代表着危险，从而通过对确定性的寻求，来逃避危险，免受危险的伤害，免于恐惧情绪的困扰。

技术作为人们寻求确定性的手段，确实给予了我们有序和规范，通过技术手段也确实能够实现对事物本身不变的、确定性的认识和把握。但技术复杂性及其进步带来的生存复杂性和风险性，却似乎在远离人们寻求的确定性。"某种技术可从无序中产生的结构越多，那么它的产物离热平衡就越远，要去逆转相应的过程就越困难。"[1]也就是说，技术越是能给予人们有序和平衡，也就越能打破有序和平衡，这似乎成为技术进步的悖论。当我们沉湎于一个个的解决人类危险和灾难的技术规划时，也许即将迎来的是一个个新的危险和灾难。因此，杜威也认为，"艺术的增加也许会被悲叹为新危险的根源。每一种艺术都需要有它自己的保护措施。在每一种艺术的操作中都产生了意外的新后果，有着使我们猝不及防的危险"[2]。

[1] 约翰·巴罗. 2005. 不论——科学的极限与极限的科学. 李新洲, 徐建军, 翟向华译. 上海: 上海科学技术出版社: 206.
[2] 约翰·杜威. 2004. 确定性的寻求: 关于知行关系的研究. 傅统先译. 上海: 上海人民出版社: 6.

尽管杜威为此还探讨了寻求确定性的宗教、哲学等理论思维层面的路径，但这并不能否定人们在实践上对技术途径的依赖和寻求，事实上，技术也一直在实践上被认为是寻求确定性和逃避危险的有效路径。但这种对确定性的寻求是以更多的不确定性为代价的，绝对的确定性无论在理论上还是在实践上都是不可能实现的。就技术本身来讲，人们无法保证技术的绝对确定性，也就无法完全消解技术风险带来的恐惧。

三、技术偏好与技术恐惧的共在性

技术是把双刃剑，既是天使又是魔鬼，在造福人类的同时也给人类带来惨重的代价。不仅技术本身充满着矛盾性，人们对技术的认识和态度也充满着矛盾性，有人把技术当作救世的万能火种，而对技术如痴如醉，在技术中其乐无穷，畅享人类的技术成果，这类人也被称作技术爱慕者或技术爱好者、技术迷、技术痴，在哲学上表现为技术乐观主义。在此，我们把对技术的此类倾向和态度称作技术偏好；而与其相对应的是一些人把技术看作是潘多拉魔盒，其中充满了罪恶和恐怖，从而令人对其感到厌恶、憎恨和恐惧。这种总的来看具有反技术倾向和对技术的消极、悲观的态度，我们称为技术恐惧。技术偏好与技术恐惧是对技术截然相反的两种态度和反应，但其却共同存在于技术领域。

技术偏好与技术恐惧的共在一方面源于技术本身的矛盾性，另一方面源于人的心理倾向和偏好的不同导致的人们对技术评估与评价的不同。技术偏好与技术恐惧不仅反映在不同的技术主体身上，而且反映在相同主体对不同的技术形式和类别上，甚至还反映在相同主体对同一技术的矛盾心理上。"人们对待技术也怀有矛盾心理，人们为生活变得越来越可以规划和预测而懊悔，同时又渴望这一状况的到来。"[①]懊悔是因为未来的完全可预测性和可计算性，使得人的未来就是固定的，这或许影响人们再去通过努力而改变生活状况。同时，完全可以规划和预测的生活失去了某种神秘感、魅力和好奇，从而使人感到平淡、枯燥和无味，进而丧失了生活的激情和动力。渴望这一状况，是因为人们有着畏难情绪和思维惰性，通过

---

① F. 拉普. 1986. 技术哲学导论. 刘武, 康荣平, 吴明泰, 等译. 沈阳: 辽宁科学技术出版社: 124.

技术的规划和预测，人们可以对未来生活免于未知的困扰和焦虑，通过技术可以使复杂的生活简单化。同时，通过规划和预测，还可以减少或消除生活中的风险和不确定性，使人们有着充分的心理准备而变得踏实。

技术偏好与技术恐惧的并存，也彰显了人们对风险的矛盾态度，即既充满了好奇和期待，又充满了害怕和逃避。"我们一方面千方百计逃避任何可怕的事物，但另一方面又对恐怖题材情有独钟。"[①]这是因为风险具有两面性，一方面，风险会给人们带来损失和伤害，这会使人们尽力去规避风险；另一方面，风险又会给人以机会和刺激体验，从经济学上讲风险和收益常常成正比，这就使风险会受到喜欢冒险者和寻求刺激者的欢迎，就像做极限运动，其魅力就在于风险和恐惧给我们带来的心跳，有过此种经历和体验的人都知道，一方面人们闭着眼睛、心跳加速，感到害怕；另一方面又为此感到心里无比愉悦，大呼过瘾。技术风险也是如此，人们冒着风险，克服一个个技术难题，把技术一步步推到更高的层次和阶段，它给人们带来的快乐体验就如同玩游戏，经过紧张激烈的搏斗而取得成功，一关一关被自己超越后会获得巨大的胜利感和喜悦感。但是当风险超出了现实程度、超出了人的承受能力时，由此而带来恐惧，人收获的就不是快乐的体验和美的享受，而是走向了反面。

笔者在此无意对技术风险程度及其带来的魅力做过多描述和渲染，目的在于揭示，尽管存在着技术风险，有时风险程度还很高，但技术偏好和技术恐惧依然共在。尤其是技术偏好中的狂热的技术爱好者，"他们就像把情人看做西施那样看心爱的技术，白璧无瑕，对未来不怀丝毫的隐忧"[②]。因此，在这些人眼里是看不到技术风险的，或者爱屋及乌，把技术风险也当作美丽的缺点。事实上，人们对于风险和恐惧也是既排斥，又期待，因而，要想完全消除技术恐惧，理论上不可能，现实上也行不通。

四、效益与风险的关系导致技术路径依赖

效益与风险是经济学领域的一对矛盾范畴。效益与风险具有不可分割

---

① 拉斯·史文德森. 2010. 恐惧的哲学. 范晶晶译. 北京: 北京大学出版社: 77.
② 尼尔·波斯曼. 2007. 技术垄断: 文化向技术投降. 何道宽译. 北京: 北京大学出版社: 5.

性，效益往往伴随着风险，风险也常常能带来效益。并且二者通常成正比关系，即效益越大，风险越高，风险越高，常常带来的效益越大。正因为如此，人们才勇于冒着高风险带来的危害去追求较大的效益。具体到技术而言，任何技术都是有风险的，并且人们对其期望越高、价值越大的技术，其风险性也通常会越高，因为人们对该技术期望值高，就意味着舍得技术投资，花费的成本就大。相对来讲，这样的技术复杂程度也高、不确定性大：研发的成功与否、产业化情况如何、产品的市场需求怎样等充满了不确定性，因此风险性高。否则就会形成集聚效应，其效益就会被分流冲淡，从而降低效益。正因为其难度大、风险性高，所以不会形成集聚效应，一旦成功就具有垄断优势，自然带来的效益就会比较高，因而对于人们才有吸引力。技术就是效益与风险的统一体，"一方面，它使人们摆脱劳役之苦，从而至少在原则上，为更高级的人类存在方式提供了机会；另一方面，它又不可避免地创造了刻板的和非人性的生活方式及由此而来的许多不同的异化形式，它们本身与个人的自由发展这个理想是矛盾的"①。

社会的发展依赖于技术，技术不仅是社会发展的动力，而且标志着社会的发展水平。在技术给人类带来全球化生存和发展问题的现代社会，有人开始怀疑这些论断的合理性，开始质疑技术路线，也诞生了类似罗马俱乐部思想的非技术路线，由此，人们也从理论和现实上反对发展技术，尤其是高风险的技术。从经济领域来看，风险与效益的关系原理似乎在向人们证实，取得效益必须要冒风险，没有风险就没有效益。没有风险就没有经济上的成功，因此，很多经济上的成功者都比较善于冒险。在这样一种逻辑的引导下，本来就与经济密切关联的技术就更不能摆脱经济的纠缠，经济的发展似乎完全依赖于技术路径，或者说风险路径。

技术的效益和风险并存这是公认的事实，只要市场选择一项技术，该技术就肯定能够带来一定的效益，至少在选择方看来是这样的。选择技术的同时，也就选择了风险。尽管在技术走向市场的初级阶段，人们很难准确地给技术风险做定量分析，但肯定的是，不论风险大小，在效益的驱使下一定会有人选择该项技术。此处分析的目的并不在于分析风险的大小，

① F. 拉普. 1986. 技术哲学导论. 刘武, 康荣平, 吴明泰, 等译. 沈阳: 辽宁科学技术出版社: 125.

而是想说明，人们对效益的偏爱，似乎也会带来人们对与其共同存在的风险的喜欢。可以想象，在这样一种情势下，部分人对技术风险的恐惧是很难阻挡技术的发展和蔓延的。更何况，技术恐惧者中也有一些人会为了效益而甘愿去经历风险和恐惧。效益与风险的依附关系锁定了经济发展的技术路径，也锁定了伴随技术风险长期存在的技术恐惧。

现实社会存在的几方面的悖论和困难表明，人们不可能完全消除技术的风险性和统治性，甚至技术风险和对人的统治还有扩大与加强的趋势。而作为技术恐惧源头之一的风险性和统治性不消失，技术恐惧就必将继续存在，因而为人们解决技术恐惧问题带来了诸多的困惑。

本 章 小 结

本章主要研究和探寻技术恐惧的应对策略以及存在的现实困难，说明了技术恐惧问题只是从一定程度上缓解，不能从根本上消除，因此，人们应该在技术恐惧与技术痴迷之间保持一定的张力，这样才能保证技术更健康地发展。

寻找问题的应对策略离不开对技术恐惧形成原因的分析，这样才能对症下药，因此本章又对技术恐惧的根源进行了简要梳理，指出了技术恐惧产生的个体根源、技术根源和社会根源。为此，我们也从这三方面寻找解决问题的对策，可以归纳为个体和社会心理与行为方面的调适、观念的转变、技术设计的人性化、追求效益的综合化和发展道路的生态化等几个方面。但现实存在的诸多问题，即控制技术与技术控制的两难性或悖论、确定性的寻求与不确定性的增加之间的矛盾、技术偏好与技术恐惧的共同存在、技术效益与风险的比附关系导致的对技术路劲的依赖等，又使得技术恐惧的解决成为一种悖论，给技术恐惧问题的解决留下了诸多困惑。

结　语

　　技术恐惧作为伴随技术发展的一种社会现象和文化，表现为人们因对技术风险的恐惧而对技术贬低、排斥、抵制和反对的心理与行为反应。在现代化语境中，还包括技术发展给人们带来的压力和担忧，表现为人们对新技术的不适应，以及在处理人与技术关系上的被动、困惑和焦虑。总的来看，技术恐惧属于人们的一种消极的和否定性的心理与行为取向。通过对技术恐惧的全面综合考察，我们得出以下结论。

　　（1）技术恐惧的本质是人与技术在一定的社会语境中形成的人对技术的一种负相关关系，或者说是人对技术负面的心理和行为反应，表现为人对技术的轻视、排斥、抵制、破坏和反对等态度与行为，会反映在个人的心理和行为层面、社会心理和运动层面以及思想观念和哲学思潮中。

　　（2）技术恐惧有着永恒性技术恐惧和现代技术恐惧的历史形态划分，技术恐惧的存在既与人们恐惧情绪的特点有关，也受人与技术之间的矛盾以及技术本身的特点所支配。正如技术不会因为人们的抵制和反对就停滞不前一样，技术恐惧也会伴随技术永久存在。

　　（3）技术恐惧与技术压力、技术焦虑、计算机恐惧、技术悲观主义等概念既有着共同点和一致性，又存在着差别。其特点包括：理性与非理性交织、心理与行为互动、内因与外源结合、现实与文化并存、正负效应兼具。

　　（4）技术恐惧的发生从主体一端来看，是个体受到外界刺激和影响而形成的一个心理和行为反应过程，从属于心理和行为形成机制。从客体一端来说，技术从单项技术、技术群到一种文化，对应的有不同的技术恐惧生成路径。主体和客体相互作用催生的技术恐惧又要受到社会语境的干预和影响，社会语境对于技术恐惧具有催化、消解和建构作用。

（5）人与技术的相互塑造和矛盾关系使人成为技术恐惧的主体，其生物学特征、社会学特征、文化以及个性心理等特征构成了技术恐惧的主体结构，与技术恐惧之间存在着相互作用关系，既左右着人们的技术恐惧水平，也受技术恐惧的影响并反映技术恐惧的存在状况。

（6）技术的本质和特点决定了技术恐惧的不可避免性；技术的不同类型又会呈现出不同的特点和属性，形成不同的技术心理和态度，诱发不同的情绪和行为；技术效应与人们的心理和行为之间也相互作用、相互影响；技术本质、特点、类型和效应构成了技术恐惧的客体结构。

（7）文化启蒙消解着永恒性技术恐惧，但形成的新的技术观念和技术发展的社会现实却迎来了现代技术恐惧；政治、军事和社会制度与技术之间的内在关联，使得技术的发展无法摆脱政治的参与和干涉，从而使得政治与技术恐惧之间存在着必要的张力；技术对经济的促进和经济目标对技术的导向，也会导致经济与技术恐惧之间存在密切关系。政治、经济和文化与技术恐惧之间的相互关系，构成了技术恐惧的社会语境结构。

（8）技术根源、社会根源和恐惧主体的个人因素是导致技术恐惧的主要原因，因此个体心理和行为的调适、观念的转变，技术的人性化和生态化发展，社会的和谐氛围和健康有序的社会环境，科学的发展理念，等等，就成为应对技术恐惧的有效策略。但现实存在的诸多困难，增加了技术恐惧问题解决的复杂性和困惑，给人们留下了更多的思考空间。

本书对技术恐惧这一社会现象的概念进行了界定，通过建构其结构模型分析了其主客体结构和存在的社会语境结构，探讨了技术恐惧的生成路径和原因，也思考了相应的问题解决对策。本书主要借助于国外的实证研究数据和资料，对问题进行哲学的分析和思考，因此落脚点在于哲学研究。

技术恐惧的哲学研究重在使人们认识和了解这一社会现象，自觉调整自己的技术心理和技术行为，合理地应对技术恐惧。与技术恐惧对人的心理和身体的伤害相比，技术恐惧的更大危害在于这样一种思维和认识方式会成为对技术进行认识的壁垒。应对技术恐惧并不是要消除技术恐惧，其意义在于通过心理和行为的调适，能够消除对技术的认识壁垒，形成正确的技术观，建构良好的人技关系。不是要消灭和停止发展技术，而是要技术更好地为人与自然的和谐发展服务。技术的本质和特点、人与技术的相互纠缠关系决定了技术恐惧只能从一定程度上缓解或降低而无法完全消除。同时，也需要适当的恐惧来警示技术存在的危险性和消极作用，不断矫正技术前进的道路和方向。

阿瑟·克拉克（Arthur C. Clarke）曾经说过："如果一位资深而著名的科学家说某件事是可能的，那他极可能是说对了，但当他说某件事不可能时，则他可能是说错了。"[1]他揭示和印证了一个事实，即人的认识是无限的，科学技术的发展没有止境。不管我们的恐惧程度如何、我们对其抱着多么悲观的态度，都无法阻止技术前进的脚步。因而，我们不应该只责备技术之过失和不足，抱着一种空想，幻想着通过抵制和反对技术能够使自己免于技术之困。我们应该学会调整自己，适应技术的发展，学会在恐惧中前行。

---

① 约翰·巴罗. 2005. 不论——科学的极限与极限的科学. 李新洲，徐建军，翟向华译. 上海：上海科学技术出版社：1.

参 考 文 献

爱德华·泰勒. 2004. 人类学. 连树声译. 桂林: 广西师范大学出版社.

安德鲁·芬伯格. 2005. 技术批判理论. 韩连庆, 曹观法译. 北京: 北京大学出版社.

安东尼·吉登斯. 2000. 现代性的后果. 田禾译. 南京: 译林出版社.

巴里·布赞. 2009. 人、国家与恐惧——后冷战时代的国际安全研究议程. 闫剑, 李建译. 北京: 中央编译出版社.

布鲁诺·雅科米. 2000. 技术史. 蔓菁译. 北京: 北京大学出版社.

陈昌曙. 1999. 技术哲学引论. 北京: 科学出版社.

陈凡, 朱春艳, 李权时. 2004. 试论欧美技术哲学的特点及经验转向. 自然辩证法通讯, (5): 25-29.

陈凡. 1995. 技术社会化引论——一种对技术的社会学研究. 北京: 中国人民大学出版社.

陈红兵, 唐淑凤. 2003. 新老卢德运动比较研究. 科学技术与辩证法, (2): 56-59.

陈红兵. 2001. 国外技术恐惧研究述评. 自然辩证法通讯, (4): 16-21.

陈兆芬. 2017. 列宁文化自觉思想研究. 北京: 人民出版社.

程风刚. 2003. 信息异化及其控制. 图书与情报, (2): 15-16.

程国斌. 2010. 人类基因技术的伦理条件. 社会科学家, (7): 132-134.

程建家. 2010. 网络的价值承载与伦理关涉——消解网络社会伦理恐慌的理性思考. 自然辩证法研究, (8): 69-73.

丹·加德纳. 2009. 黑天鹅效应——你身边无处不在的风险与恐惧. 刘宁, 冯斌译. 北京: 中信出版社.

丹尼尔·贝尔. 2001. 意识形态的终结. 张国清译. 南京: 江苏人民出版社.

丹尼尔·贝尔. 2007. 资本主义文化与矛盾. 严蓓雯译. 南京: 江苏人民出版社.

丹皮尔. 2001. 科学史及其与哲学和宗教的关系. 李珩译. 桂林: 广西师范大学出版社.

邓联合. 2009. 老庄与现代技术批判. 北京: 中央编译出版社.

邓晓芒. 2003. 西方启蒙思想的本质. 广东社会科学, (4): 36-45.

段伟文. 2000. 技术的价值负载与伦理反思. 自然辩证法研究, (8): 30-33.

多米尼克·莫伊西. 2010. 情感地缘政治学. 姚芸竹译. 北京: 新华出版社.

F. 拉普. 1986. 技术哲学导论. 刘武, 康荣平, 吴明泰, 等译. 沈阳: 辽宁科学技术出版社.

弗兰克·富里迪. 2007. 恐惧的政治. 方军, 吕静莲译. 南京: 江苏人民出版社.

弗里兹·李曼. 2007. 直面内心的恐惧. 杨梦茹译. 太原: 山西人民出版社.

高剑平, 万辅彬. 2005. 技术工具理性与道德价值理性的时空追问. 科学技术与辩证法, 22(1): 10-13.

高亮华. 1996. 人文主义视野中的技术. 北京: 中国社会科学出版社.

高兆明. 2003. 技术祛魅与道德祛魅——现代生命技术道德合理性限度反思. 中国社会科学, (3): 42-52.

郭冲辰, 陈凡. 2002. 技术异化的价值观审视. 科学技术与辩证法, 19(1): 1-5.

郭贵春, 程素梅. 2006. 科学技术哲学概论. 北京: 北京师范大学出版社.

郭晓晖. 2009. 技术现象学视野中的人性结构——斯蒂格勒技术哲学思想述评. 自然辩证法研究, (7): 37-42.

海德格尔. 1998. 存在与时间. 陈嘉映, 王庆节译. 北京: 生活·读书·新知三联书店.

汉娜·阿伦特. 1999. 人的条件. 竺乾威, 王世雄, 胡泳浩, 等译. 上海: 上海人民出版社.

汉斯·约纳斯. 2008. 技术、医学与伦理学——责任原理的实践. 张荣译. 上海: 上海译文出版社.

胡塞尔. 2001. 欧洲科学的危机与超越论的现象学. 王炳文译. 北京: 商务印书馆.

姜振寰. 2001. 科学技术哲学. 哈尔滨: 哈尔滨工业大学出版社.

K. T. 斯托曼. 1986. 情绪心理学. 张燕云译. 沈阳: 辽宁人民出版社.

卡尔·米切姆. 2008. 通过技术思考: 工程与哲学之间的道路. 陈凡, 朱春燕译. 沈阳: 东北大学出版社.

克尔凯郭尔. 1999. 恐惧与颤栗. 一谌, 肖聿, 王才勇译. 北京: 华夏出版社.

克里希里穆提. 2007. 恐惧的由来. 凯锋译. 上海: 学林出版社.

拉斯·史文德森. 2010. 恐惧的哲学. 范晶晶译. 北京: 北京大学出版社.

李宏利. 2004. 计算机焦虑的研究进展. 中国心理卫生杂志, 18(7): 483-485.

李宏伟. 2008. 科学技术哲学的文化转型. 北京: 商务印书馆.

李华锋, 董金柱. 2018-08-13. 中国特色社会主义进入新时代的重大意义. 光明日报, 第 6 版.

李世雁. 2001. 自然中的技术异化. 自然辩证法研究, 17(3): 24-26.

李艳红, 张培富. 2005. 技术形成与技术伦理. 科学管理研究, 23(6): 39-42.

刘大椿. 2011. 科学技术哲学经典研读. 北京: 中国人民大学出版社.

刘科. 2006. 技术恐惧文化背景下的"克隆人"概念及其现代启示. 理论界, (10): 87-89.

刘科. 2011. 汉斯·约纳斯的技术恐惧观及其现代启示. 河南师范大学学报(哲学社会科学版), (2): 35-39.

刘科. 2011. 技术恐惧文化形成的中西方差异探析. 自然辩证法研究, (1): 23-28.

刘科. 2011. 转基因技术恐惧心理的文化成因与调适研究. 科技管理研究, (6): 228-231.

刘星. 2018. 东传科学与康有为今文经学的嬗变. 北京: 中国社会科学出版社.

刘星. 2019. 康有为今文经学的嬗变与维新思想的形成. 湖南大学学报, (3): 133-139.

刘星. 2019. 浅论康有为科学思想的现代价值. 自然辩证法研究, (2): 99-105.

刘易斯·芒福德. 2009. 技术与文明. 陈允明, 王克仁, 李华山译. 北京: 中国建筑工业出版社.

刘子平. 2017. 干部为官不为问题的生成机理与治理机制. 中州学刊, (1): 9-13.

刘子平. 2018. 中国共产党党内政治生活科学化的历史演进与经验启示. 当代世界与社会主义, (4): 93-100.

吕乃基. 2009. 科技知识论. 南京: 东南大学出版社.

吕乃基. 2010. 技术"遮蔽"了什么? 哲学研究, (7): 89-94.

吕乃基. 2011. 科学技术之"双刃剑"辨析. 哲学研究, (7): 103-108.

马克思, 恩格斯. 1995. 马克思恩格斯选集(第一卷). 中共中央马克思恩格斯列宁斯大林著作编译局译. 北京: 人民出版社.

马铁昆, 宋建华, 曹剑鸣, 等. 2010. 核医学诊疗中患者焦虑、恐惧心理分析及干预. 中国实用医药, 5(15): 250-252.

尼尔·波斯曼. 2007. 技术垄断: 文化向技术投降. 何道宽译. 北京: 北京大学出版社.

钱素芳. 2016. 图书馆员职业焦虑分析及自我调适途径探究. 图书情报导刊, (8): 37-41.

乔尔·莫基尔. 2011. 雅典娜的礼物: 知识经济的历史起源. 段异兵, 唐乐译. 北京: 科学出版社.

秦书生. 2004. 复杂性技术观. 北京: 中国社会科学出版社.

R. 舍普, F. 贝尔, D. 布尔格, 等. 1999. 技术帝国. 刘莉译. 北京: 生活·读书·新知三联书店.

让-伊夫·戈菲. 2000. 技术哲学. 董茂永译. 北京: 商务印书馆.

施国洪, 孙叶. 2017. 技术焦虑对移动图书馆服务质量的影响研究. 图书情报工作, (6): 37-45.

舒琴, 王刊良, 屠强. 2010. 计算机技术压力影响角色压力的实证研究——基于组织支持理论视角. 情报杂志, (4): 62-67.

舒琴, 王刊良. 2009. 组织内部环境对计算机技术压力的影响研究. 现代管理科学, (9): 18-20.

舒琴, 王刊良. 2010. 计算机技术压力的量表评测与改进. 统计与信息论坛, 25(1): 46-50.

唐·伊德. 2008. 让事物"说话": 后现象学与技术科学. 韩连庆译. 北京: 北京大学出版社.

托马斯·库恩. 2003. 科学革命的结构. 金吾伦, 胡新和译. 北京: 北京大学出版社.

王国豫. 2011. 从技术启蒙到技术伦理学的构建. 世界哲学, (5): 114-124.

王鸿生. 2001. 世界科学技术史. 北京: 中国人民大学出版社.

王嘉廉. 1997. 电脑时代的恐惧与压力. 林佩琳译. 北京: 时事出版社.

王健. 2006. 现代技术伦理规约的特性. 自然辩证法研究, 22(11): 54-57.

王静. 2000. 数字化时代的技术焦虑症及其对策. 图书馆界, (2): 18-19.

王刊良, 舒琴, 屠强. 2005. 我国企业员工的计算机技术压力研究. 管理评论, (7): 44-51.

王蒲生. 2001. 车祸泛滥的哲学反思. 自然辩证法通讯, 23(5): 1-8.

王前. 2002. 技术现代化的文化制约. 沈阳: 东北大学出版社.

王前, 朱勤. 2010. STS 视角的技术风险成因与预防对策. 自然辩证法研究, (1): 46-51.

王树茂, 陈红兵. 2000. 现代科技与人的心理. 天津: 天津科学技术出版社.

王学鸿. 1999. 我国技术转化为现实生产力的障碍分析及其对策建议. 科学技术与辩证法, (1): 38-42.

威廉·莱斯. 1993. 自然的控制. 岳长岭, 李建华译. 重庆: 重庆出版社.

乌尔里希·贝克. 2004. 风险社会. 何博闻译. 南京: 译林出版社.

邬晓燕. 2002. 技术悲观主义的思维方式解析. 科学技术与辩证法, 19(3): 43-46.

吴国盛. 2008. 技术哲学经典读本. 上海: 上海交通大学出版社.

夏保华. 2004. 技术创新哲学研究. 北京: 中国社会科学出版社.

夏保华. 2004. 技术哲学研究之我见. 南京社会科学, (10): 16-20.

邢怀滨. 2005. 社会建构论的技术观. 沈阳: 东北大学出版社.

杨景原. 2010. "环保热"被异化 德国人患上"技术恐惧症". 环球财经, (4): 30-31.

杨明, 叶启绩. 2011. 当代技术风险的自然主义之殇. 自然辩证法研究, (12): 53-56.

伊萨克·马克斯. 2008. 战胜恐惧. 张红译. 北京: 中央编译出版社.

尤尔根·哈贝马斯. 1999. 作为意识形态的技术与科学. 李黎, 郭官义译. 上海: 学林出版社.

尤里·谢尔巴特赫. 2008. 恐惧感与恐惧心理. 刘文华, 杨进发, 徐永平译. 北京: 华文出版社.

于学强. 2015. 德才兼备用人标准实现机制研究. 北京: 中国社会科学出版社.

约翰·巴罗. 2005. 不论——科学的极限与极限的科学. 李新洲, 徐建军, 翟向华译. 上海: 上海科学技术出版社.

约翰·杜威. 2004. 确定性的寻求: 关于知行关系的研究. 傅统先译. 上海: 上海人民出版社.

张成岗. 2003. 现代技术问题: 从边缘到中心. 科学技术与辩证法, 20(6): 37-40.

张玲, 王洁, 张寄南. 2006. 转基因食品恐惧原因分析及其对策. 自然辩证法通讯, (6): 57-61.

张明国. 2004. 技术文化论. 北京: 同心出版社.

张明国. 2008. 现代技术发展的伦理考量. 北京化工大学学报, (3): 1-5.

张扬, 萧扬. 2001. 克隆人算是什么人. 山东农业, (4):19.

赵建军. 1990. 评技术悲观主义. 科学管理研究, (3): 31-35.

赵建军. 2000. 追问技术悲观主义. 自然辩证法研究, 16(4): 23-26.

赵建军. 2001. 追问技术悲观主义. 沈阳: 东北大学出版社.

赵建军. 2002. 技术"走向"悲观的文化审视. 自然辩证法通讯, 24(1): 2-8.

赵建军. 2004. 技术悲观主义思潮的当代解读. 中共中央党校学报, 8(3): 117-122.

郑晓松. 2004. 技术的文化本质. 科学技术与辩证法, (6): 63-66.

Ahmad J I, Daud M S. 2011. Technophobia phenomenon in higher educational institution: a case study. Penang Malaysia: 2011 IEEE Colloquium on humanities, Science and Engineering: 111-116.

Aida R, Azlina A B, Balqis M. 2007. Techno stress: a study among academic and non academic staff//Dainoff M J. Ergonomics and Health Aspects of Work with Computers. Lecture Notes in Computer Science. Vol.4566. Berlin: Springer: 118-124.

Barua A. 2012. Gendering the digital body: women and computers. AI & Society, 27(4): 465-477.

Bird J. 1991. Overcoming Technofear. London: Management Today: 86-87.

Boehme-Neßler V. 2011. Pictorial Law, Modern Law and the Power of Pictures. Berlin: Springer: 3.

Brenner A, Gayon J. 2009. French Studies in the Philosophy of Science. Dordrecht: Springer.

Brosnan M J. 1998. Technophobia: The Psychological Impact of Information Technology. London and New York: Routledge.

Brosnan M J, Thorpe S J. 2006. An evaluation of two clinically-derived treatments for technophobia. Computers in Human Behavior, (22): 1080-1095.

Bruckman A. 1998. Community support for constructionist learning. Computer Supported Cooperative Work: The Journal of Collaborative Computing, 7(1-2): 47-86.

Charles P. 1994. Accidents in high-risk system. Technology Studies, (1): 25.

Cogan J M. 2002. Some philosophical thoughts on the nature of technology. Knowledge, Technology & Policy, 15(3): 93-99.

Çoklar A N, Sahin Y L. 2011. Technostress levels of social network users based on ICTs in Turkey. European Journal of Social Sciences, 23(2): 171-182.

Coppola A, Verneau F. 2014. An empirical analysis on technophobia/technophilia in consumer market segmentation. Agricultural and Food Economics, 2(1):1-16.

Craig B. 1984. Technostress: The Human Cost of the Computer Revolution. Boston: Addison Wesley: 1-3, 242.

Criel J, Geerts M, Claeys L, et al. 2011. Empowering elderly end-users for ambient programming: the tangible way//Riekki J, Ylianttila M, Guo M. Advances in Grid and Pervasive Computing. Lecture Notes in Computer Science, Vol.6646. Berlin: Springer: 94-104.

Cuijpers P, Schuurmans J. 2007. Self-help interventions for anxiety disorders: an overview. Current Psychiatry Reports, 9(4): 284-290.

Dinello D. 2005. Technophobia: Science Fiction Visions of Posthuman Technology. Austin: University of Texas Press: 8.

Dusek V. 2006. Philosophy of Technology: An Introduction. Oxford: Blackwell Publishing Ltd: 181.

Elaluf-Calderwood S, Sorensen C. 2006. Organizational Agility with Mobile ICT? The Case of London Black Cab Work. Oxford: Butterworth-Heinemann.

Fass E. 1980. Ted Hughes: The Unaccommodated Universe. Santa Barbara: Black Sparrow Press: 186.

Frideres J S, Goldenberg S, Disanto J, et al. 1983. Technophobia: incidence and potential causal factors. Social Indicators Research, 13(4): 381-393.

Fukuta K, Koyama T, Uozumi T. 2005. Representation of visual fatigue during VDT work using bayesian network//Abraham A, Dote Y, Furuhashi T, et al. Soft Computing as Transdisciplinary Science and Technology. Advances in Soft Computing. Vol.29. Berlin: Springer: 581-590.

Gruber S. 2004. The good, the bad, the complex: computers and composition in transition. Computers and Composition, 21(1): 15-28.

Hanks P. 1986. Collins Dictionary of the English Language. London: William Collins Sons & Co. Ltd: 1564.

Harris R M. 1997. Teaching, learning and information technology: attitudes towards computers among Hong Kong's faculty. Journal of Computing in Higher Education Fall, 9(1): 89-114.

Hendrix W H, Summers T P, Leap T L, et al. 1995. Antecedents and organizational effectiveness outcomes of employee stress and health//Crandall R, Perrewé P L. Series in Health Psychology and Behavioral Medicine. Philadelphia: Taylor & Francis: 73-92.

Henry J W, Stone R W. 1997. The development and validation of computer self-efficacy and outcome expectancy scales in a nonvolitional context. Behavior Research Methods Instruments & Computers, 29(4): 519-527.

Hickey K D. 1992. Technostress in libraries and media centers: case studies and coping strategies. Tech Trends: Linking Research and Practice to Improving Learning, 37(2): 17-20.

Himma K E. 2007. The concept of information overload: a preliminary step in understanding the nature of a harmful information-related condition. Ethics and Information Technology, 9(4): 259-272.

Hogan M. 2008. Age Differences in Technophobia: An Irish Study//Wojtkowski W, Wojtkowski G, Lang M, et al. Information Systems Development: Challenges in Practice, Theory, and Education. Vol.1. Boston: Springer: 117-130.

Jackson L A, Ervin K S, Gardner P D, et al. 2001. Gender and the internet: women communicating and men searching. Sex Roles, 44(5-6): 363-379.

Jay T. 1981. Computerphobia: what to do about it. Educational Technology, (21): 47.

Kahn R L, Wolfe D M, Quinn R P, et al. 1965. Organizational stress: studies in role conflict and ambiguity. American Sociological Review, (10): 1.

Khasawneh O Y. 2018. Technophobia without boarders: the influence of technophobia and emotional intelligence on technology acceptance and the moderating influence of organizational climate. Computers in Human Behavior, 88(11): 210-218.

Kimbrough D R. 1999. On-line "chat room" tutorials—an unusual gender bias in computer use. Journal of Science Education and Technology, 8(3): 227-234.

Koo C, Wati Y. 2011. What factors do really influence the level of technostress in organizations? An empirical study. New Challenges for Intelligent Information and

Database Systems, 14(11): 339-348.

Korukonda A R, Finn S. 2003. An investigation of framing and scaling as confounding variables in information outcomes: the case of technophobia. Information Sciences, 155(1-2): 79-88.

Korukonda A R. 2005. Personality, individual characteristic, and predisposition to technophobia: some answers, questions, and points to ponder about. Information Sciences, 170(2): 309-328.

Kotzé T G, Anderson O, Summerfield K. 2016. Technophobia: gender differences in the adoption of high-technology consumer products. South African Journal of Business Management, 47(1): 21-28.

Leonard N H, Leonard T L. Group cognitive style and computerphobia in functional business simulations. https://journals.tdl.org/absel/index.php/absel/article/view/1292 [2019-10-09].

Lin I M, Peper E. 2009. Psychophysiological patterns during cell phone text messaging: a preliminary study. Applied Psychophysiology and Biofeedback, 34(1): 53-57.

Llobera J R 2003. An Invitation to Anthropology: The Structure, Evolution and Cultural Identity of Human Societies. New York: Berghahn Books.

Lloyd M, Albion P. 2009. Altered geometry: a new angle on teacher technophobia. Journal of Technology and Teacher Education, 17(1): 65-84.

Micera S, Carrozza M C. 2005. A simple robotic system for neurorehabilitation. Autonomous Robots, (19): 271-284.

Mitcham C. 1994. Thinking through technology: The path between engineering and philosophy. Chicago: The university of Chicago Press.

Morris A, Goodman J, Brading H. 2007. Internet use and non-use: views of older users. Universal Access in the Information Society, 6(1): 43-57.

Nahl D. 1996. An Integrated Theory of Information Behavior: Taxonomic, Psychodynamic, Ethnomethodological. Berlin: Springer.

Pelgrum W J, Plomp T. 1991. The Use of Computers in Education Worldwide: Results from the IEA "Computers in Education" Survey in 19 Educational Systems. Oxford: Pergamon Press: 8-12.

Petrina S, Feng F, Kim J. 2008. Researching cognition and technology: how we learn across the lifespan. International Journal Technology Design Education, 18(4): 375-396.

Quinn B A. The evolving psychology of online use: from computephobia to internet addiction. https://ttu-ir.tdl.org/handle/2346/489?show=full[2013-08-12].

Richardson H, French S. 2005. Opting out? Women and on-line learning. Computers and Society, 35(2): 2.

Rogers E M. 1983. Diffusion of Innovations. New York: The Free Press. Russell G, Bradley G. 1997. Teachers' computer anxiety: implications for professional development. Education and Information technologies, 2(1): 17-30 .

Sayago S, Blat J. 2011. An ethnographical study of the accessibility barriers in the everyday interactions of older people with the web. Universal Access in the Information Society, 10(4): 359-371.

Sinkovics R R, Stöttinger B, Schlegelmilch B B, et al. 2002. Reluctance to use technology-related products: development of a technophobia scale. Thunderbird International Business Review, 44(4): 477-494.

Weil M M, Rosen L D. 1997. Technostress: coping with technology @Work @Home @Play. NewYork: John Weley & Sons.

William S, Cooper L. 2002. Managing Workplace Stress: A Best Practice Blueprint. Chichester: John Wiley & Sons.

后　记

　　天道恒常，理性有限，以有限之技御无限之天道，必受其殆，故技术从恐惧的拯救之道变成恐惧对象，人在自然恐惧之外又增加了技术恐惧。人之技心，不可效天道无为，也不可逆天道妄为，张弛之间就是技术恐惧的存在之境。本书是在我的博士论文基础上修改而成的，经过五年多的时间，在技术恐惧的研究上我的思想认识和学术视野有了一些改变，但为了呈现博士阶段研究的心路历程和科研状态，基本保持了原来的结构框架。在技术恐惧的社会语境结构部分扩充了少许内容，又根据出版社的编写体例要求，在形式和语言上做了一些改动，增加了一些新的文献资料，在实例和观点上也有所创新，以适应科技与社会发展的实际。虽仍带着问题认识的青涩和稚气，也还有着时过境迁的观点局限性，但拙作凝结了本人多年的心血和汗水，基本形成了对技术恐惧较为系统和全面的认识与理解。而缺陷和不足、学界的批评和鞭策会成为我在该研究领域前行的方向和动力。

　　"不惑南下求功名，九龙湖畔悲秋风。师友论道共砥砺，六朝松下老骥成。"本书的出版再次勾起我对攻读博士情形的回忆，"烈士暮年，壮心不已"。虽为凡夫俗子，却有一颗进取之心，也在不断地追求进步，临近不惑之年，在别人都已功成名就之时，我还是决定要去再深造一番，在学术研究的道路上再有所提升。承蒙夏保华老师不弃，助我完成了这一夙愿。"欲渡黄河冰塞川，将登太行雪满山。"虽已有心理准备，但真正重新踏上学习和研究之路时，还是感觉到年龄大、起步晚带来的诸多不便：上有老、下有小，家庭、工作，琐事不断。三年博士生涯，发稀色淡，衣宽面皱，虽尽心竭力，怎奈能力和精力有限，只能算是勉强混出师门。尽管如此，但我感觉博士的学习经历还是收获良多，它是我学术道路的一个新的起点，通过学习和深造，我在论文写作、学术生活、项目申报、科研奖励等方面都有了新的提升。这首先要感谢我的导师夏保华教授，他的鼓励、点化、指导、影响和帮助是我博士期间取得各种成绩、顺利完成学业的重要支撑和保证，本书的出版夏老师也给予了建议，并为之作序，再次向夏老师表示衷心的感谢！另外，我的博士论文的完成和本书的出版与东南大学人文学院尤其是哲学与科学系的老师们对我的培养和帮助，以及同门兄弟姐妹们对我的关心和支持是分不开的，在此，也一并向他们表示感谢！

我的博士学业的完成、本书的出版离不开家人的理解、支持和帮助，衷心感谢我的父母、岳父母、我的爱人和儿子、我的哥哥和姐姐等各位亲人！

在本书出版的过程中，东北大学的陈凡教授、陈红兵教授，东南大学的吕乃基教授都给予了我鼓励、指导和帮助，在此向他们表示诚挚的感谢！

本书的出版还得到了聊城大学政管学院、聊城大学社科处领导和老师们的支持与帮助，向他们表示我衷心的谢意！也感谢聊城大学出版基金对本书出版的资助！

科学出版社的邹聪编辑、刘溪编辑、张楠编辑对本书的出版提出了诸多的建议，给予了较大的帮助和支持，为之付出了辛苦的劳动，对他们表示感谢！

赵 磊

2019 年 5 月